AF356617

LES
CONIFÈRES

DE PETITES ET GRANDES DIMENSIONS

CLASSIFICATION, DESCRIPTION

CULTURE ORNEMENTALE ET FORESTIÈRE

PAR

GUSTAVE MORLET

Horticulteur-Pépiniériste au Monceau

Près Fontainebleau.

PARIS

LIBRAIRIE CENTRALE D'AGRICULTURE ET DE JARDINAGE

RUE DES ÉCOLES, 62 (ancien 82), PRÈS LE MUSÉE DE CLUNY

— Auguste GOIN, éditeur —

LIBRAIRIE CENTRALE
D'AGRICULTURE ET DE JARDINAGE
FONDÉE EN 1853

CATALOGUE GÉNÉRAL

AVIS IMPORTANT qu'on est prié de lire.

Les demandes de livres ne seront exécutées qu'autant qu'elles seront accompagnées d'un **mandat-poste**. — *Il n'est fait aucun envoi contre remboursement.*

Les commandes de 51 fr. et au delà seront expédiées *franco* et jouiront d'une remise de 10 p. 100.

Les ouvrages de **Droit**, de **Littérature ancienne et moderne**, de **Médecine**, de **Sciences diverses**, seront fournis aux mêmes conditions.

Il n'est fait aucune remise sur les abonnements aux journaux.

Les cachets d'affranchissement sont rigoureusement refusés,

PARIS
Auguste GOIN, Éditeur et Commissionnaire
RUE DES ÉCOLES, 62, PRÈS DU MUSÉE DE CLUNY.

La Librairie est fermée le dimanche et les jours fériés

Bibliothèque de l'Agriculteur praticien.

Encouragée par MM. les Ministres de l'Agriculture et du Commerce et de l'Instruction publique

Abeilles. Leur élevage par les procédés modernes. Pratique et théorie par Georges DE LAYENS. 1 vol. in-18, orné de 60 gravures dans le texte dessinées par l'auteur. 2 5

Abeilles. Leur éducation, par A. ESPANET. In-18. 40 c

Agriculture théorique et pratique basée sur la chimie agricole par G. LECHARTIER. 1 vol. in-18. 4 fr

Agriculture moderne (*Lettres sur l'*), par J. LIEBIG. 1 vol. in-18. 3 5

Agriculteur praticien (*L'*). Revue de l'agriculture française et étrangère, publiée depuis le 1er octobre 1853 jusqu'au 31 décembre 1872 18 vol. in-8° ornés de figures dans le texte. Au lieu de 108 fr. 72 fr

Agronomie. — Études théoriques et pratiques d'agronomie et de physiologie végétale, par Isidore PIERRE, doyen de la Faculté des sciences de Caen. 4 vol. in-18. — 1er vol. *Sol, engrais, amendements.* — 2e vol. *Plantes fourragères, graines et produits dérivés.* — 3e vol. *Céréales.* — 4e vol. *Plantes industrielles, recherches diverses.* 11 fr.
Approuvé par la Commission des bibliothèques scolaires.

Almanach de l'Agriculteur praticien, années 1857 à 1873. 16 vol. in-18 avec de nombreuses fig.
Cette collection forme une véritable *Encyclopédie agricole*, elle est terminée par une table générale des matières. Prix de chaque année, 50 c.
Prix des 16 années prises ensemble. 6 50

Analyse chimique appliquée à l'agriculture (*Notions élémentaires d'*), par Isidore PIERRE. 2e édit. 1 vol. in-18 avec fig. 2 50
Approuvé par la Commission des bibliothèques scolaires.

Animaux domestiques, reproduction, amélioration et élevage, par DE WECKHERLIN. In-18. 2 fr.

Apiculture productive et pratique, selon la méthode de M. Amédée MAUGET, par Adolphe DE BOUCLON. 1 vol. in-18. 3 50

Basse-Cour. — Poules, Oies, Canards, Pintades, Dindons, Pigeons, par le baron PEERS, 2e édit. 1 vol. in-18 et planches. 1 75

Basse-Cour et Lapin. Traité complet de l'élève et de l'engraissement des animaux de basse-cour et du lapin, par YSABEAU. (*Sous presse.*)

Bétail (*De l'alimentation du*), aux points de vue de la production, du travail, de la viande, de la graisse, de la laine, du lait et des engrais, par Isidore PIERRE, 4e édition. 1 vol. in-18. 2 50
Approuvé par la Commission des bibliothèques scolaires.

Bétail en ferme (*Du*). Extrait des Œuvres de JACQUES BUJAULT. 1 vol. in-18. 75 c.

Bêtes ovines (*Traité des*), par WECKHERLIN. 1 vol. in-12. 3 50

Bêtes ovines (*Des*) **et des Chèvres**, par YSABEAU. 1 vol. in-18. fig. 75 c.

Botte de foin (*La*). — Description des plantes qu'elle peut contenir et de celles qu'on n'y doit pas trouver, par MERCHE, 1 vol. in-18, orné de 99 figures dans le texte. 1 50

Chaux, Marne et Calcaires coquilliers. Leur emploi pour l'amendement du sol, par Isidore PIERRE, 2e édition. In-18. 50 c.

Chevaux. — (*Voir* pages 14, 15 et 16.)

Constructions rurales (*Manuel des*), par BONA. 4e édit. 1 vol. in-18 orné de 200 fig. 3 50

Cultivateur anglais (*Le*). Théorie et pratique de l'agriculture, par MURPHY, trad. de l'angl. sur la 5e édit. par SANREY. In-18. Fig. 1 50
Approuvé par la Commission des bibliothèques scolaires.

Drainage. Résumé d'un cours pour les cultivateurs, par HERNOUX, ingénieur. In-18. Fig.   1 fr.

Drainage. — Traité de drainage, ou Assainissement des terrains humides, par J. LECLERC, 3e édit. 1 vol. in-18 orné de 130 fig.   3 50

Engrais perdus dans les campagnes (*deux milliards par an*), par DELAGARDE, 2e édit. 1 vol. in-18 de 180 pages.   1 50
Approuvé par la Commission des bibliothèques scolaires.

Etudes agronomiques divisées en quatre livres : 1o des travaux généraux de la culture ; 2o des grands végétaux comprenant les arbres forestiers et les arbres fruitiers ; 3o du bétail ; 4o des abeilles et de leurs produits, par A. BOSSON. 1 vol. in-18.   3 50
Ces *Études* sont offertes aux élèves des Ecoles et des Lycées et aux volontaires d'un an.

Eucalyptus. — Introduction, culture, propriétés, usages, etc., par RAVERET-WATTEL. 2e édit. 1 vol. in-18.   1 50

Ferme (La). Guide du jeune fermier, par STOCKHARDT. 1 vol. in-18, 3 50

Fourrages. — Recherches sur la valeur nutritive des fourrages, par Isidore PIERRE. 4e édit. 1 vol. in-18.   2 50
Approuvé par la Commission des bibliothèques scolaires.

Fumier. — Plâtrage et sulfatage du fumier et désinfection des vidanges, par Isidore PIERRE, 3e édit. In-18.   50 c.
Approuvé par la Commission des Bibliothèques scolaires.

Fumiers de ferme et engrais en général (*Guide pratique sur les*), précédé d'une introduction sur les éléments nutritifs généraux des plantes, par E. WOLFF, 1 vol. in-18.   1 50

Graminées, céréales et fourragères. — Description des genres et espèces, rendement des diverses espèces, propriétés nutritives, sols qui conviennent, par DE MOOR. 1 vol. in-18, orné de 150 fig.   2 50

Guano du Pérou. Comp., falsification, emploi et effets. In-18. 30 c.

Lapin domestique (*Traité pratique de l'éducation du*), par F. Alexis ESPANET, 5e édit. 1 vol. in-18 avec figures.   1 fr.

Législation forestière (*Manuel de*), par A. PUTON, professeur de droit à l'école forestière de Nancy. 1 vol. in-18.   3 50

Maïs (*Alcoolisation des tiges du*) et du **Sorgho sucré**. ALCOOL. — CIDRE. — BIÈRE. — VINS ARTIFICIELS, par DURET. In-18.   75 c.

Matériel agricole (*Le*). Description et examen des instruments, machines, appareils et outils employés pour les travaux agricoles, par JOURDIER. 3e éd. ornée de 206 fig. dans le texte. 1 vol. in-18.   3 50

Médecine vétérinaire des bêtes à cornes ou Instruction aux laboureurs sur la manière de connaître et de guérir les maladies du bétail, avec un abrégé de la matière médicale et les noms des remèdes tant simples que composés, par A. COTTIER, 4e édit. 1 vol. in-18.   1 fr.

Médecine vétérinaire. — Manuel de médecine vétérinaire, par DEFAYS et HUSSON. 2e édit. 1 vol. in-18.   3 50

Mûrier. — Ses avantages et son utilité dans l'industrie, par F. CABANIS. 1 vol. in-18, orné d'une fig. hors texte.   2 fr.

Ortie. — Ses propriétés alimentaires, médicales, agricoles et industrielles, par ELOFFE. 1 vol. in-32, orné de 14 figures dans le texte et hors texte.   1 fr.

Ortie de la Chine (*L'*) *et sa culture*.—Notice sur les diverses plantes qui portent ce nom, leurs usages et leur introduction en Europe, par RAMON DE LA SAGRA. In-18.   1 fr.

Pigeons (*De l'éducation des*), par A. Espanet. 3e édit. 1 vol. in-18 orné de 23 figures. 1 fr

Plantes fourragères (*Traité pratique de la culture des*), par de Thier, 2e édit. revue et augmentée par A. Leroy. 1 vol. in-18. (*Nouvelle édition sous presse.*)
Approuvé par la Commission des bibliothèques scolaires.

Plantes racines. — De la culture des plantes-racines : pommes de terre; topinambour; betterave; carotte; navet; rutabaga; chicorée, par Max. Le Docte. 2e édit. 1 vol. in-18, orné de 23 fig. 1 25

Pomone agricole. — Plantation et culture du poirier et du pommier dans les champs et les vergers, suivie d'une notice sur la fabrication du cidre et sur la préparation alimentaire des poires et des pommes, par Ferdinand Mauduit. 1 vol. in-18 orné de 25 fig. dans le texte. 1 25
Ouvrage couronné par la Société impériale et centrale d'horticulture de la Seine-Inférieure. — Approuvé par la Commission des bibliothèques scolaires.

Porcs (*Du traitement des*) aux différentes époques de l'année. Extrait des meilleurs ouvrages anglais, par J. A. G. *Nouvelle édition* corrigée et augmentée. 1 vol. in-18 orné de 65 figures. 2 fr.

Porcheries (*De l'établissement des*), dispositions diverses, construction, par J. Grandvoinnet. 1 vol. in-18 orné de 95 fig. 2 50

Poules et Poulets (*Education des*), **Dindons**, **Oies** et **Canards** par Alexis Espanet. 2e édit. 1 vol. in-18 avec fig. 1 fr.

Prairies. — Culture, formation, entretien, amélioration, renouvellement, etc., par P. de Moor. 3e édit. 1 vol. in-18, orné de 67 fig. 1 25

Prairies et Fourrages dans les terres fortes et argileuses du Midi (*Traité pratique*), par A.-J.-M. de Saint-Félix (1841), 1 vol. in-12. 1 fr.

Récoltes dérobées (*Des*), comme fourrages et engrais verts, et culture de la *Moutarde blanche*, trad. de l'angl. par J. A. G. In-18. Fig. 75 c.

Sang de rate des animaux d'espèces ovine et bovine, par Isidore Pierre. In-18. 1 fr.
Couronné par la Société protectrice des animaux.

Semailles en ligne (*Des*) **et des Semoirs mécaniques**, par F. Georges. In-8°. (Extrait de l'*Agriculteur praticien*.) 50 c.

Sorgho à sucre (*Guide du distillateur du*), par Bourdais. In-18. 1 fr.

Stabulation (*De la*) de l'espèce bovine, par le baron Peers. In-18. 1 25

Tabac. — Culture, récolte ; modes de dessiccation ; séchoirs, conservation, etc., par de Moor. 2e édit. 1 vol. in-18, orné de 20 fig. 1 50

Topinambour. — Culture, alcoolisation et panification de ce tubercule, par Delbetz. 1 vol. in-18. 1 25
Approuvé par la Commission des bibliothèques scolaires.

Végétaux (*De la Nutrition des*), considérée dans ses rapports avec les assolements, par le baron de Babo. 1 vol. in-18. 1 fr.

Vigne (*Nouvelle Culture de la*) en plein champ, sans échalas ni attaches, par Trouillet, 4e édit. In-18 avec 15 gravures. 2 50

Vigne (*Régénération de la*) par une nouvelle plantation, par E. Trouillet, 2e édition. In-18. 75 c.

Visite à un véritable agriculteur praticien, par Durand-Savoyat, propriétaire-cultivateur. 1 vol. in-18. 1 25

Abeilles, Agriculture, Amendements, Bois, Cubage, Fumiers, Oiseaux de basse-cour, Vers à soie, etc.

Abeille (*L'*) **italienne des Alpes.** — Exposé sur l'art d'élever les reines Italiennes de pure race, de les centupler en peu de mois, et de transformer en ruches italiennes les ruches communes, par HERMANN. In-18. 1 fr.

Abeilles. — Le Conservateur des abeilles ou Moyens éprouvés pour conserver les ruches et pour les renouveler, par Jonas DE GÉLIEU. 1837. 1 vol. in-8º et 3 pl. 1 75

Abeilles. — La Perfection dans l'art de soigner et de cultiver les abeilles, par l'abbé DONOT. 1 vol. in-18. 1 50

Agriculture (*Huit leçons d'*), **de Chimie agricole**, de la formation des terres arables, etc., par DAUVERNE. 1 vol in-18. 1 25

Agronomie, Chimie agricole et Physiologie, par BOUSSINGAULT, 2ᵉ édit. 4 vol. in-8º accompagnés de 6 planches. 20 fr.

Ampélographie rhénane, ou Description des cépages les plus estimés et les plus cultivés dans la vallée du Rhin, etc., par J. STOLTZ. 1 vol. in-4º orné de 32 planches col., 15 fr. — Le même, planches noires. 10 fr.

Animaux (*Recherches expérimentales sur l'alimentation et la respiration des*), par J. ALLIBERT. In-8º. 1 50

Apiculteur. — Les Trois Secrets de l'Apiculteur. Culture intensive de l'abeille, par MONIN. In-18, fig. 1 75

Apiculture (*Cours pratique d'*), professé au jardin du Luxembourg par HAMET. 4ᵉ édit. 1 vol. in-18 orné de 140 fig. dans le texte. 3 50

Apiculture. — Mémoire à l'aide duquel on peut cultiver en toute saison 300 ruchées, les multiplier sans perte d'essaims et sans nuire au couvain des souches, etc., par GRANDGEORGE. In-18 de 88 pages. 2 fr.

Apiculture perfectionnée, ou Théorie et Application pratique de la direction des rayons, par J. GRESLOT. 1 vol. in-12 avec planches. 1 50

Arbres (*Physique des*), ou Traité de leur anatomie et de l'économie végétale, par DUHAMEL DU MONCEAU. 2 vol. in-4º, fig. (*D'occasion.*) 20 fr.

Arbres et Arbustes (*Traité des*) qui se cultivent en France en pleine terre, par DUHAMEL DU MONCEAU. 2 vol. in-4º, fig. (*D'occasion.*) 25 fr.

Arbres et leur culture (*Semis et plantation des*), par DUHAMEL DU MONCEAU. 1 vol. in-4º, fig. (*D'occasion.*) 12 fr.

Arpentage et nivellement. — Traité pratique, par LECLERC et TOUSSAINT. 3ᵉ édit. 1 vol. in-18, orné de 126 fig. et 2 planches. 2 50

Baux à ferme (*Étude sur les*), par VILLARD, cultivateur. In-8º. 1 fr.

Bière. — De la bière, de la fabrication par les anciens et les nouveaux procédés et spécialement par l'emploi des caves froides, par C BLONDEAU. In-8º. 2 fr.

Blé, farine et pain. — Tarif régulateur et perpétuel donnant les prix du pain, de la farine et du blé, d'après le prix et le poids de l'hectolitre, quelle que soit la nature ou la nuance du froment, par THIBAULT. In-8º. 1 50

Blé. — Traité sur la vente des grains à la mesure, au poids de l'hectolitre ou au quintal métrique, suivi de tableaux appréciateurs de la valeur des grains suivant la variation de chaque qualité, etc., etc., par HUBAINE. In-4º. 2 50

Bois (*De l'Exploitation des*), par Duhamel du Monceau. 2 vol. in-4°, fig. (*D'occasion.*) 25 fr.

Bois (*Du Transport, de la Conservation et de la Force des*), par Duhamel du Monceau. 1 vol. in-4°, fig. (*D'occasion.*) 8 fr.

Bois. — Cubage des bois et tarifs métriques pour cuber les bois carrés ou de charpente, les bois en grume au 5e et au 6e réduit, ainsi que les bois au quart sans déduction, précédés d'une Instruction sur la manière de cuber d'après le système métrique, par Gussot. In-8°. 50 c.

Bordeaux et ses vins, classés par ordre de mérite, par Cocks. 3e édit., refondue et augmentée, par E. Féret. 1 vol. in-8°, orné de 255 vues de châteaux. 6 fr.

Calendrier apicole. — Almanach des Cultivateurs d'abeilles, par MM. Hamet et Collin. In-18 orné de 14 fig. 50 c.

Calendrier du Bon Cultivateur, par Mathieu de Dombasle, 11e édit. 1 vol. in-12 avec planches. 4 75

Canards. (Voir *l'Education des poules*, de Alexis Espanet, page 4.)

Chimie agricole, ou l'Agriculture considérée dans ses rapports avec la chimie, par Isidore Pierre, 5e édit. 2 vol. in-18. 7 fr.

Chimie agricole. — Cours professé à Rennes par G. Lechartier, pendant les années 1869, 1870 et 1874. 3 vol. in-12. 3 fr.
Chaque volume se vend séparément 1 fr.

Chimie appliquée à l'agriculture (*Leçons de*), par Edouard Guéranger. 1 vol. in-18 de 584 pages. 6 fr.

Crédit. — Des Conditions du crédit appliqué à l'agriculture, par Ch. Rivet, ancien député. In-8°. 1 fr.

Distilleries agricoles du système Kessler, applicable avec le même matériel au traitement de toutes les matières premières. In-8° de 40 pages et 5 pl. grand in-4°. 2 fr.

Encyclopédie pratique de l'Agriculteur, publiée sous la direction de MM. Moll et Gayot. 13 vol. in-8° ornés de nombreuses figures. 90 fr.

Engrais complet. — L'atmosphère est un engrais complet, par Schneider. In-8°. 60 c.

Essais gleucométriques faits en 1862 sur cent variétés de raisin, par le docteur Fleurot. In-8°. 1 fr.

Fours économiques à circulation d'air chaud, par A. Castermann. 1 vol. grand in-8° avec 5 pl., 2e édit. Bruxelles. 2 50

Fromage de Hollande, sa fabrication, par Le Sénéchal. In-18. 50 c.
Fait partie de l'*Almanach de l'Agriculteur praticien* pour 1865.

Fromage de Roquefort. — De la possibilité de le fabriquer en tous pays, et particulièrement dans les plaines de la Crau et de la Camargue, par Bloudeau. In-8°. 1 fr.

Gardes forestiers (*Guide pratique à l'usage des*), traitant des arbres et arbustes forestiers, de l'ensemencement des diverses espèces et de l'agriculture forestière, etc., etc., par Vidal. 1 vol. in-8° et 4 lithog. 3 fr.

Guanos naturels. — Etude sur les guanos naturels en général et sur le guano du Pérou en particulier, par Crussard. In-8°. 40 c.

Huîtres. — Les Huitres, par l'abbé X. Mouls. 1 vol. in-18. 1 25

Laiterie (*La*). Art de fabriquer le beurre et les principaux fromages français et étrangers, par Pouriau. 2e édit. 1 vol. in-18 orné de 200 fig. 5 fr.

Lapin domestique (*Instruct. élément. pour élever le*). In-18. 50 c.
Fait partie de l'*Almanach de l'Agriculteur praticien*, 1861.

Livre de la Ferme (*Le*) et des Maisons de campagne, publié sous la direction de Joigneaux. 2 vol. grand in-8° ornés de nombr. fig. 32 fr.

Lois naturelles de l'agriculture, par J. Liebig. 2 vol. in-8°. 10 fr.

Maison rustique des Dames, par Mme MILLET-ROBINET. 10e édit. 2 vol. In-18, ornés de 269 grav.   7 75

Maison rustique du XIXe siècle, publiée sous la direction de MM. BAILLY, BIXIO et MALEPEYRE. 5 vol. gr. in-8° ornés de 2,500 gr. 39 50

Moudre. — L'Art de moudre, ou Mémoire sur les moyens employés pour empêcher que la chaleur produite par la pression et le frottement des meules soit préjudiciable à la farine, par VAN LERBERGHE. In-8°. 1 50

Muriers et vers à soie. Production, industrie, commerce de la soie, par A. GOBIN. 1 vol. in-18 de 270 pages, orné de 36 fig.   3 50

Phylloxera (*Le*) expliqué. — Moyens de le combattre, par GAGNAT. In-8° de 48 pages.   2 fr.

Pisciculture. — Études théoriques et pratiques, par le vicomte H. DE BEAUMONT. 1 vol. in-18, avec fig. dans le texte.   3 50

Pisciculture. — Nouveaux éléments de pisciculture, par Isidore LAMY. 2e édit. 1 vol. petit in-8° avec fig. dans le texte.   1 75

Pisciculture. Rapport sur le repeuplement des cours d'eau, suivi des *Études sur les fécondations artificielles des œufs de poisson,* par DE QUATREFAGES et MILLET. In-8°.   1 25

Poulailler (*Le*). — Monographie des poules indigènes et exotiques, par Ch. JACQUE. 2e édit. 1 vol. in-18, 117 grav.   3 50

Poules (*Maladies des*). Causes et traitement. Tr. de l'angl. In-18. 50 c. Fait partie de l'*Almanach de l'Agriculteur praticien*, 1862.

Prairies artificielles. — Des causes de diminution de leur produit et de leur durée. Étude sur les moyens de prévenir leur dégénérescence, par Isidore PIERRE, directeur de la station agronomique de Caen. 1 vol. In-18.   1 fr.

Révolution agricole, ou Moyen de faire des bénéfices en cultivant les terres, par F. LEBEUF. 2e édit. in-18.   2 fr.

Ruche (*La*). — Méthode nouvelle essentiellement pratique destinée aux habitants des campagnes, contenant une appréciation raisonnée des principaux procédés anciens et modernes, par A. VIGNOLE. 1 vol. in-18, orné de grav.   2 50

Sorgho (*Composition chimique et Extraction du sucre de la canne de*), par Paul MADINIER. In-8°.   60 c.

Sorgho à sucre (*Le*). — Culture, récolte, emploi de la graine, extraction du jus sucré, distillation, etc., par Paul MADINIER. In-8°.   60 c.

Sorgho sucré (*Le*), sa culture comme plante fourragère et comme plante alcoolisable et saccharine, par Louis HERVÉ. In-8°.   60 c.

Taupier (*L'Art du*), ou Méthode amusante et infaillible pour prendre les taupes, par DRALET. 10e édit. 1 vol. in-12, fig.   1 fr.

Tenue des livres en agriculture (*Pratique de la*). — L'Économie rurale et la Comptabilité, par SAINTOIN-LEROY. Gr. in-8°.   3 fr.

Vaches laitières (*Abrégé du traité des*), par GUÉNON. In-18, fig. 2 fr.

Ouvrages de M. ROBINET *sur les* **Vers à soie :**

Cocon. — Nouvelles études sur le cocon. 1856. In-8°.   1 fr.

Cocons. — Procédé pour le battage des cocons, ou Moyen d'obtenir des cocons le plus de soie possible. 1843. In-8°.   1 50

Magnaneries. — Expériences sur la ventilation des magnaneries. 1841. 1 vol. in-8° avec pl.   3 fr.

Mûriers. — Quatre mémoires sur le mûrier. 1840-43. In-8°.   1 50

Soie. — Mémoire sur la filature, 1839. 1 vol. in-8° avec 7 pl.   4 50

Vers à soie. — De l'Influence des phénomènes météorologiques sur les éducations de vers à soie, 1850. In-8°.   fr.

Vers à soie (*Conseils aux nouveaux éducateurs de*), par F. DE BOULLENOIS. 3e édit. 1 vol. in-8°. 3 50

Vigne.—Résumé des opérations à suivre pendant le cours de la végétation de la vigne et Étude de la rupture des bourgeons à l'état herbacé, par E. TROUILLET. 2e édit. Tableau in-folio, fig. et texte. 60 c.

Vignes —De la Culture des vignes, de la Vinification et du Vin dans le Médoc, par A. D'ARMAILHACQ. 3e édit. 1 vol. in-8°. 7 fr.

Vignobles et les arbres à fruit à cidre, l'olivier, le noyer, le mûrier et autres espèces économiques, par A. DUBREUIL. 1 vol. in-18 avec 7 cartes et 384 fig. dans le texte. 6 fr.

Vins. — Traité pratique, par MACHARD. 5e édit. 1 vol. in-18. 3 50

Vins. — *Traitement pratique des vins.* Culture de la vigne dans les divers vignobles (Gironde, Bourgogne, Champagne, Hermitage, vignobles étrangers), vinification et distillation ; fabrication des liqueurs, vinaigres, huiles. Traitement spécial de chaque genre de vin, par BOIREAU, 2e édit.; 2 vol. in-8°. 10 fr.

Vins du Médoc et autres vins rouges et blancs de la Gironde, par W. FRANCK. 5e édit. 1 vol. in-8°, orné de 33 vues et une carte. 8 fr.

Viticulture de l'ouest de la France, par le docteur Jules GUYOT. 1 vol. grand in-8° orné de 112 grav. (*Neuf ou d'occasion.*) 7 50

Viticulture du nord-ouest de la France, par le même. 1 vol. grand in-8° orné de 69 fig. (*Neuf ou d'occasion.*) 4 fr.

Viticulture du centre-sud de la France. par le même. 1 vol. grand in-8° orné de 110 grav. (*Neuf ou d'occasion.*) 7 fr.

Viticulture du Puy-de-Dôme, par le même. Grand in-8° orné de 36 grav. (*Neuf ou d'occasion.*) 2 fr.

Bibliothèque de l'Horticulteur praticien.

Encouragée par MM. les Ministres de l'Agriculture et du Commerce et de l'Instruction publique

Almanach du Jardinier fleuriste, suivi de notes sur le jardin potager. 1 vol. in-18 avec fig. dans le texte. Les années 1860, 1861, 1863, 1868, 1869, 1871-72, 1873 seules sont disponibles, chaque 50 c.

Ananas à fruit comestible. — Culture actuelle comparée à l'ancienne culture, suivi d'une notice sur la culture forcée du fraisier, par GONTIER. 1 vol. in-32, orné de 13 fig. dans le texte et hors texte. 3 fr.

Arboriculture. — Manuel pratique renfermant ce que les meilleurs auteurs et les praticiens ont dit de mieux sur le *défoncement*, la *plantation*, les *formes*, la *taille* et la *mise à fruit* des arbres fruitiers, par l'abbé RAOUL. 3e édit. 1 vol. in-18 avec pl. 2 fr.
Approuvé par la Commission des bibliothèques scolaires.

Arboriculture. — Notions préliminaires à la portée de tout le monde. Conseils pratiques, par E. TROUILLET, 2e édit. In-18 orné de 21 fig. 1 fr.

Arboriculture des Écoles primaires, ou *Notions d'arboriculture fruitière* mises à la portée des enfants, par J. BRÉMOND, 3e éd. 2e *tirage.* 1 vol. in-18 et atlas de 107 fig. 2 fr.
Approuvé par la Commission des bibliothèques scolaires.

Arbres fruitiers. — Conseils sur le choix, la culture et la taille des arbres fruitiers, pouvant convenir aux provinces du nord, de l'est, de l'ouest et du centre de la France, par le comte DE LAMBERTYE. In-18, orné de 33 figures. 1 fr.
Approuvé par la Commission des bibliothèques scolaires.

Arbres fruitiers (*Des*) **et de la Vigne,** par YSABEAU. 1 vol. in-18. 75 c.
Approuvé par la Commission des bibliothèques scolaires.

Arbres fruitiers et de la Vigne (*Nouvelle Méthode de taille des*), par PICOT-AMETTE, 3e édit. 1 vol. in-18 orné de 37 grav. dans le texte. 1 50

Asperges (*Semis, plantation et culture des*), par Bossin, 3ᵉ édit.
1 vol. in-18 avec figures.   1 fr.

Asperges. — Culture ordinaire et forcée ; semis, plantation et cueillette, par Lenormand. 1 vol. in-32, orné de 4 fig. hors texte et une planche modèle pour la plantation.   1 25

Botaniste et herboriste (*Petit Manuel du*), donnant la description de 220 plantes officinales, suivi de principes de médecine, de pharmacie, d'hygiène et d'économie domestique, etc., par L. T., F. M. et P. M. 3ᵉ édit. 1 vol. in-18 orné de 150 fig. dans le texte.   2 50

Bouturer, greffer, marcotter et semer (*Guide pour*) les plantes d'ornement, annuelles ou vivaces, arbres et arbustes, extrait en partie du *Jardin fleuriste*, par Lemaire, Lequien, le vicomte du Buysson, etc., 2ᵉ édition. In-18 orné de 35 fig.   1 fr.

Cactées. — Leur culture, suivie d'une description des principales espèces et variétés, par Palmer. 1 vol. in-18, orné de 33 fig.   2 fr.

Canna. — Histoire, culture et multiplication, suivi d'une monographie des espèces et des variétés principales, par Chaté. 1 vol. in-32, orné d'une fig. hors texte.   1 50

Champignon. — Sa culture en plein air, dans les caves et dans les carrières, par Laizier. 1 vol. in-32, orné de 7 fig. hors texte   60 c.

Champignons (*Culture des*), avec l'indication d'une nouvelle méthode pour en obtenir en tous lieux par l'emploi de la mousse, par Salle, 4ᵉ édit. 1 vol. in-18, orné de 20 fig. dans le texte.   1 fr.

Champignon comestible. — Instructions pratiques sur sa culture, par Jacquin aîné. In-18 de 24 pages.   60 c.

Champignons comestibles et vénéneux de France. — Guide pour les reconnaître, par Kroenishfranck. 1 vol. in-32, orné de 11 planches donnant la figure de 114 champignons coloriés.   5 fr.

Cinéraires. — Culture et multiplication, par Chaté. 1 vol. in-32, orné d'une figure hors texte.   50 c.

Conifères de petites et grandes dimensions. — Classification, description, culture ornementale et forestière, par G. Morlet, horticulteur. 1 vol. in-18.   4 fr.

Culture maraîchère. — Traité théorique et pratique de culture maraîchère, par Rodigas. 3ᵉ édit. 1 vol. in-18.   3 50
Approuvé par la Commission des bibliothèques scolaires.

Culture potagère en pleine terre et sous châssis, par un amateur, 1 vol. in-18 orné de nombreuses figures dans le texte. (*Sous presse.*)

Fleurs de pleine terre et de fenêtres. — Conseils sur leur culture, pouvant convenir aux provinces du nord, de l'est, de l'ouest et du centre de la France, par le comte de Lambertye. 2ᵉ édit. in-18.   1 fr.
Approuvé par la Commission des bibliothèques scolaires.

Fraises. — Les Bonnes Fraises. Manière de les cultiver pour les avoir au maximum de beauté, par F. Gloede, 2ᵉ édit. 1 vol. in-18, fig.   2 fr.

Fraisier. — Culture en pleine terre suivie d'un choix des meilleures variétés à cultiver, par le comte de Lambertye. 1 vol. in-18.   1 fr.
Approuvé par la Commission des bibliothèques scolaires.

Fraisier. — Culture forcée par le thermosiphon, par le comte de Lambertye. 1 vol. in-18, fig.   1 25

Fruits. — Les Bons Fruits à cultiver, par E. Forney. 1 vol. in-18. (*Sous presse.*)

Fuchsia. — Histoire et culture, suivies de la description de 540 espèces et variétés, par F. Porcher. 4ᵉ édit. 1 vol. in-18.   2 fr.

Géranium et Pelargonium. — Multiplication et culture, par Malet et Verlot. 1 vol. in-32, orné de 10 grav. dans le texte.   1 25

Giroflées.—Culture et multiplication, suivies d'une description complète de divers modes d'essimplage, par CHATÉ. 1 vol. in-32, orné de 6 flg. hors texte. 1 25

Graminées — Choix et culture des graminées propres à l'ensemencement des pelouses et des prairies, par COURTOIS-GÉRARD. 1 vol. in-32, orné de 10 flg. hors texte. 1 fr.

Herboriste *voir* **Botaniste,** page 9.

Horticulteur praticien (*L'*). — Revue de l'horticulture française et étrangère, par MM. FUNCK, GALÉOTTI, JOIGNEAUX, c^te DE LAMBERTYE, MORREN. 1858 à 1862. 5 vol. grand in-8° ornés de flg. dans le texte et de 104 pl. coloriées. Au lieu de 45 fr. 25 fr.

Jardin fleuriste (*Le*). — Instructions pour la culture des plantes annuelles, bisannuelles, vivaces; plantes à feuilles ornementales; oignons à fleurs; arbres et arbustes, par LEMAIRE, LEQUIEN, BOSSIN, BERNARDIN, CARRIÈRE, vicomte DU BUYSSON, PALMER, PORCHER, RIVIÈRE fils, etc. revu et complété par Auguste RIVIÈRE, jardinier en chef du Luxembourg. 4e édit. 1 vol. in-18, orné de 200 figures dans le texte. 3 50

Jardinage. — Eléments de jardinage pouvant convenir aux provinces du nord, de l'est, de l'ouest et du centre de la France, par le comte DE LAMBERTYE. 1 vol. in-18 avec flg. dans le texte. 1 fr.
Approuvé par la Commission des bibliothèques scolaires.

Jardinier illustré pour 1879 (*Le Nouveau*). — Ouvrage pratique pour la culture et la taille des arbres fruitiers ; la culture ordinaire et forcée des légumes; des plantes de pleine terre, de serre froide et tempérée, de serre chaude, par MM. HÉRINCQ, LAVALLÉE, NEUMANN, VERLOT, COURTOIS-GÉRARD, PAVARD et BUREL, revu et corrigé par l'éditeur. 1 vol. in-18 de 1,800 pages, orné de 530 figures dans le texte, dessinées par MM. *Courtin, Faguet* et *Riocreux.* 7 fr.
Approuvé par la Commission des bibliothèques scolaires.

Lantanas. — Culture et multiplication, par CHATÉ. 1 vol. in-32, orné d'une flg. hors texte. 50 c.

Légumes. — Conseils sur les semis de graines de légumes, offerts aux habitants de la campagne, par le comte DE LAMBERTYE, 4e éd. In-18. 1 fr.
Approuvé par la Commission des bibliothèques scolaires.

Légumes. — Conseils sur les semis et la culture de légumes en pleine terre, offerts aux habitants du département du Rhône et pouvant convenir à presque tout le territoire des départements de l'Ain, Loire, Saône-et-Loire, par le comte DE LAMBERTYE. 1 vol. in-18. 1 fr.

Légumes et fleurs. — Conseils sur la culture de légumes et de fleurs sous un, deux ou trois châssis, pendant les douze mois de l'année, pouvant convenir aux provinces du nord, de l'est, de l'ouest et du centre de la France, par le comte DE LAMBERTYE. 1 vol. in-18 orné de flg. 50 c.
Approuvé par la Commission des bibliothèques scolaires.

Melon.—Culture simple et précise par laquelle on obtient des melons d'une grosseur extraordinaire, d'une qualité et d'un goût exquis, par DUFOUR DE VILLEROSE. 4e édit. 1 vol. in-18, orné de 23 flg. dans le texte. 1 fr.
Approuvé par la Commission des bibliothèques scolaires.

Melon: *Concombre vert long ; Concombre cornichon; Courge à la moelle et Potiron vert d'Espagne.* — Conseils sur leur culture à l'air libre, par le comte DE LAMBERTYE. 1 vol. in-18 orné de flg. indicatives pour les tailles. 1 fr.
Approuvé par la Commission des bibliothèques scolaires.

Melon.—Instructions pratiques sur sa culture sous châssis, sous cloche et en pleine terre, par Martin JACQUIN. In-18 de 36 pages. 60 c.

Melon et Concombre. — Culture forcée par le thermosiphon, par le comte DE LAMBERTYE. In-8°, flg. 1 25

Oignons à fleurs. — Semis et culture, par un Amateur. 1 vol. in-18 avec fig. (*Sous presse.*)

Oranger. — Encaissement et taille, par E. FORNEY. *Voir* **Rosier,** *semis, culture et taille.*

Palmiers. — Les palmiers de plein air de la France, par J.-B. CHABAUD, jardinier-botaniste. 1 vol. in-18, orné de fig. dans le texte (*Sous presse.*)

Pêcher. — La direction des arbres par le *pincement des feuilles,* et notamment du pêcher, par GRIN. 3e édit. 1 vol. in-18, orné de 6 fig. 1 fr.

Phlox. — Culture et multiplication, par LIERVAL. 1 vol. in-32, orné de 5 fig. hors texte. 1 fr.

Plantes aquatiques. — Multiplication et culture, par HÉLYE. 1 vol. in-32, orné de 16 grav. dans le texte et hors texte. 1 50

Plantes à feuilles ornementales en pleine terre (*Les*) : *Caladium, Canna, Gynerium, Musa, Solanum, Wigandia,* etc. Botanique et culture, par le comte DE LAMBERTYE. 2 vol. in-18 ornés de fig. et tableaux. 2 fr.

Plantes d'appartements, de fenêtres et de balcons. — Soins à leur donner, conservation, etc., par un amateur. 1 vol. in-18 avec fig. dans le texte. (*Sous presse.*)

Plantes de pleine terre, annuelles, bisannuelles et vivaces (*Culture des*), par MARTIN-JACQUIN. 1 vol. in-18 de 100 pages. 1 50

Plantes molles de pleine terre : *Pétunia, Géranium, Pensée, Verveine, Héliotrope.* Culture pratique par le vicomte F. DU BUYSSON. 1 vol. in-18, fig. 1 fr.

Pommes de terre. — Choix, culture ordinaire et forcée ; culture hivernale ; récolte et conservation, par COURTOIS-GÉRARD. 1 vol. in-32, orné d'une grav. hors texte. 1 fr.

Reine-Marguerite (*Culture de la*), par MALINGRE. In-18. 40 c.

Rosier. — Histoire, culture, multiplication et emploi, par une réunion d'horticulteurs rosiéristes et d'amateurs. 1 vol. in-18, orné de 65 fig. dans le texte. (*Sous presse.*)

Rosier. — Semis, culture et taille, suivis de la *Taille des Arbustes d'agrément de pleine terre* et de la *Taille de l'Oranger,* par FORNEY. 2e édit. 1 vol. in-18 avec figures. 2 fr.

Tomate et Haricot. — Culture forcée par le thermosiphon, par le comte DE LAMBERTYE. In-8º, fig. 1 25

Verveines. — Culture et multiplication, par CHATÉ. 1 vol. in-32, orné de 2 fig. hors texte. 50 c.

Vigne. — Culture forcée par le thermosiphon, par le comte DE LAMBERTYE. In-8º, fig. 1 25

Arbres fruitiers, Botanique, Culture potagère, Jardinage.

Almanach Gressent pour 1879, contenant les principes élémentaires d'*Arboriculture* et de *Potager,* par GRESSENT. In-18. 50 c.
L'année 1867, *très-rare.* 75 c.

Arboriculture (*L'*) **fruitière** comprenant la culture *intensive* et *extensive* des fruits de table, etc., par GRESSENT, 5e édit. 1 vol. in-18 avec 430 fig. dans le texte. 7 fr.

Arboriculture fruitière des jardins. — Conférence faite par Jules COURTOIS. In-8º, fig. 2 fr.

Arbres d'agrément. — Traité de la taille des grands arbres d'agrément propres aux grandes plantations, en bordure le long des chemins, sur les places publiques, pour allées d'avenues, massifs et paysages, suivi de celle de l'amandier, du noyer et du châtaignier, par J. GAUTIER. 1 vol. in-8º orné de 18 fig. 2 fr.

Arbres et arbrisseaux à fruits de table. 6e édit. du *Cours d'arboriculture*, par DUBREUIL. 1 vol. in-18 orné de 573 fig. 8 fr.

Arbres et arbrisseaux d'ornement (*Culture des*), par DUBREUIL. 6e édition. 1 vol. in-18 orné de 190 fig. 5 fr.

Arbres fruitiers (*Instruction élémentaire sur la conduite des*) par DUBREUIL, 9e édit. 1 vol. in-18, fig. 2 50

Arbres fruitiers (*Taille raisonnée des*), par J.-A. HARDY, 7e édit. 1 vol. in-8° avec 134 figures. 5 50

Arbres fruitiers à branches renversées, d'après la méthode et sur les notes de M. J. MAÎTRE, par A. DOLIVOT. In-8° orné de 85 fig. 5 fr.

Arbres fruitiers (*Les*) de la Loire Inférieure, leur nomenclature descriptive et historique, par J. de LIRON D'AIROLES. In-8° avec fig. au trait. 2 fr.

Asperges. — Culture industrielle et hivernale, suivies de la manière d'en faire des conserves, par P. RONCERAY. In-8°. 1 25

Asperges. Culture en plein air, par LHÉRAULT-SALBOEUF. In-18. 50 c.

Asperge, sa culture à la charrue, d'après la méthode PARENT, par GODEFROY-LEBEUF. In-18. 75 c.

Asperges, Fraises, Figues, Framboises et Groseilles. Description des meilleures méthodes de cultiver, suivie de la manière de les forcer, par F. LEBEUE, 7e édit. 1 vol in-18, fig. 1 50

Botanique. — Traité général de botanique descriptive et analytique, par LE MAOUT et DECAISNE. 2e édit., 1 fort vol. in-4° orné de 5,500 fig. 30 fr.

Catalogue descriptif et raisonné des arbres fruitiers et d'ornement pour 1873, par André LEROY. In-8°. 1 fr.

Cuisine à l'usage des ménages bourgeois et des petits ménages, comprenant la manière de servir à nouveau tous les restes, par le baron BRISSE. 1 vol. in-18, orné de 130 fig. explicatives. 2 50

Cuisinière (*La*) de la ville et de la campagne, par L. E. A. 45e édit. 1 vol. in-18 cart., orné de 300 fig. 3 fr.

Culture maraîchère de Paris. — Manuel pratique par MOREAU et DAVERNE; 4e édit. 1 vol. in-8°. 5 fr.

Culture potagère à la portée de tous, par BURVENICH. 1 vol. in-18, orné de 146 fig. 3 fr.

Engrais des jardins et des champs, ou Moyen de s'en procurer, d'en fabriquer à discrétion et à bon marché, par F. LEBEUF. In-18. 1 25

Entomologie horticole, comprenant l'histoire des insectes nuisibles à l'horticulture, avec l'indication des moyens propres à les éloigner ou à les détruire, et l'histoire des insectes et autres animaux utiles aux cultures, par le docteur BOISDUVAL. 1 vol. in-8°, orné de 125 figures dans le texte. 6 fr.

Couronné par la Société centrale d'horticulture de France.

Fleurs de pleine terre (*Les*), comprenant la description et la culture des fleurs annuelles, vivaces et bulbeuses de pleine terre, etc., par VILMORIN-ANDRIEUX, 3e édit. 1 fort vol. petit in-8° orné de près de 1,300 gr. 12 fr.

Fruits. — Les Meilleurs Fruits par ordre de maturité; culture et soins qu'ils réclament, par P. DE MORTILLET. Silhouette et dessins des fruits, fleurs et noyaux, dessinés par l'auteur.

Tome Ier, le **Pêcher**. 1 vol. in-8°. 8 fr.

Tome II, le **Cerisier**. 1 vol. in 8°. 7 fr.

Tome III, le **Poirier**. 1 vol in-8°. 9 fr.

Fruits. — Guide pratique de l'amateur de fruits. Description et culture de plus de 5,000 variétés de fruits classées par séries de mérite, par SIMON-LOUIS frères. 1 vol. in-8°. 6 fr.

. **Fruits à cidre**. — Le Cidre, traité rédigé d'après les documents recueillis de 1864 à 1872 par le Congrès pour l'étude des fruits à cidre,

par DE BOUTTEVILLE et HAUCHECORNE. 1 vol. grand in-8° orné de grav.
dans le texte et de 8 chromo représentant 39 fruits.   15 fr.
Le même ouvrage, 1 vol. in-18 orné de fig. dans le texte.   3 50

Horticulteur français (*L'*). — Journal des amateurs et des intérêts
horticoles, publié sous la direction de F. Hérincq, depuis l'année 1851
jusqu'à la fin de 1872. 21 volumes in-8°, accompagnés de 450 planches
col. environ. Au lieu de 210 fr.   150 fr.
  Il ne reste plus que 8 collections complètes de disponibles. Les volumes
    séparés 7 fr., *franco.*

Horticulteur gastronome. — Bons légumes et bons fruits, ou choix
des meilleures variétés de plantes potagères et d'arbres fruitiers à cultiver, et moyen de conserver les fruits et légumes pendant l'hiver, par
F. Lebeuf. 1 vol. in-18   1 fr.

Jardinier fruitier (*Le*). — Principes simplifiés de la taille des arbres
fruitiers, par E. Forney. 2 vol. in-8°, fig.   8 fr.

Jardins. — Manuel de l'amateur des jardins. Traité général d'horticulture, par Decaisne et Naudin. 4 vol. in-8°, ornés de 537 fig.   30 fr.

Jardins (*Traité de la composition et de l'ornement des*), avec
61 pl. représentant, en plus de 600 fig., des plans de jardins, des machines pour élever les eaux, etc. 6ᵉ édit. 2 vol. in-4° oblong.   25 fr.

Orchidées. — Traité théorique et pratique sur la culture des orchidées, par le comte F. Du Buysson. 1 vol. in-8°.   6 fr.
  Le manuscrit de cet ouvrage a été couronné en 1873, à l'Exposition interna-
tionale de Cologne.

Parcs et jardins. — Prix de règlement des travaux et fournitures,
par A. Lusseau, architecte-paysagiste. In-8°.   2 fr.

Parcs et Jardins. — Traité complet de la création des parcs et des jardins paysagers ; de la culture des arbres d'ornements, etc., par Gressent.
1 vol. in-18.   7 fr.

Pêcher en espalier carré (*Pratique raisonnée de la taille du*), par
Al. Lepère. 7ᵉ édit. 1 vol. in-8° avec 8 planches.   4 fr.

Pensée (*La*), la **Violette**, l'**Auricule** ou Oreille-d'Ours, la **Prime-
vère.** — Histoire et culture, par Ragonot-Godefroy. In-18, fig. col. 2 fr.

Plantes de serre. — Traité théorique et pratique de la culture de
toutes les plantes qui demandent un abri, par de Puydt. 2 vol. in-18. 6 fr.

Plantes de serre froide, d'appartements, de jardins d'été, par
de Puydt. 2ᵉ édit. 1 vol. in-18.   1 50

Poires. — *Quarante Poires* divisées en 4 séries de 10 poires, dont
la maturation a lieu pendant les mois de juillet à mai, contenant le
nom, la synonymie, la description des poires, de l'arbre, le mode de
culture; l'époque de la cueillette du fruit avec la silhouette de chacun
et de grandeur naturelle, suivies de considérations sur la culture et la
taille du poirier, par P. de Mortillet. 3ᵉ édit. in-8°.   3 50

Poirier, Pommier, Prunier, Cerisier. Culture et taille par F.
Lebeuf. 1 vol. in-18, orné de 46 fig.   2 50

Pomologie. — Dictionnaire de Pomologie, contenant l'histoire, la
description, la figure au trait des fruits anciens et modernes les plus
généralement connus et cultivés, par André Leroy, pépiniériste.

Les Poires, description, fertilité, culture, maturité et qualité de
915 variétés, accompagné de la silhouette du fruit de grandeur naturelle. 2 vol. grand in-8°.   20 fr.

Les Pommes, description, fertilité, culture, maturité et qualité de
527 variétés, accompagné de la silhouette du fruit de grandeur naturelle. 2 vol. grand in-8°.   20 fr.

Les Abricots et Cerises, description, fertilité, culture, maturité et
qualité de 43 variétés d'abricots et de 127 variétés de cerises, accom-

pagné de la silhouette du fruit de grandeur naturelle. 2 vol. gran
in-8°.   10 fr

Potager moderne (*Le*). Traité complet de la culture des légumes, pa
GRESSENT, 4e édit. 1 vol. in-18 avec 131 fig. dans le texte.   7 fr
Ouvrage couronné par la Société centrale d'horticulture de Paris.

Roses et Rosiers. — Histoire; culture ordinaire et forcée; multiplication et emploi des rosiers, par une réunion d'horticulteur.
rosiéristes et d'amateurs. 1 fort volume grand in-8°, orné de nombreuse:
fi r. dans le texte, et accompagné de 48 planches gravées sur cuivre e
co'oriées au pinceau, et du texte descriptif.   30 fr

Le même, demi maroquin, plats toile, doré sur tranches.   35 fr

Bibliothèque du Sportsman.

Alouette. — De la Chasse de l'alouette au miroir avec le fusil, pa
NÉRÉE-QUÉPAT. 1 vol. in-18 orné de grav.   1 5

Bécasse. — Le Chasseur à la bécasse, par POLET DE FAVEAUX (SYLVAIN)
1 vol. in-18 orné de 35 figures dans le texte.   3 5

Bécasse. Pour la chasser, par G. DUWARNET, 1 vol. in-18.   3 5

Chasse. *Los Paramientos de la Caza*, ou Règlements sur la chass
en général, par DON SANCHO LE SAGE, roi de Navarre, publié en l'anné
1180. Nouvelle édition, avec introduction et notes du traducteur. 1 vol
in-18.   2 fr

Chasse. — Soixante années de chasse. — Pratique de la chasse a
chien courant à pied et à cheval; au chien d'arrêt en plaine et sou
bois; au marais, sur les étangs et sur les rivières, par J.-A. CLAMART
3e édit. revue et corrigée. 1 vol. in-18, orné de 60 fig. dans le texte. 3 5

Chasse à courre et à tir. — Nouveau Traité par A. DE LA RUE, inspecteur des forêts de l'État, et le marquis DE CHERVILLE. 2 vol. in-8° avec
fig. dans le texte par Ch. JACQUE, PIZETTA, YAN D'ARGENT, etc.   20 fr.

Le même, imprimé sur papier vergé.   40 fr.

Chasse à tir et à courre. — Du Droit de suite et de la Propriété du
gibier tué, blessé ou poursuivi. Examen de la doctrine et de la juris-
prudence, par A. SOREL, juge au tribunal civil de Compiègne. 2e édit
revue et augmentée 1 vol. in-18.   3 5

Chasse aux petits oiseaux. — Manuel du tendeur, par CRAHAY, 2e édit.
1 vol. in-18.   1 5

Chasseur infaillible. — Chasse au Chien d'arrêt; Guide complet du
sportsman, contenant l'usage du fusil, le tir, le vol des oiseaux, le dressage des chiens, par MARKSMAN, traduit de l'anglais sur la 3e édition par
Ch. KERDOEL, augmenté d'un appendice sur la Chasse de la caille et des
oiseaux de marais. Nouvelle édition. 1 vol. in-18, orné de 31 figures. 3 5

Cheval domestique (*Les Origines du*), d'après la paléontologie, la
zoologie, l'histoire et la philologie, par PIÉTREMENT. 1 vol. in-8°.   8 fr.

Cheval. — Manuel hippique sommaire de l'éleveur-cultivateur, ensei-
gnement professionnel dédié aux élèves adultes des Ecoles rurales, par
BASSERIE, lieutenant-colonel de cavalerie, , 3e édit. 1 vol. in-18.   1 fr.
Approuvé par la Commission des bibliothèques scolaires.

Cheval. — Recherches sur la nature des affections typhoïdes du
cheval. Etudes micrographiques et chimiques des altérations du sang ;
injection et contagion; étiologie; sémécologie et thérapeutique, par
SALLE. 1 vol, in-18, orné de 30 fig. dans le texte.   3 50
Ouvrage couronné par la Société centrale de Médecine vétérinaire.

Cheval en France (*Le*), depuis l'époque gauloise jusqu'à nos jours.
Géographie et institutions hippiques, par E. HOUEL, 1 vol. in-8°.   3 fr.

Cheval de service. — Production, élevage et dressage, par Ephrem. Iouel, 1 vol. in-18. 1 fr.

Chevaux. — Conseils aux acheteurs de chevaux, ou Traité de la conformation extérieure du cheval, avec des instructions pour l'appréciation, avant la vente, des vices, défauts, affections, etc., suivi de la loi sur les vices rédhibitoires et la garantie du vendeur, par JOHN STEWART, traduit de l'anglais par le baron D'HANENS. 1 vol. in-18, fig. 3 50

Chevaux. — Conseils aux éleveurs de chevaux, par Charles DU HAYS. 1 vol. in-18, fig. 3 50

Chevaux français (Les) en Angleterre (1865), par E. HOUEL. In-8°. 2 fr.

Chevaux de chasse. — Leur condition en France, par le comte LE COUTEULX DE CANTELEU, 2e édit. 1 vol. in-18. 1 fr.

Chevaux de selle et d'attelage. — Instruction pratique pour faciliter l'élevage et le dressage, par A. MORIN (1861). In-8° de 10 pages. 5 fr.

Chevaux de selle, de chasse, de course et d'attelage. — Manuel complet de l'éleveur et du propriétaire de chevaux, par H. ROBINSON. 1 vol. in-8°, orné de pl. 5 fr.

Chiens. — Les Maladies des chiens et leur traitement, par HERTWIG. 2e édit. 1 vol. in-18. 3 50

Chien de chasse (Le). — Description des différentes races de chiens. Education et dressage, soins à donner dans toutes les maladies, par H. ROBINSON, 2e édit., 1 vol. in-8°, orné de pl. et de grav. dans le texte. 5 fr.

Chien de chasse (Du). — Chiens d'arrêt, espèces et variétés, élevage, nourriture, maladie, éducation, dressage, extrait du *Nouveau Traité des chasses à courre et à tir*. 1 vol. in-18 orné de 15 fig. Imprimé sur papier vergé. 5 fr.

Chien de chasse (Du). — Chiens courants, espèces et variétés, élevage, hygiène, nourriture, maladies, éducation, dressage, extrait du *Nouveau traité des Chasses à courre et à tir*. 1 vol. in-18 orné de 17 figures et d'un plan de chenil chromo-lithographié. 3 50

Le même, imprimé sur papier vergé. 7 fr.

Conseils aux chasseurs sur le tir, les armes, munitions et ustensiles du chasseur. La Chasse en plaine et les différentes Chasses d'oiseaux aquatiques, par H. ROBINSON. 2e édit., 1 vol. in-8°, orné de pl. et de grav. dans le texte. 5 fr.

Dommages aux champs causés par le gibier, *lapins, lièvres, sangliers, etc.* — De la Responsabilité des propriétaires de bois et forêts, et des locataires de chasses, par Alexandre SOREL, juge au tribunal civil de Compiègne, etc. 2e édit. revue et augmentée. 1 vol. in-18. 3 50

Ecurie. — Economie de l'écurie. Traité de l'entretien et du traitement des chevaux (écurie, pansage, nourriture, boisson, travail), par John STEWART, traduit de l'anglais sur la 7e édition par le baron D'HANENS. 1 vol. in-18 orné de 20 figures. 3 50

Fauconnerie ancienne et moderne, par CHENU et O. DES MURS. 1 vol. in-18, orné de fig. 3 50

Ferrure du Cheval. — Examen pratique du mode de ferrure Charlier, et réponse à M. Leblanc, par A. MORIN. In-8° (1867). 2 fr.

Louveterie (La), et la Destruction des animaux nuisibles, par A. PUTON, professeur à l'École forestière de Nancy. 1 vol. in-18. 3 50

Pêche à la ligne. Conseils, par Ch. JOBEY. 1 vol. in-18, orné de 35 fig. 2 fr.

Pied du cheval (Le) et la manière de le conserver sain, par W. MILES, trad. de l'anglais par GUYTON. 1 vol. in-8° orné de pl. et de fig. dans le texte. 5 fr.

Chasse, Chiens, Oiseaux de Chasse et de Volière, etc.

Braconnage et contre-braconnage. Description des piéges et engins; moyens de les combattre et d'assurer la propagation de toute espèce de gibier, par le comte D'HOUDETOT. 1 vol. in-8°. 7 50

Cailles, Perdrix, Colins ou Cailles d'Amérique. — Guide pratique pour les élever, etc., par ALLARY. Nouvelle édit. 1 vol. in-18. Fig. 2 fr.

Chasse. — Carnet de chasse, in-18 oblong, cartonné, toile angl. 2 50

Chasse de Gaston Phœbus (*La*), comte de Foix, envoyée par lui à messire Philippe de France, duc de Bourgogne, collationnée sur un manuscrit ayant appartenu à Jean Ier de Foix, avec des notes et la vie de Gaston Phœbus, par Joseph LAVALLÉE. 1854. 1 vol. in-8° orné de 13 fig. 20 fr.

Chasse royale (*La*), divisée en quatre parties qui contiennent les Chasses du Cerf, du Lièvre, du Chevreuil, du Sanglier, du Loup et du Renard, etc. par messire Robert DE SALNOVE. 1 vol. gr. in-8° papier vélin. 25 fr.
Le même, papier ordinaire. 15 fr.

Faisans, Canards mandarins, Cygnes, etc. — Guide pratique pour les élever, par ALFRED TOUCHARD (Arthur Legrand). 2e édit. 1 vol. in-18 avec fig. 2 fr.

Faisans et Perdreaux. — Précis sur la manière de les élever. 1 vol. in-18, orné de fig. 2 fr.
Réimpression de l'ouvrage original, publié en MDCCLXXII.

Oiseaux de volière (*Manuel de l'Amateur des*), ou Instruction pour connaître, élever, conserver et guérir toutes les espèces d'oiseaux que l'on aime à garder en volière ou dans la chambre, par BECHSTEIN. *Nouvelle édition*. 1 vol. in-18, orné de fig. dans le texte. 3 50

Petite Vénerie (*La*), ou la Chasse au chien courant, par le comte D'HOUDETOT. 1 vol. in-8°. 7 50

Vénerie (*La*) **de Iacqves dv Fovillovx.** De nouueau reucüe, augmentée de la méthode pour dresser et faire voler les oyseaux, par M DE BOISOUDAN, précédée de la biographie de Jacques du Fouilloux, par M. PRESSAC. 1 vol. in-4° orné de nombr. grav. et de lettres ornées. 15 fr.

Vénerie. — Traité de Vénerie par D'YAUVILLE. 1859. 1 vol. grand in-8° papier vélin, orné de 4 grandes gravures hors texte, de 9 fig. médaillons, et accompagné de 42 fanfares. 25 fr.
Le même, 1 vol. petit in-8, papier ordinaire, sans gravures et sans fanfares. 6 fr.

Enquêtes administratives. — Traité et Formulaire, à l'usage de MM. les juges de paix, suppléants de juges de paix et maires, par E. NOEUVÉGLISE, licencié en droit et juge de paix. In-8°. 1 fr.

Etat civil. — Conditions et formalités pour la célébration des mariages. Formule à l'usage de MM. les maires et adjoints. In-4°. Cartonné avec fers dorés sur le plat. 2 50

Evreux, Ch. HÉRISSEY, imp. — 579

LES CONIFÈRES

DE PETITES ET GRANDES DIMENSIONS

Fontainebleau. — E. Bourges, imp. breveté. — 1878.

LES
CONIFÈRES

DE PETITES ET GRANDES DIMENSIONS

CLASSIFICATION, DESCRIPTION

CULTURE ORNEMENTALE ET FORESTIÈRE

PAR

GUSTAVE MORLET

Horticulteur-Pépiniériste au Monceau

Près Fontainebleau.

———

PARIS

LIBRAIRIE CENTRALE D'AGRICULTURE ET DE JARDINAGE

Rue des Écoles, 62 (ancien 82), près le Musée de Cluny

— Auguste GOIN, éditeur —

PRÉFACE

—

Élevé dans les pépinières, j'ai contracté bien jeune un goût des plus vifs pour les arbres en général et les Conifères en particulier. Établi sur la lisière de la forêt de Fontainebleau, j'ai suivi avec le plus grand intérêt les semis, plantations et greffes de Pins, qui ont été faites par MM. de Larminat et de Boisdhyver dans ces grandes plaines arides et sablonneuses, dont les produits égalent presque aujourd'hui ceux du blé dans les meilleurs terrains.

Possédant moi-même de vastes pépinières et des plantations sur les territoires de cinq communes situées autour de la forêt, dans des sols et à des expositions très-variés, je fus à même de constater les développements plus ou moins rapides d'un certain nombre d'espèces ; aussi m'étais-je proposé de publier les observations que j'avais faites chez moi et dans les plantations de la forêt, espérant engager ainsi les propriétaires de sols analogues à les couvrir de plantes de cette espèce, lorsque parut l'ouvrage de M. Carrière. Je renonçai alors à mon projet.

Mais l'hiver exceptionnellement rigoureux de 1871-1872 ayant soumis à une désastreuse épreuve les cultures de Conifères, je crois pouvoir rendre quelque service aux amateurs de ce beau genre, en leur faisant part des observations que j'ai faites à Fontainebleau et dans les environs, ainsi que des renseignements que j'ai recueillis dans mes voyages. Je n'ai certes pas la prétention de faire une nouvelle édition de l'ouvrage si complet de M. Carrière[1]; je m'étends seulement sur les espèces rustiques qui peuvent être de quelque utilité dans l'industrie ou produire un effet agréable dans les parcs et les jardins, citant tous les genres connus aujourd'hui, mais ne disant que quelque mots des plantes trop délicates qui ne sauraient prospérer sous notre climat ou sous celui de l'Algérie.

1. *Traité général des Conifères* ou description de toutes les espèces et variétés de ce genre aujourd'hui connues, etc. *Nouvelle édition* divisée en deux parties. Paris, 1867, 2 vol. in-8°. Prix : 20 fr. — AUGUSTE GOIN, libraire, rue des Écoles, 62, Paris.

LES CONIFÈRES

DE PETITES ET GRANDES DIMENSIONS

CLASSIFICATION.

Les Conifères qui appartiennent à la classe des végétaux dicotylédonés gymnospermes (à ovule nu, ou privés d'ovaires) sont des arbres et des arbrisseaux rameux, dont le bois est exclusivement composé de vaisseaux poreux, tandis que leur écorce est sillonnée de veines résinifères.

Les *feuilles* sont, soit éparses, soit opposées, soit fasciculées, souvent raides et en aiguilles. Les *fleurs*, unisexuelles, sont disposées en chatons et dépourvues de périanthe. Les *ovules* sont nus, sessiles, placés sur des écailles ou dans un disque percé ; ils sont dressés ou renversés, droits ou très-rarement repliés sur eux-mêmes. Le *fruit* devient presque un drupe par l'accroissement du disque, ou un cône par le développement ligneux des écailles. Les *graines* sont nues ; l'embryon, renversé ou très-rarement droit, est placé dans l'axe d'un périsperme. Les *cotylédons* sont, soit au nombre de deux et opposés, soit en plus grand nombre, mais verticillés.

D'une taille généralement élevée, d'une végétation rapide, et d'une constitution robuste, les Conifères, vulgairement connus sous le nom de pins, sapins, cèdres, etc., serviront avec avantages au reboisement des forêts et des montagnes. Quoique leur introduction en Europe ne remonte pas à une époque très-éloignée, l'industrie a déjà su en tirer un parti profitable; c'est avec les sucs résineux de ces arbres qu'elle fabrique la poix de Bourgogne, la thérébentine de Bordeaux, la manne de Briançon. Leur bois veiné et marbré est très-employé par l'ébénisterie qui en fait des meubles charmants.

Je ne vanterai pas leur utilité, unanimement reconnue aujourd'hui, pour l'ornementation des jardins et des parcs, où ils se contentent en général d'un sol défavorable ou même impossible aux autres plantes.

Endlicher divise la classe des Conifères en cinq ordres :

1º LES **CUPRESSINÉES.**

2º LES **ABIÉTINÉES,** dont les fruits sont écailleux, globuleux, ovoïdes ou coniques et dont tous les organes sont gorgés de résine.

3º LES **PODOCARPÉES.**

4º LES **TAXINÉES.**

5º LES **GNÉTACÉES,** dont les fruits, pulpeux, ouverts ou clos au sommet ne contiennent qu'un noyau.

ORDRE Ier. — CUPRESSINÉES.

Arbres et arbrisseaux à fleurs monoïques ou dioïques, très-rameux, dont les branches, éparses dans la plupart des genres, sont rondes, anguleuses ou plates, continues ou articulées.

Les *feuilles* sont opposées, ternées ou éparses, libres et en alène, ou adhérentes aux rameaux sur une plus ou moins longue étendue, et alors libres seulement à leur extrémité supérieure sous la forme de très-petites dents plus ou moins aiguës, recouvrant en partie la base des voisines ; persistantes, caduques dans le seul genre Taxodium.

Les organes des deux sexes sont disposés en chatons ; les mâles sont nus, les femelles insérées à la base interne d'écailles. Dans le genre Cryptomeria, ces écailles sont elles-mêmes dans l'aisselle de bractées, caractère qui les rapproche des Abiétinées.

Les *chatons mâles* sont composés de plusieurs étamines naissant sur un axe commun, opposées sur quatre ou six rangs ; les filaments sont courts, épais, dilatés à angle droit à leur extrémité en une sorte de disque écailleux ou (connectif), le plus souvent semi-orbiculaire, ou triangulaire, de forme et de consistance peu variables. A la base de ce disque, près de son insertion, pendent les loges de l'anthère, en nombre variable, ovoïdes ou globuleuses, s'ouvrant intérieurement par une fente longitudinale.

Les *chatons femelles* sont composés soit d'un petit nombre d'écailles peu épaisses, portant souvent une pointe un peu au-dessous de leur sommet, dont les bords recouvrent ceux des deux écailles supérieures (imbriquées), ou ne les recouvrant pas (valvaires), disposées en une ou plusieurs séries sur un axe plus ou moins allongé ; soit d'écailles épaissies au sommet en forme de clou ou de tête de diamant.

Les *ovules* naissent à la base des écailles, solitaires ou géminés, alors collatéraux ou superposés ; quelquefois ils sont en plus grand nombre, mais rarement en nombre indéfini, rangés en une ou deux séries, dressés et terminés par un col ouvert au moment de la floraison.

Les *fruits* globuleux ou ovoïdes sont composés d'écailles charnues, épaisses, soudées ensemble (galbe) ou coriaces et ligneuses, très-pressées les unes contre les autres (strobile).

Les *graines*, à téguments ligneux ou osseux, sont nues ou ailées.

L'*embryon* est renversé dans l'axe d'un périsperme charnu, et soudé par sa radicule avec ce périsperme.

L'ordre des Cupressinées se subdivise en cinq tribus d'après le caractère ci-dessous.

FRUIT CHARNU.

I. **Junipérinées.** — Fruit charnu à écailles soudées bord à bord (valvaires) ou dont les bords se recouvrent (imbriquées). Feuilles opposées ou verticillées.

FRUIT SEC.

II. **Actinostrobées.** — Fruit à écailles valvaires ; feuilles alternes opposées ou ternées.

III. **Thuiopsidées.** — Fruit à écailles imbriquées, feuilles opposées.

IV. **Cupressinées vraies.** — Fruit à écailles valvaires, épaissies en clou au sommet ; feuilles opposées.

V. **Taxodinées.** — Fruit à écailles valvaires épaissies en clou au sommet, ou minces et imbriquées ; feuilles alternes.

Juniperus, Linné. — Genévrier.

Arbre dioïque. On rencontre çà et là des individus produisant quelques rares fleurs d'un autre sexe que le dominant.

Chatons mâles axillaires ou presque terminaux, développés dans certaines espèces dans un petit involucre écailleux; étamines opposées sur quatre ou six rangs; connectif semi-orbiculaire d'où pendent quatre ou six loges d'anthères.

Chatons femelles dans les aisselles des feuilles ou au sommet des ramules, à écailles charnues, recourbées en pointe, au nombre de trois ou opposées deux à deux, plus ou moins soudées ensemble; les inférieures sont stériles, les supérieures portent à leur base interne un ou deux ovules collatéraux dressés.

Fruit charnu (galbule), lisse ou tuberculeux par la saillie des sommités recourbées des écailles; droit ou pendant, mûrissant la première année, et renfermant de 1 à 8 graines, ligneuses, trièdres, distinctes ou adhérentes entr'elles dans une espèce seule, le *Juniperus Oxycedrus.* Embryon à 2 ou 3 cotylédons.

Arbres élevés ou arbrisseaux buissonneux, à ra-

meaux épars, à feuilles opposées ou ternées, libres ou
adhérentes aux rameaux, et chargées dans un certain
nombre d'espèces d'une sorte de petite glande, les Genévriers croissent dans les latitudes tempérées et froides
de l'hémisphère boréale, mais se plaisent particulièrement dans les terres sablonneuses et calcaires, à mi-
pente des montagnes. L'un d'eux croît en Abyssinie
sous la latitude de 10 degrés. Mais leur croissance très-
lente, empêchera probablement qu'ils ne soient cultivés en Europe au point de vue de l'exploitation du
bois, même dans des sols très-médiocres; ils resteront
relégués dans les parcs où le bon goût n'en admettra
qu'un très-petit nombre d'espèces ou de variétés.

Usages. Le bois en est léger, cassant, d'un grain fin,
de couleur variable selon les espèces, imprégné d'un
principe résineux qui en éloigne les insectes.

Le bois du *G. des Bermudes*, connu sous le nom de
Cèdre rouge, est doux et d'une couleur brunâtre; les
Américains du Nord l'ont recherché pour la construction de navires de commerce, et aujourd'hui il sert
encore à faire des crayons. On l'a aussi employé dans
l'ébénisterie; mais on a dû y renoncer à cause de son
odeur insupportable à beaucoup de personnes.

On distille le bois du *G. Oxycèdre* pour en retirer
l'huile de Cade; et celui du *G. commun* est travaillé
en objets de bimblotterie, vendus à Fontainebleau sous
le nom de Souvenirs. Les rameaux du *G. sabine* sont

employés en médecine. Enfin, les fruits de plusieurs espèces, entr'autres ceux du *G. commun*, sont employés par les gens de la campagne à faire une boisson diurétique ; on les distille, dans certaines contrées, et on en aromatise les eaux-de-vie de grain connues sous le nom de genièvre ou gin. Là où ils abondent, les Genévriers servent d'abris au gibier et leurs graines sont recherchées par quelques oiseaux à la chair desquels elles donnent une saveur particulière.

Culture. On multiplie les Genévriers de graines, de boutures, de marcottes et de greffes. La dureté des graines exige qu'elles soient semées dès leur récolte ou stratifiées, si on n'a pu le faire alors qu'elles étaient encore fraîches. On sème dru en sol bien préparé, non fumé, et on recouvre les graines de 12 à 15 millimètres de terre légère. Pendant l'été on enlève les herbes, on entretient le sol constamment humide par des arrosages fréquents, en ayant soin d'abriter du soleil pendant la sortie des jeunes plants ; à l'automne, on répand un peu de terreau ou de tan. Après la deuxième année, en octobre, d'après Miller, on lève les plants avec un peu de terre et on les met dans un sol préparé convenablement à 15 centimètres en tous sens ; on arrose pour affermir la terre, et on enlève les herbes pendant l'été. Enfin, lors de la quatrième année, on peut les lever avec plus de terre possible, les replanter de nouveau ou les mettre en place.

Après avoir fait la levée des premiers plants, il est bon d'entretenir la planche hien nettoyée, car des graines d'une germination tardive se développeront l'année suivante.

Les graines qu'on n'a pas semées dès leur récolte, doivent être stratifiées dans des caisses ou baquets par couches, séparées par une mince couche de sable ou de terre légère entretenue humide et à l'abri de la gelée. Quant aux espèces délicates, elles doivent être semées et cultivées en pots pendant deux ou trois ans.

On bouture en automne .et en plein .air les espèces qui supportent bien l'hiver; elles produisent généralement des sujets peu vigoureux et de forme variable. Les marcottes réussissent aussi; mais, comme les boutures, elles produisent des individus plus ou moins difformes.

Les Genévriers se greffent les uns sur les autres, mais le *G. de Virginie* est un des sujets les plus vigoureux et les plus rustiques.

La plupart des espèces réussissent mal dans les sols où l'humidité est stagnante, et préfèrent les expositions aérées. Pour remédier à leur défaut de taille, Miller, conseille de les élaguer progressivement par le bas; de la sorte on les force à s'élever peu à peu.

Section A. — OXYCEDRUS.

Feuilles ternées, articulées, en alène, plus ou moins

étalées, raides. *Chaton mâle* axillaire, dressé, connectif triangulaire. *Chaton femelle* à écailles soudées au ' delà du milieu lors de la floraison.

Jeunes rameaux triangulaires dont les angles sont en quelque sorte formés par des tubes renfermant un suc résineux qui ne sont que la nervure médiane de la partie de la feuille adhérente au rameau. *Bouton* recouvert de petites écailles foliacées. *Feuilles* ternées, séparées par des entre-nœuds très-visibles.

1. Juniperus communis, Linné. Genévrier commun. — *Duhamel*, Traité des arbres et arbustes, t. 1er, pl. 127, Paris, 1755. — *Loiseleur-Deslongchamps*, Nouveau Duhamel, t. 6, pl. 15, fig. 1. — *Loudon*, Encyclopedia of trees, fig. 2013. — *Lemaout*, Atlas élément. de botan., fig. 203. — *Carrière*, Manuel général des plantes, t. 4. page 309.

Espèce très-variable dans son développement et dans ses formes, selon la nature du sol et les expositions, il reste à l'état de buisson nain, très-serré, irrégulier, sur les coteaux secs et découverts. Il atteint quelquefois 10 à 12 mètres de hauteur, dans les vallées des forêts où il se présente sous la forme d'arbres à troncs tortueux, difformes et recouverts d'une écorce d'un brun rougeâtre.

Cime irrégulière, branches plus ou moins pendantes. Jeunes rameaux triangulaires, à entre-nœuds en moyenne de 0ᵐ,010. Feuilles ternées, sessiles en alène, piquantes, longues de 0ᵐ,020, concaves et glauques en dessus, convexes en dessous. Floraison en mai; dioïque. Chaton femelle globuleux, composé de 3 écailles soudées, légèrement réfléchies au sommet. Fruit globuleux mesurant 0ᵐ,005 portant au sommet trois sillons rayonnants, charnus, d'un noir pruineux, et renfermant 3 graines.

Commun en Europe et dans l'Asie occidentale entre les 40ᵉ et 65° degrés de latitude, le *J. communis* croît dans presque toutes les bruyères et les terrains arides de ces deux pays, mais préfère aux sols humides, les terres calcaires et sablonneuses.

Les forts individus de cette espèce disparaîtront bientôt en Europe devant les défrichements et l'extension apportée dans l'exploitation forestière. La croissance est si lente, que les individus plusieurs fois séculaires, dont les troncs de quelques mètres de longueur et d'un diamètre suffisant pour être débités en planchettes, sont devenus extrêmement rares.

Je citerai cependant un inspecteur très-méritant des forêts à Fontainebleau, M. de Boisdhyver, qui a pu s'en procurer d'assez forts pour l'ameublement d'un cabinet.

Le bois que les insectes n'attaquent pas, est léger, jaunâtre et d'un grain très-fin.

On a employé le *J. communis* comme haies le long

de la ligne du chemin de fer qui traverse la forêt, mais il y est souvent détruit partiellement par des incendies; la lenteur de sa croissance ne lui permettant pas de regarnir les vides provenant de l'incendie ou de toute autre cause, l'a presque fait abandonner.

Les chasseurs le protègent autant que possible, car il fournit au gibier un excellent abri. Dans les parties de la forêt où il est abondant, au milieu des terrains accidentés et maigres qui repoussent toute autre végétation, il donne un aspect sévère et triste; cependant il trouvera plutôt sa place dans les grands parcs que dans les jardins de petite étendue.

Des amateurs se sont plu à réunir les diverses formes qu'ils ont rencontrées soit dans les forêts, soit dans les semis des pépiniéristes.

VARIÉTÉS

J. serré. J. stricta des pépiniéristes. *J. hibernica*, CODDIGES. — Très-joli arbuste, vigoureux et de forme conique. Son feuillage grisâtre forme un heureux contraste avec celui des Ifs ou autres Conifères d'une verdure sombre.

J. comprimé. J. compressa. Charmant buisson pyramidal, à rameaux très-serrés, ne s'élevant guère au-dessus de 0^m,35 à 0^m,50. Ce n'est qu'une variété naine du *J. hibernica*.

J. panaché. Cette plante a les extrémités des rameaux jaunâtres.

J. de Suède. J. Sueca, MILLER. *J. Suecica,* LOUDON. *J. Withmaniana* des jardiniers. Quelques auteurs le donnent comme espèce, selon d'autres, ce n'est qu'une variété. Le *J. Suecica* a de grands rapports avec le Genévrier d'Irlande, mais son feuillage, d'un vert jaune clair, le rend beaucoup plus ornemental. Il atteint une hauteur de 3 à 4 mètres sous une forme conique élargie à la base et croît en Europe entre les 50e et 55e degrés de latitude nord.

Sa rusticité est à toute épreuve.

2. Juniperus oblonga, BIEBERSTEIN. — Genévrier à fruit oblong. — *J. communis oblonga,* LOUDON. — *J. communis Caucasica,* ENDLICHER.

Certains auteurs le classent parmi les espèces, d'autres comme une variété du *J. communis.*

Arbrisseau d'un port lâche, à ramules grêles et allongées plus ou moins inclinées. Les feuilles plus longues que dans toutes les variétés du *J. communis* sont un peu rétrécies à la base. Le fruit est petit, oblong, d'une couleur pourpre noire. On le trouve en Asie dans les montages du Taurus et du Caucase, entre les 38e et 42e degrés de latitude nord.

J. oblonga pendula, LOUDON, *J. interrupta,* Genévrier pleureur du Caucase.

Cette variété ne se distingue du *J. oblonga* que par ses branches plus grêles, qui sont longues et pendantes et par sa couleur d'un vert tendre ; elle atteint, suivant Loudon, une hauteur de près de 1^m,50, et résiste assez bien à nos hivers ; son terrain de prédilection est un sol sablonneux et frais.

3. Juniperus rigida, SIEBOLDT et ZUCCHARINI. Genévrier raide. *Sieboldt et Zuccharini*, Flore Japonaise, pl. 125.

M. Herincq dans le *Nouveau jardinier illustré*[1] considère le *J. rigida* comme une variété à peine distincte du *J. oblonga* ; d'autres auteurs le présentent comme une espèce. Quoi qu'il en soit, c'est un arbre atteignant 8 m. de hauteur, d'un aspect lâche, et portant des canaux résinifères très-accentués. Il est originaire du Japon, et on le trouve dans l'île Niphon particulièrement, par le 35° degré de latitude nord.

4. Juniperus Oxycedrus, LINNÉ. Genévrier Cèdre, Genévrier Cade. *Lobel*, Icones, fig. 2. — *Duhamel.* Tr. des arbres et arbust., t. 1er, pl. 128. — *Loiseleur-Desl.* Nouv. Duh., t. 6, pl. 15, fig. 2. — Juniperus macrocarpa, *Loudon*, Arbor., t. 4, f° 2353.

Arbrisseau buissonneux variable dans sa hauteur,

---

1. vol. in-18 de 1800 pages orné de 500 fig. dans le texte. Prix *franco* : 7 fr. — AUGUSTE GOIN, éditeur, rue des Écoles, 62, Paris.

mais n'atteignant guère chez nous plus de 3 m. La tige est généralement droite, les rameaux grêles et pendants. Les feuilles, ternées, en alène, et piquantes, sont sillonnées de deux stries glauques en dessus. Son fruit, de la grosseur d'une noisette est elliptique et plus long que les feuilles ; il est d'un noir violet et porte au sommet trois raies divergentes.

Floraison en mai et juin.

On trouve le *J. Oxycedrus* en Grèce, sur les bords de la Méditerranée, et jusque dans l'Atlas entre les 33° et 34° degrés de latitude nord.

Son bois, très-dur, fut, dit-on, employé par les Grecs pour fabriquer leurs idoles, et sert encore aujourd'hui à obtenir l'huile de Cade.

Son feuillage d'un beau vert tendre est assez élégant, mais, dans nos cultures, il se dégarnit facilement.

VARIÉTÉS

J. Oxycedrus rufescens. Genévrier à fruit roussâtre ; *J. Withmaniana*, FISCHER ; *J. rufescens*, LINK.

Port un peu plus lâche, feuilles plus larges, fruit d'un rouge plus brillant que dans l'espèce. On le rencontre d'ailleurs avec celle-ci, et jusque dans l'Asie occidentale.

J. à rameaux pendants. On trouve dans les jardins une variété à rameaux pendants, le *J. Oxycedrus pendula*.

5. Juniperus macrocarpa, Sibthorp. *J. communis macrocarpa,* Spach. — *J. elliptica et Fortunei* des horticulteurs.

Loudon le regarde comme une variété du *J. Oxycedrus*, mais M. Hérincq le compte au nombre des espèces.

C'est un arbrisseau diffus et buissonneux, à rameaux glauques et argentés. Les feuilles ternées et étalées, sont planes et glauques en dessus, vertes et carénées en dessous, un peu élargies à la base. Le fruit, globuleux, lisse ou rarement tuberculeux, est un peu aplati au sommet; il mesure environ 0^m,012 de diamètre, est d'un vert glauque, et devient brunâtre à la maturité.

Le *J. macrocarpa* habite les côtes sablonneuses et les rochers qui bordent la Méditerranée, où il dépasse rarement 4 m. de hauteur; son feuillage est d'un beau vert tendre, mais, dans nos cultures, il est assez délicat et se dégarnit facilement.

J. à petits fruits. Forme conique; fruit petit.

6. Juniperus Cedrus, Webb. — Genévrier Cèdre. *J. Canariensis,* Knight. *J. Cedrus,* Webb. Phytographia Canariensis, t. **217.**

Arbre élevé, atteignant 1 m. de diamètre, d'un aspect glauque, à feuilles très-rapprochées, les inférieures élargies à la base. Fruit globuleux presque sphérique, mesurant environ 0^m,010 de diamètre, brunâtre et pruineux.

Il habite les Canaries et les Açores entre les 28e et 40 degrés de latitude nord.

J. de Webb. CARRIÈRE. — Grand arbre à rameaux-allongés et grêles, atteignant d'après Webb de 0^m,60 à 1 m. de diamètre. Fruit d'un rouge fauve, portant au sommet trois tubercules coniques.

Il habite aux Canaries l'île de la Palma.

7. Juniperus nana, WILLD. — *J. communis nana,* WILLD, Sp. pl. IV, p. 834. — *J. montana, J. saxatilis* des jardiniers. — *J. Alpina,* GAUDIN.

Buisson nain, très-étalé et très-épais. Rameaux courts, gros, triangulaires, à entre-nœuds très-rapprochés. Feuilles en carène, mesurant 0^m,002 sur 0^m,010, aiguës et assez épaisses, glauques en dessus, vertes sur les bords. Fruit ovoïde, noir pruineux avec quelques petites protubérances.

Habite les montagnes élevées de l'Europe, depuis le 40e degré de latitude nord jusqu'au cercle polaire.

Sa couleur, d'un vert argenté, jointe à sa forme rampante, le rend très-propre à l'ornementation des rochers.

J. du Canada. J. Canadensis, LOUDON.

Buisson à rameaux grêles, à feuilles plus longues que le *J. nana*, et s'en distinguant facilement par l'écorce rougeâtre de ses rameaux.

On le trouve dans l'Amérique septentrionale, et particulièrement au Canada.

Dans nos cultures il se montre moins délicat que l'espèce, et, suivant M. Carrière, n'est pas aussi sujet qu'elle aux attaques d'un certain puceron plat, dont elle est quelquefois entièrement couverte.

8. Juniperus drupacea, Labillardière. — *J. drupacea,* Loudon. Encycl. of trees, f. 2018 - 2019.

Cette espèce est facile à distinguer de toutes les autres par le diamètre de ses rameaux, la grandeur de ses feuilles et le volume de ses fruits.

Arbre conique et dense atteignant une hauteur de 12 m. Rameaux étalés et épais. Feuilles ternées, adhérentes dans toute la longueur de l'entre-nœud long de $0^m,010$; limbe étalé, lancéolé, linéaire, mesurant à la base $0^m,003$ de large sur $0^m,015$ de long, très-piquant, parcouru sur sa face supérieure de deux lignes blanchâtres très-distinctes. Fruit obtusément ovoïde, de $0^m,020$ à $0^m,025$, composé de 9 écailles superposées trois par trois, et dont les extrémités sont un peu saillantes. Les graines sont au nombre de trois, soudées ensemble en un noyau dur de la grosseur d'une olive, ovoïdes et triangulaires.

Introduit en Angleterre et en France en 1820, il vient des montagnes de la Syrie septentrionale, mais habite principalement le Taurus et l'Asie-Mineure, entre les 32e et 34e degrés de latitude nord. C'est là qu'un naturaliste russe, M. de Tchihatcheff, l'a rencontré toujours en compagnie du Cèdre du Liban.

Les habitants des contrées où pousse le *J. drupacea*, au dire de Belon, en mangent les fruits, qui ont une saveur assez douce.

Quoiqu'il soit encore assez rare en Europe, on le rencontre dans les parcs et dans les jardins dont il forme un des plus jolis ornements. Dans les environs de Fontainebleau, il n'a résisté au froid de l'hiver 1871-1872 que dans quelques lieux découverts où le sol laisse facilement écouler l'eau ; j'en citerai un beau spécimen, chez M. de Sansal, à Farcy-les-Lys, qui n'a nullement souffert du froid.

C'est à mon avis un arbre à cultiver, son aspect lui assurant une brillante place dans l'ornementation des jardins.

Section B. — SABINA.

Rameaux cylindriques, ou polyédriques, à 4 ou 6 angles ; *boutons* nus ; *feuilles* opposées ou ternées à limbe plus ou moins adhérent aux rameaux, de formes diverses sur les jeunes individus ; les unes, inférieures, en alène et étalées ; les autres, réduites à de très-petites dents, appliquées sur les ramules, et portant une glande dans un certain nombre d'espèces. *Éta-mines* à connectif membraneux; *écailles du chaton femelle* soudées par leur base lors de la floraison.

1. Juniperus sabina, LINNÉE. — *J. sabina, Duhamel.* Tr. des Arb. et Arbust., t. 2, pl. 62. — *J. sabina stricta* des pépiniéristes.

Sabinier commun. Sabine à baies.

Arbrisseaux de 2 à 3 m., à branches plus ou moins érigées et donnant à cette espèce des formes très-variables. Jeunes branches anguleuses, dont les entre-nœuds varient en longueur de $0^m,005$ à $0^m,010$; feuilles opposées, adhérentes au rameau dans toute la longueur de l'entre-nœud, terminé par une pointe aiguë, libre, plus ou moins étalée. Ces feuilles sèchent, se détachent dans toute leur étendue et tombent après plusieurs années. Les ramules, très-nombreux, filiformes, sont entièrement couverts de petites feuilles opposées en croix, longues de $0^m,0015$ en forme de fer de lance émoussé au sommet, appliquées sur le rameau, et portant en leur milieu une glande concave. Chatons mâles très-petits, ovoïdes. Les fleurs femelles sont générale-ment produites sur des arbres séparés, et sont dispo-sées de même que les fleurs mâles le long des jeunes branches.

Après la floraison qui a lieu en mars et avril, les

fleurs femelles sont remplacées par des baies ovales, d'un bleu foncé, presque noir, et de la grosseur d'une groseille. Ces fruits, abondants, présentent de 4 à 8 petites saillies qui sont les extrémités des écailles soudées, et renferment une ou deux graines, longues, ovales et quelque peu déprimées.

« Cette espèce, dit Miller, produit très-rarement des fleurs et des semences lorsqu'elle est transplantée dans les jardins. J'ai souvent examiné des plantes de cette espèce qui avaient plus de cinquante ans, et je n'y ai jamais trouvé de fleurs mâles que trois fois, et qu'une seule fois des baies, mais sur une autre tige.

» .....La plante entière répand une odeur très-forte quand on la touche. Les maréchaux font usage de ses feuilles pour détruire les vers des chevaux. »

Habite les montagnes de l'Europe vers le 45e degré de latitude, et s'accommode très-bien des terrains rocheux où il produit un effet sauvage; d'ailleurs d'une grande rusticité.

VARIÉTÉS

J. nain. Sabine femelle. — *J. sabina cupressifolia,* AITON. Hort. Kervt. V. p. 414 et *Loudon.* Encycl. f. 2021.

Touffe étalée à rameaux complètement couchés, et à feuilles de cyprès, n'atteignant guère plus de 1 m. de hauteur.

J. à feuilles de tamaris. Sabine mâle. — *J. sabina tamariscifolia,* AITON. — *J. fœtida* β. *tamariscifolia,* SPACH.

Buisson d'un mètre, à branches longues et couchées ; feuilles bleuâtres. Fructifie rarement dans les jardins.

Habite l'Espagne et la Sicile entre les 35° et 40° degrés de latitude.

J. panaché de jaune. Sabine panachée. — *J. sabina variegata.*

Buisson nain, diffus, rendu très-ornemental par son joli feuillage panaché. Parfaitement rustique, il vient dans tous les terrains ; mais, à l'ombre, il conserve mieux sa panachure. Il habite les parties subalpines de l'Europe, le Tyrol, le Valais et les montagnes de la Lombardie et de la Grèce, ainsi que le Caucase.

2. Juniperus prostrata. — Espèce ou variété : *J. sabina alpina,* LOUDON. Arbor, f. 2361, 2362. — *J. sabina multicaulis,* SPACH. — *J. Hudsonica,* LODD, Cat. 1836. — Genévrier rampant du Missouri.

Arbrisseau étalé, à branches horizontales ou obliques. Rameaux très-nombreux, ascendants, courts, serrés. Feuilles inférieures ternées et étalées, en alène ; les supérieures squammiformes, opposées, aiguës. Fruit très-petit, ovoïde, noir pruineux.

Habite les collines sablonneuses de l'Amérique septentrionale, entre les 45° et 50° degrés de latitude. Ses branches, couchées sur la terre lui donnent un aspect très-pittoresque et le rendent propre à garnir les rocailles et les collines.

Très-rustique, il est à l'épreuve de toutes nos intempéries.

3. Juniperus pseudo-sabina, FISCHER.

Espèce ou variété. — Arbuste assez semblable au *J. sabina.* Les feuilles, squammiformes, opposées, un peu obtuses, recouvrent le rameau. Les écailles florales, au nombre de 4, sont étalées, les deux supérieures, adhérentes au-dessous de la partie moyenne du fruit, ou, plus rarement au-dessus, sont ovales, aiguës, noirâtres. Le fruit, plus gros que celui de la Sabine, est noir, ovoïde, oblong, le plus souvent conique, lisse et ne renfermant qu'une seule graine.

Originaire de l'Asie, on le rencontre sur l'Altaï entre les 43e et 52e degrés de latitude nord.

4. Juniperus Daourica, PALLAS. — *J. fœtida,* *P. Daourica,* SPACH. — *J. Dahurica,* LOUDON. Arbor., fo 2364-2365.

Arbrisseau à rameaux recouverts de feuilles opposées sur 4 rangs ; fruits bleus, en forme de poire, renfermant un noyau de la forme et de la longueur du fruit, mais sillonné longitudinalement.

Habite les cîmes élevées et sablonneuses de l'Asie,

entre les 43° et 52° degrés de latitude nord, et bien qu'introduit selon Loudon, depuis 1791, il est encore aujourd'hui très-rare dans nos jardins.

5. Juniperus Chinensis, LINNÉ. — *J. diœcia* des horticulteurs. — *J. Chinensis*, LOUDON. Encyclop. f. 2032-2033. — *J. fœtida sabina*, SPACH, suites à Buffon.

Arbrisseau dioïque de 6^m de hauteur, en forme de pyramide ou de colonne. Écorce d'un roussâtre pâle, rameaux à entre-nœuds plus ou moins longs, à feuilles opposées, adhérentes, libres au sommet. Ramules courts, à angle ouvert, entièrement recouverts de feuilles opposées en croix, très-petites, lancéolées, et portant en leur milieu une glande concave, linéaire; parmi ces feuilles, les unes sont appliquées sur la tige, les autres sont écartées à un angle plus ou moins aigu. Fleurs solitaires, brunâtres. Fruits longs de 0^m,005 à 0^m,007, irréguliers, fréquemment cordiformes, et un peu comprimés verticalement, pointes des écailles un peu saillantes; brunâtres; très-pruineux, renfermant de une à trois graines; ils arrivent à maturité en novembre.

Originaire de la Chine septentrionale dont il fut importé vers 1820, c'est une des plantes vertes les plus précieuses pour notre climat.

Ne gelant jamais, doué d'un port pittoresque et d'une

verdure claire, il occupe une place importante parmi les espèces destinées à orner les jardins.

Le Genévrier Chinensis femelle, *J. Chinensis fœmina* ou *J. revesiana* des horticulteurs, ne diffère du Genévrier mâle, lorsqu'il n'a pas de graines, que par l'absence presque complète des feuilles aciculaires et par sa verdure plus claire.

J. procumbens d'ENDLICHER. — *J. procumbens*, de SIEBOLDT. — *J. Japonica*, de CARRIÈRE.

Buisson diffus et étalé ; feuilles bisternées, en alène, piquantes, striées de deux lignes glauques en dessus, quelquefois opposées en croix, adhérentes, beaucoup plus petites et se recouvrant. Fruit irrégulièrement ovoïde, aplati, pruineux.

Originaire du Japon, son introduction remonte à 1840.

N.-B. Il est à remarquer dans cette espèce que, même dans les sujets d'un certain âge, chaque branche porte des feuilles caractérisées mêlées avec d'autres qui ne le sont pas encore.

VARIÉTÉS

J. conique. J. pyramidalis glauca des jardiniers. — *J. Chinensis Smithi*, LOUDON. — *J. sphærica*, LINDLEY.

Petit arbre d'un port lâche, originaire du nord de la Chine où il atteint une hauteur de 10 à 13 m.

Feuilles ternées ; les jeunes plants portent des feuilles en alène, et ternées ; adultes, ils sont entièrement recouverts de feuilles dentiformes disposées sur 4 rangs. Fruits globuleux, violacés.

J. glauque. J. sphærica glauca, GORDON.

Arbrisseau ne dépassant pas 6 m. de hauteur, et d'un feuillage très-glauque.

Cette variété fut observée en Chine par Fortune.

6. Juniperus tetragona, SCHLECHTENDAL. — *Cupressus tetragona*, HUMBOLDT et BONPLAND.

Arbrisseau de 2 à 4 m., à branches étalées, ascendantes. Rameaux et ramules tétragones et courts. Feuilles en alène sur quelques rares rameaux, opposées ou ternées, glauques en dessus, disposées sur 4 rangs, épaisses et squamiformes. Chatons mâles allongés, obtus, à angles émoussés. Fruit globuleux, noirâtre ou violacé et quelque peu déprimé.

Originaire des montagnes du Mexique où on le rencontre à l'altitude de 800 à 1,000 m.; il fut introduit en Europe en 1838.

7. Juniperus excelsa, WILDENOW. — *J. fœtida excelsa* SPACH. *Loudon*, Encycl., f° 2030. — *J. excelsa*, FORBES, Pinet. Wob, pl. 64. — *J. lorulazi; J. Himalayensis*, des jardiniers.

Arbre conique à écorce cendrée, brunâtre, se détachant en lanières. Feuilles ternées, larges, adhérentes, portant une glande médiane et recouvrant entièrement les rameaux primaires, plus grandes que celles des ramules, qui sont très-petites et opposées sur 4 rangs. Fruits globuleux, mesurant 0ᵐ,011 à 0ᵐ,012 de diamètre, solitaires ou au nombre de 4 ou 5 sur des pédoncules écailleux; atro-pourpres pruineux, ils présentent de petites saillies produites par les sommités des écailles, et renferment plusieurs graines.

On le trouve en Grèce et dans l'Asie-Mineure, ainsi que sur l'Himalaya et les montagnes Rocheuses, entre les 35ᵉ et 36ᵉ degrés de latitude nord.

Introduit en 1806, il semble assez bien prospérer dans nos climats, où il forme une pyramide serrée, d'un aspect blanchâtre très-harmonieux; quoique sa rusticité soit grande, il est bon de ne pas l'exposer au plein soleil.

J. panaché. J. excelsa variegata des horticulteurs. Ne diffère de l'espèce que par son feuillage panaché.

Il existe encore une *variété pyramidale* et une *variété naine*.

Buisson de l'Himalaya.

8. Juniperus procera, Hochstter. — *J. lasdeliana,* Laws.

Grand arbre à ramules couverts de très-petites

feuilles opposées en croix et portant une glande. Fruit ovoïde de la grosseur d'un pois.

Originaire de l'Abyssinie, il fleurit en juillet; son bois dur et résistant est, paraît-il, employé par les populations indigènes dans leurs constructions. Dans l'idiome du pays, il est connu sous le nom de *Zeddi* ou *Théda*.

9. Juniperus religiosa, ROYLE.

Grand arbre atteignant jusqu'à 25 m. de hauteur ou réduit à l'état de buisson selon l'altitude à laquelle il vient. Feuilles, les unes ternées sur les rameaux, les autres très-petites recouvrant les ramules, opposées en croix et portant une glande. Fruit globuleux, ou cordiforme, brunâtre, résineux et d'une odeur très-désagréable; il renferme en général une ou deux graines.

Introduit en 1835, le *J. religiosa* habite l'Himalaya, le Boutan et le Népaul, vers le 28e degré de latitude nord.

Le major Madden en a mesuré près d'un temple de Songnum, qui portaient 30 m. de hauteur sur $1^{\mathrm{m}},60$ de circonférence.

10. Juniperus occidentalis, HOOKER.

Arbre de 20 à 25 m., à cime étalée; feuilles très-petites, recouvrant les ramules, opposées en croix, ovales arrondies, convexes, et portant une glande d'où suinte en gouttelettes une résine limpide.

Habite l'Orégon et les bords de la rivière Colombia, entre les 40° et 45° degrés de latitude.

11. Juniperus Californica, CARRIÈRE.

Arbre de 10 à 12 m., feuilles très-petites, se recouvrant. Fruits ovoïdes, longs de 0^m,012 à 0^m,013, unis, ou avec les extrémités des écailles saillantes sous forme de pointes, pruineux, ne renfermant qu'une graine.

Récemment découvert en Californie par M. Boursier de la Rivière, il occupe sur des montagnes de 300 m. d'élévation, une localité à peu près dépourvue de toute autre espèce de Conifères; les feuilles et les graines exalent une odeur très-forte mais qui n'est pas désagréable. Les mauvaises conditions où il se trouve naturellement peuvent nous faire espérer qu'ils nous sera fort utile, par sa taille, sa rusticité et son peu d'exigence sur la qualité du sol.

12. Juniperus Mexicana, SCHLECHTENDAL. — *J. fœtida thurifera*, SPACH. — *J. sabinoïdes*, HUMBOLDT.

Arbre pyramidal de moyenne hauteur, dont les rejetons et les feuilles rappellent ceux du Cupressus thurifera; feuillage glauque; rameaux étalés et portant quelquefois des feuilles en alène; les ramules sont couverts de très-petites feuilles opposées en croix.

Fruit pyriforme de 0^m,010 de long, à sommet des écailles saillant, noir pruineux.

Habite les plaines du Mexique, les Llanos de Perote, à environ 3,000 m. d'altitude.

Il fut introduit en 1841, mais il ne paraît pas bien résister sous nos climats.

13. Juniperus flaccida, SCHLECHTENDAL. — *J. fœtida flaccida*, SPACH.

Arbre de 6 à 10 m., à cîme conique. Rameaux grêles, pendants, chargés de feuilles en alène, opposées ou ternées, étalées. Ramules couverts de très-petites feuilles opposées sur 4 rangs, distantes, ovales, aiguës, étalées au sommet. Le fruit globuleux et rouge a des écailles dont le sommet est saillant et aigu.

Habite au Mexique, Atonico del Chico et Real del Monte, d'où il fut introduit en Europe vers 1838.

14. Juniperus Bermudiana, LINNÉ. — *Loudon*, Arbor., fig. 2358. — Cèdre des Bermudes.

Arbre pyramidal atteignant 15 à 20 m. de hauteur, ou à cîme arrondie. Rameaux courts, très-nombreux, couverts de feuilles opposées ou ternées, étalées en alène, pâles, carénées, et sillonnées de deux lignes glauques en dessus. Ramules couverts de très-petites feuilles opposées sur 4 rangs, longues de 0^m,010, éta-lées et aiguës, ou adhérentes, opposées en croix et lancéolées. Les fruits, presque globuleux, sont rougeâtres et exhalent une forte odeur.

Le Cèdre des Bermudes qui se trouve aussi, d'après Miller, dans les îles de Bahama, est introduit depuis près de deux siècles (1683), mais il ne semble pas prospérer dans nos climats; par les hivers doux, il résiste assez bien, mais s'il survient un froid un peu rude, la plupart des plantes périssent, ou sont tellement endommagées, qu'elles ne recouvrent leur verdure qu'au bout de un ou deux ans; aussi, chez nous ne le rencontre-t-on guère qu'à l'état d'arbustes rabougris.

Son bois très-tendre et d'une odeur aromatique est employé à la fabrication des crayons, on en fait aussi, en Amérique, des boiseries, des escaliers et des vaisseaux.

15. Juniperus Virginiana, Linné. — *J. fœtida Virginiana,* Spach. *Jaume Saint-Hilaire.* Flore et Pomologie, pl. 608. *Loisel.-Desl.* Nouv. Duh., t. 6, pl. 16. *Loudon,* Arbor., f. 2356. — Cèdre de Virginie, Cèdre rouge, Red Cedar.

Arbre conique atteignant 15 à 20 m. de hauteur, étalé et couvert d'une écorce brunâtre. Rameaux couverts de feuilles ternées, adhérentes dans toute la longueur des entre-nœuds qui mesurent de 0^m,003 à 0^m,005, et terminées par une pointe libre et aiguë. Ramules nombreux, rudes au toucher, courts ou grêles et pendants, entièrement couverts de feuilles opposées, très-petites, aiguës, chargées d'une glande punctiforme peu apparente. Les jeunes plants et quelquefois des rameaux vigoureux portent des feuilles ternées, en alène, étalées et glauques en dessus. Fruits ovoïdes, unis, atro-pourpres, pruineux et renfermant de une à trois graines qui mûrissent en octobre. Ses feuilles répandent quand on les froisse une odeur forte et désagréable.

Originaire de l'Amérique du Nord entre les 23e et 50e degrés de latitude, il fut introduit en Europe vers 1664; son feuillage élégant et ses rameaux réfléchis le rendent très-propre à la décoration, aussi le trouve-t-on abondamment dans nos parcs où il atteint de grandes proportions si le sol est profond et humide.

Son bois susceptible d'un beau poli était autrefois recherché par l'ébénisterie, mais son odeur, désagréable à beaucoup de personnes, l'a fait abandonner. On s'en sert aujourd'hui dans la fabrication des crayons, mais on emploie surtout les branches en coulant la mine de plomb dans l'étui médullaire.

Le Cèdre de Virginie se taille parfaitement et peut servir à faire des avenues, des haies et des rideaux de verdure; son sol de prédilection est un terrain profond et humide.

VARIÉTÉS

J. glauque. J. Virginiana glauca des horticulteurs.

Cette variété se distingue de l'espèce par son feuillage glauque. Arbre vigoureux, à branches et à rameaux étalés.

J. argenté ou *cendré. J. argentea. — J. Virginiana cinersecens* des horticulteurs.

Arbre vigoureux d'un gris cendré, à cime étalée, et à rameaux courts.

J. humble. J. Virginiana humilis. LODDIGES.

Buisson à feuilles courtes et aciculaires; rameaux presque perpendiculaires au tronc, recouverts d'un feuillage vert de mer très-agréable à voir. Plante rustique et convenant à la décoration des jardins de peu d'étendue.

Il existe encore une *variété en buisson conique* et une *variété à rameaux pendants. J. Virginiana pendula;* Cèdre pleureur de Virginie.

Branches longues, effilées et pendantes qui lui donnent un aspect pleureur très-harmonieux; convient surtout aux plantations des bords des rivières ou des lacs où il produit un très-joli effet en même temps qu'il y végète parfaitement.

J. de Chamberlaynii des horticulteurs.

Arbre vigoureux, à feuillage cendré. Branches fortes, étalées; rameaux alongés et pendants.

J. panaché. J. Virginiana variegata; Cèdre panaché de Virginie.

Cette variété très-élégante, a même forme et même

verdure que le Genévrier de Virginie, mais elle s'en distingue par son feuillage panaché.

16. Juniperus thurifera, LINNÉ. — *J. fœtida Tournefortiana*, SPACH. *J. thurifera*, LOUDON, Arbor., f. 2369. Encycl., f. 2029.

Arbre ou plutôt arbrisseau de 10 à 12 m. de hauteur, à écorce cendrée, et d'un port variable. Feuilles d'un vert foncé, très-rarement ternées, opposées en croix, très-petites, adhérentes; fruits légèrement aplatis, unis, plus gros que ceux du Genévrier commun, et devenant bleus en mûrissant. La floraison a lieu au mois de mai et juin et la maturité à la fin de l'année suivante.

Originaire de la côte septentionale de la Méditerranée, vers le 40e degré de latitude nord, il fut introduit par Miller en 1752.

Loudon, dans son Encyclopedia, en cite un exemplaire qui, au château de M. Lambert, à Boyton, mesurait en 1837, 28 pieds de haut, et dont le tronc avait 9 pouces de diamètre. Il vient bien de boutures et mérite d'être activement propagé.

J. cendré.

Arbre conique à branches un peu étalées, à rameaux pendants ainsi que les ramules, à écorce cendrée ainsi que celle du *J. thurifera*. Feuilles très-petites, opposées sur 4 rangs et recouvrant entièrement les ramules.

Fruits globuleux, petits, très-noirs et quelque peu tuberculeux. La couleur de ses feuilles lui donne un aspect grisâtre ou plutôt cendré qui le rend très-propre à l'ornementation.

17. Juniperus Gossainthanea. — *Loudon,* Encycl., p. 1090. — *J. Bedfordiana* de quelques horti--culteurs.

Espèce ou variété.

Arbrisseau vigoureux, conique, à rameaux grêles et effilés, quelquefois pendants; feuilles opposées ou ternées, glauques, bleues en dessus, et vertes en dessous. Originaire de Gossainthan d'où il fut introduit, il résiste bien à nos hivers.

18. Juniperus recurva, Hamilton. — *Loudon,* Arbor., t. 4, f. 2371; Encycl., 2031.

Forme un gracieux buisson ou un arbrisseau de 2 à 5 m., à rameaux grêles et pendants. Feuilles opposées ou ternées, en alène, longues de $0^m,006$ et $0^m,008$, d'un vert cendré; ramules couverts de très-petites feuilles, et récurvées ainsi que les branches. Fruits disposés sur des ramules grêles et pendants, oblongs ou ovoïdes, mesurant de $0^m,005$ à $0^m,010$ de longueur, noirs et un peu tuberculeux, ne renfermant qu'une graine.

D'un aspect pleureur, c'est un des Genévriers les plus distingués, non pas seulement à cause de son port, mais encore par l'heureux mélange des feuilles brunâtres de l'année précédente avec les nouvelles qui sont d'un vert grisâtre. L'écorce est rude et cendrée ; elle commence à se friser lorsqu'elle devient rugueuse et finit par s'exfolier. Il fleurit en mai et ses fruits arrivent à maturité au mois de novembre suivant.

Originaire de l'Himalaya et du Népaul par le 35e degré de latitude, on le rencontre à une altitude de 3000 m.; introduit en 1830, il se montre chez nous aussi robuste que le Genévrier commun, et mérite autant que lui d'être généralement cultivé. Planté dans un sol frais et dans un lieu un peu ombragé, il pousse avec une grande vigueur.

J. nain. J. recurva densa des jardiniers.

Variété naine de l'espèce précédente à feuillage plus touffu, d'un vert glauque.

Demande le même terrain que l'espèce.

19. Juniperus squamata, Don. — *J. squamosa,* Herb. Hamilt. ex. Wall. List. 60, 43.

Arbrisseau couché, à branches longues et étalées. Rameaux et ramules portant des feuilles opposées ou ternées, adhérentes dans la longueur des entre-nœuds, extrémité en alène, aiguës, de direction oblique et de couleur glauque. Fruits ovales, à extrémités des écailles saillantes, un peu plus gros que ceux du Genévrier commun, ombiliqués et roussâtres. — Parfaitement rustique, il est essentiellement propre à garnir des collines et des rocailles.

Originaire du Népaul et du Thibet où on le rencontre à 1800^m d'altitude, vers le 35e degré de latitude nord, il fut introduit en Europe en 1824.

20. Juniperus dealbata, LOUDON. — *Loudon*, Encycl., page 1090.

Arbrisseau à cîme arrondie et lâche. Rameaux grêles, à feuilles ternées, en alène, épaisses et striées de deux lignes glauques en dessus. Ramules dont les feuilles très-petites, libres au sommet et obliques, adhèrent par leur base dans toute la longueur de l'entre-nœud. Chaton mâle arrondi. Le feuillage, d'une jolie couleur glauque surtout au commencement de l'été, répand quand on le froisse une odeur aussi pénétrante que celle de la Sabine.

Originaire du nord-ouest de l'Amérique septentrionale, il fut introduit en 1839.

21. Juniperus fragrans, KNIGHT. — *J. pyramidalis* de quelques horticulteurs.

Arbrisseau pyramidal, serré, à rameaux glaucescents. Feuilles très-petites, opposées sur 4 rangs, aiguës, et couvrant le rameau. Ses branches, lorsqu'on les froisse, émettent une odeur d'encens très-prononcée.

Cet arbrisseau est originaire du Népaul, par le 28e degré de latitude, et résiste très-bien à nos hivers.

22. Juniperus phœnicea, Linné. — *Duhamel*, Tr. des Arb. et Arbust., t. 52; *Loisel.-Desl.*, Nouv. Duh., . 6, pag. 47, pl. 17; *Loudon*, Arbor., f. 2361; Encyclop. f. 2026.

Buisson ou arbrisseau de 6 à 7 m., conique et touffu. Les jeunes branches sont entièrement couvertes de très-petites feuilles, disposées par trois, couvrant complètement les branches, et couchées les unes sur les autres comme des écailles de poisson. Ces feuilles sont ovales, obtuses, quelque peu cannelées, et portant une glande. Les fleurs mâles et femelles sont quelquefois sur le même arbre, mais le plus généralement sur des arbres séparés, et leur forme aussi bien que leur disposition rappellent tout à fait celles du *J. Sabina*. Les fleurs mâles sortent aux extrémités des branches; elles sont fixées sur un chaton conique, pendant et écailleux, et portées sur un pédoncule court et érigé. Les baies jaunes rougeâtres contiennent généralement chacune 9 graines osseuses, d'un ovale irrégulier, légèrement aplaties et anguleuses; la pulpe en est sèche et fibreuse, et renferme en son milieu, 3 ou 4 glandes pleines d'une sorte de résine liquide.

Originaire de l'Italie, de la Grèce et de l'Asie-Mineure, il était déjà cultivé en Europe en 1683.

VARIÉTÉS

J. étalé. J. divaricata des jardiniers.

Arbrisseau diffus à ramules tétragones, gros, écartés à angle droit, couverts de très-petites feuilles opposées sur 4 rangs. Chaton mâle terminal, ovoïde, jaunâtre. Fruit globuleux à écailles rouge fauve, à sommets saillants.

J. à rameaux déliés. J. phœnicea filicaulis, CARRIÈRE. — *J. myosuros*, A. SÉNÉCLAUZE.

Buisson à branches flexueuses, tordues, étalées, tombantes, ainsi que les rameaux qui portent des feuilles en alène, ternées, écartées, glauques en dessus. Ramules couverts de feuilles très-petites.

23. Juniperus phœnicea lycia, LOUDON. — *Loisel-Desl.*, Nouv. Duh., t. 6, pag. 47, pl. 17. *Loudon*, Encyclop., f· 2027, 2028. *J. Lycia*, LINNÉ; *Loudon*, Arbor., t. 4, f. 2367.

Plante buissonneuse de 3 à 5 m. de haut, à branches érigées et couvertes d'une écorce brune. Feuilles petites, disposées par trois, ovales, obtuses et imbriquées. Les fleurs mâles croissent aux extrémités des branches en un chaton conique, et le fruit, sur les côtés des branches, au-dessous des chatons et sur le même rameau. Les baies larges et ovales deviennent brunes en mûrissant.

Originaire du sud de l'Europe, de l'Italie, il fut introduit vers 1759 ; mais il n'est pas très-commun dans les collections.

C'est d'ailleurs une espèce très-douteuse comme le dit Loudon ; prise par les uns comme une simple variété, tandis que d'autres auteurs la mettent au nombre des espèces.

24. Juniperus cæsia *hortulanorum.* Genévrier bleuâtre.

Buisson étalé, délicat, d'une odeur forte, à branches dressées, à feuilles opposées, lancéolées, étalées, luisantes et arrondies, bleuâtres en dessus.

Originaire du nord de l'Europe, dit M. Carrière, il a été introduit en France en 1852.

25. Juniperus alba, KNIGHT.

Arbrisseau droit ; rameaux à feuilles ternées en alène, étalées, glauques en dessus. Ramilles couvertes de très-petites feuilles, obtuses et glaucescentes ; les jeunes rameaux, glauques, sont gorgés d'une résine limpide à odeur balsamique très-agréable.

26. Juniperus gracilis, ENDLICHER. — *Arthrotaxis du Yucatan* des jardiniers.

Buisson grêle, délicat, à branches très-fines et à feuilles très-étroites ; les jeunes rameaux d'un vert tendre, mélangés aux branches déjà vieilles et d'un vert foncé, donnent à cette plante un aspect des plus élégants. C'est, sous notre climat, une plante délicate.

Originaire du Mexique, le *J. gracilis* fut introduit en France en 1852.

27. Juniperus andina, NUTTAL.

Arbre de 10 à 15 m., d'un aspect bleuâtre. Fruits globuleux, longs de $0^m,010$, atro-pourpres, à sommités des écailles saillantes.

Habite les montagnes Rocheuses.

28. Juniperus pachyphlega, TORREY.

Originaire du Nouveau Mexique et du Texas.

29. Juniperus echiniformis.

Parmi les genres de végétaux ligneux dont les feuilles varient avec l'âge, la famille des Conifères, section des Cupressinées, offre de fréquents exemples.

Dans le genre *Juniperus*, les espèces de la section A, conservent, pendant tout le cours de leur existence, des feuilles en alène. Celles de la section B, les Sabines, émettent des feuilles en alène pendant les premières années, s'amincissant avec l'âge, dans un certain nombre d'espèces, et qui, alors, quoique plus courtes, décrivent un angle ouvert avec la tige.

Dans d'autres, les Sabines proprement dites, elles

sont réduites à la forme de petites dents plus ou moins appliquées sur les rameaux.

Il est difficile de rapporter à une espèce quelconque cette variété échiniforme, sorte d'atrophie qui conserve les feuilles des jeunes plants du groupe des Sabines, sans avoir, jusqu'à ce jour, acquis assez de vigueur pour produire les feuilles de l'âge adulte et encore moins des fleurs et des fruits.

Cette tribu se divise en sept genres :

I. **Wriddingtonia.** — Écailles du fruit ne se recouvrant pas par leurs bords (valvaires). Feuilles alternes, opposées ou ternées. Fruit composé de 4 écailles égales, portant chacune sur leur base interne de 5 à 10 graines avec 2 ailes. Feuilles alternes et opposées.

II. **Actinostrobus.** — Fruit à 6 écailles égales ne portant chacune qu'une graine avec 3 ailes. Feuilles ternées.

III. **Frenela.** — Fruit à 6 écailles inégales en longueur, portant chacune plusieurs graines avec 2 ailes. Feuilles ternées.

IV. **Octoclinis et Laecharadtia.** — Fruit à 8 écailles inégales.

V. **Callitris.** — Fruit à 4 écailles inégales opposées en croix, portant chacune 1 ou 2 graines avec 2 ailes. Feuilles opposées.

VI. **Libocedrus.** — Fruit à 4 écailles inégales, portant chacune une graine avec 2 ailes inégales. Feuilles opposées.

VII. **Disselma**. —Fruit à 4 écailles inégales, les 2 intérieures portant chacune 2 graines ovales avec 3 ailes plus longues que l'écaille.

I. Wriddingtonia.

1. Wriddingtonia, Endlicher ;—*Pachylepis*, Ad. Brongniart ; — *Thuiæ species*, Linné ; — *Cupressi species*, Thumberg. — *Loudon*, Arboretum, t. 4, fig. 2316.

Arbres à feuilles approximativement alternes, en alène et étalées sur les jeunes plants, très-petites, squamiformes sur les plants adultes, et densément appliquées sur les rameaux, portant souvent une glande. Dioïque. Chaton mâle sortant de 2 bractées étalées, petit, oblong ; étamines nombreuses, opposées sur 4 rangs ; filet court, connectif triangulaire, portant à la base 2 loges s'ouvrant en dedans. Chaton femelle terminal, composé de 4 écailles égales, dressées, portant à leur base interne de 5 à 10 ovules sur 1 ou 2 rangs. Fruit dressé, presque rond, à écailles ligneuses, à sommet renversé en pointe. Peu de graines, par avortement, à tégument crustacé, développé latéralement en 2 ailes. 2 cotylédons. Maturité au bout de deux années.

Croissent dans l'Afrique australe sous le 33ᵉ degré de latitude sud.

Les espèces de ce genre n'offrent aucun intérêt industriel aux collectionneurs de la France, puisqu'elles résistent à peine aux hivers ordinaires ; peut-être en Algérie trouverait-on quelques mauvais sols où elles pourraient croître.

Usage. Je n'ai pas trouvé de citation de l'emploi d'aucun de leurs organes.

Culture. La multiplication se fait de graines, de boutures et de greffes. On sème les graines en terre légère, on les recouvre de $0^m,005$ de terre en les garantissant contre le soleil et le froid. Puis on sépare les plants en pots, qu'on placera dans des coffres et sous des chassis. Les greffes ne présentent pas grande difficulté ; M. Carrière conseille de prendre comme sujets des Cyprès, soit le *Cupressus fastigiata*, soit le *Cupressus horizontalis*.

2. Wriddingtonia juniperoïdes, ENDLICHER ; — *Cupressus juniperoïdes*, LINNÉ.

Arbre atteignant 10 à 12 m., conique, à branches dressées, à rameaux courts, anguleux ainsi que les ramules. Feuilles des jeunes plants opposées ou ternées, en alène, étalées ; celles des plants adultes sont éparses, lancéolées, obtuses ou aiguës, imbriquées, et portant une glande. Chaton mâle cylindrique, long de $0^m,004$, roux, et composé de 10 à 12 étamines. Chatons femelles au nombre de 3 ou 4 disposés en une sorte d'épi. Fruits globuleux, rougeâtres, à écailles ovales et luisantes, dont le sommet est réfléchi en une pointe plane sur la face supérieure; graines brunes à ailes étroites.

Originaire du Cap de Bonne-Espérance, où on le rencontre à 1100 ou 1200 m. d'altitude et sous le 33ᵉ degré de latitude sud; il fut introduit en Europe avant 1756; mais de nos jours on ne le rencontre que rarement dans quelques jardins botaniques.

3. Wriddingtonia cupressoïdes, Endlicher; — *Thuia cupressoïdes*, Linné. — *Loudon*, Arbor., t. 4, f. 2316.

Arbrisseau de 4 m., étalé, à rameaux cylindriques, grêles et pendants. Feuilles éparses, celles de la tige, en alène, étalées; celles des rameaux, très-petites et adhérentes. Fruits ovoïdes, de $0^m,018$ à $0^m,022$, à écailles dont le sommet est réfléchi en pointe.

Originaire des parties basses du Cap de Bonne-Espérance, il fut introduit vers 1760.

4. Wriddingtonia Commersoni, Endlicher; — *Thuia quadrangularis*, Ventenat. — *Loisel.-Desl.*, Nouv. Duh., t. 3, pl. 16.

Branches étalées; fruits globuleux de la grosseur d'une noix, avec des écailles très-épaisses à extrémités à peine saillantes.

Habite l'île de Madagascar par le 20ᵉ degré de latitude sud.

5. Wriddingtonia Natalensis, ENDLICHER.

Plante voisine du *W. cupressoïdes ;* on la rencontre
aux environs de Port-Natal, dans l'Afrique australe,
vers le 30ᵉ degré de latitude sud.

6. Wriddingtonia Wallichii, ENDLICHER.

Arbre atteignant 12 m. et un diamètre de 0ᵐ,40, à
cîme arrondie et à feuillage d'un vert gai.

M. Wallich a trouvé cette plante aux environs du
Cap de Bonne-Espérance, d'où il l'a expédiée en Europe.

N. B. — Sous notre climat, les Wriddingtonias ne
peuvent être cultivés qu'en serre froide ou en orangerie, mais dans les jardins des bords de la Méditerranée
ils pourraient fort bien devenir de belles plantes ornementales.

II. Actinostrobus, MIQUEL.

Arbrisseau conique, à rameaux triangulaires, paraissant articulés, à feuilles ternées, adhérentes, terminées par de très-petites dents, aiguës, étalées.
Monoïque. Chaton mâle terminal, arrondi ; étamines
sur 6 rangs ; 4 loges pendantes. Chaton femelle termi-

nal, à 6 écailles égales, portant chacune 2 ovules superposées. Fruit dans un involucre arrondi, à 6 écailles
ligneuses, extérieurement convexes, portant chacune,
sur leur base, 2 graines superposées, triangulaires, à
tégument ligneux, développé en 3 ailes membraneuses
dont les sinus portent une glande concave.

La graine supérieure, stérile, a le tégument dilaté
en 2 ailes ; embryon trigone à 2 cotylédons.

Habite la Nouvelle-Hollande et la rivière des Cygnes ;
c'est une plante peu intéressante dont la culture est la
même que celle du genre *Frenela*.

1. Actinostrobus pyramidalis, Miquel.

Arbrisseau à cîme étalée et arrondie ; tige d'un gris
cendré se détachant en lanières, rameaux grêles ;
feuilles ternées, adhérentes à la base, à sommet épais,
raides et aiguës. Chaton mâle cylindro-conique, à
écailles brunes sur les bords, portant 3 loges. Chaton
femelle petit, à écailles deltoïdes ; fruit sur des pédoncules épaissis sur les branches ou à la base des rameaux, ovalo-conique, obtus ; écailles du stobile brunâtres, luisantes, planes ou légèrement concaves,
terminées en une pointe obtuse, cendrées, lisses et
dilatées intérieurement en carène, pyramidales à la
base ; 2 cotylédons épais, incurvés, d'un vert clair.
Feuilles primordiales, linéaires, très-glauques.

L'*A. pyramidalis*, qui est le seul du genre, habite les

sables de la rivière des Cygnes, où il fut rencontré pour la première fois par le docteur Preiss ; il fut introduit en Europe en 1838.

Il ne résiste pas plus à la pleine terre que les Wriddingtonia ; mais dans les serres, il peut atteindre jusqu'à 4 ou 5 m. de hauteur.

Le *Frenela Parlatorei*, de Ferdinand Mueller, pourrait entrer dans ce genre, avec son fruit à 6 écailles égales, portant chacune 3 graines, dont une superposée.

III. Frenela, Mirbel.

Arbres et arbrisseaux à rameaux cylindriques ou triangulaires, à feuilles ternées, adhérentes dans toute la longueur de l'entre-nœud, terminées par une pointe courte, aiguë, sans glande ; les jeunes plants ont les feuilles ternées, étalées et en alène. Monoïque. Chaton mâle terminal, ovoïde ou globuleux ; étamines disposées sur 6 rangs, à 4 loges, s'ouvrant en dedans par une fente. Chaton femelle solitaire ou aggloméré, à 6 écailles inégales dont 3 alternes plus courtes, nues ou terminées par une pointe, portant à leur base plusieurs ovules distribués sur plusieurs rangs. Fruit globuleux à 6 écailles inégales, ligneuses, épaisses, extérieurement convexes, unies ou anguleuses, ou dilatées en une protubérance vers le sommet. Graines nombreuses, lenticulaires, à tégument dur, dilaté en ailes; 2 ou 3 cotylédons.

Originaire de la Nouvelle-Hollande et de la Nouvelle-Calédonie.

Usages. Quelques espèces peuvent fournir du bois de charpente et de menuiserie, mais il est difficile à travailler et très-fragile, et répand une odeur aromatique analogue à celle du Cèdre de Virginie. Leur port peut aussi être recherché par quelques amateurs sous le climat de la France méridionale.

Culture. D'après leur originé, on peut conclure que la plupart des espèces exigent un sol léger. On les multiplie de graines, de marcottes et de greffes sur Thuia et Cupressus d'après l'avis de M. Carrière.

Les graines doivent être semées en terre légère, en terrine ou sous châssis pour les abriter l'hiver. On sépare ensuite les plants en pots.

1. Frenela Parlatorei, FERD. MUELLER.

Arbre atteignant 20 m. de hauteur sur 0^m,50 de diamètre. Fruit conique-globuleux sur un pédoncule élargi, à 6 écailles égales, ligneuses, épaisses, unies, portant 4 ou 5 ovules, bisériées à leur base ; tégument dilaté d'un côté en une aile membraneuse ; 2 cotylédons.

Cette espèce se rapproche du genre Frenela par la 3e aile des semences, et du genre Actinostrobus par l'égalité des valves. Par le nombre des semences elle s'éloigne des genres Frenela, Actinostrobus et Callitris.

2. Frenela triquetra, SPACH ; — *Cupressus Australis,* DESFONTAINES ; *Frenela Ventenatii,* MIRBEL.

Arbrisseau élevé, conique ; jeunes rameaux et ramules triangulaires, sillonnés, paraissant articulés. Feuilles ternées, adhérentes dans toute la longueur de l'entre-nœud, terminées par une très-petite dent, libre, obtuse. Chaton mâle globuleux, jaune. Fruit globuleux, de la grosseur d'une prune, composé de 6 écailles ligneuses, épaisses, fendues au sommet dans leur largeur en 2 lobes épais, obtusément triangulaires. Graines nombreuses, petites, anguleuses. D'après M. Carrière, les cotylédons sont au nombre de 2, ou 3 par exception, longs de $0^m,012$, plats et glaucescents en dessus, légèrement épais et arrondis en dessous, d'un vert clair, luisant, et un peu atténués au sommet, qui est obtus.

Originaire de la Nouvelle-Hollande, ce fut la première espèce introduite, en 1820 environ. En France on la rencontre dans les orangeries et dans quelques jardins botaniques.

3. Frenela fruticosa, ENDLICHER ; — *Callitris oblonga, Rich.* Con. 49, t. 8, n° 2.

Arbrisseau. Fruits ovales, à valves lisses intérieurement; graines étroitement ailées; 2 cotylédons.

Originaire des environs de Port-Jackson, dans la
Nouvelle-Hollande; il fut introduit en 1822.

4. Frenela rhomboïdea, Endlicher; — *Callitris rhomboïdea*, R. Br. ex Rich, Conif., 47, t. 8, n° 1.

Arbrisseau dont le port rappelle celui du Cyprès, à
rameaux cylindriques, ou quelquefois à peine anguleux. Feuilles petites, réunies par 3, aiguës, persistantes.

5. Frenela Roei, Endlicher.

Buisson ou arbisseau buissonneux, habitant l'intérieur de la Nouvelle-Hollande, austro-occidentale.

6. Frenela variabilis, Carrière.

Arbrisseau conique, à feuillage glauque. Fruit composé de 6 à 8 écailles inégales; feuilles très-petites,
squamiformes, opprimées.

Cette plante provient d'un semis fait chez M. Noisette, à Nantes.

7. Frenela Australis, Mirbel; — *Callitris Australis*, R. Brown. — *Hooker fils*, Flor. of Tasm, t. 1er,
pag. 352, pl. 97 ; *Oster-Bay-Pine* des colons anglais.

Arbre de 15 à 20 m., en cône étroit, à fruits presque

globuleux, dont les valves sont rugueuses et tuberculées à l'intérieur. Graines à ailes étroites. Les ramules
sont très-frêles et presque anguleux ; les feuilles squamiformes et articulées, sont soudées par 3 à la base de
chaque articulation.

Il fut introduit vers 1806, et habite la Tasmanie et
la Nouvelle-Hollande.

8. Frenela verrucosa, Cunningham ; — *Callitris verrucosa,* R. Brown.

Arbre conique. Fruit à 6 écailles inégales, légèrement unguiculées, verruqueuses ; les cotylédons sont
au nombre de 2.

M. Lockh Morton a apporté à M. Mueller, de l'Hermitage situé près le fleuve Murray, une plante du *F.
verrucosa,* haute à peu près de 30 centimètres, fructifiant dès la deuxième année.

Habite la Nouvelle-Hollande orientale.

9. Frenela robusta, Cunningham ; — *Callitris
robusta,* R. Brown.

Arbrisseau conique, à branches dressées, à feuilles
petites, étalées, squamiformes. Fruits sphériques, gros,
portés sur de forts pédoncules, longs de 0^m,005 à
0^m,008.

Habite la côte occidentale de la Nouvelle-Hollande
et la rivière des Cygnes.

10. Frenela Gunii, Endlicher ; — *Callitris ma-trostachya*, Loudon ; — *Frenela Fothergilli*, Endlicher ; — *Frenela glauca*, Mirbel.

Arbrisseau pyramidal, à feuillage glaucescent ; fruit en forme de cône renversé ; 2 cotylédons.

Habite la Tasmanie et la Nouvelle-Hollande.

11. Frenela Hugelii, Knight.

Arbrisseau conique ; feuilles terminées par des pointes à peine visibles ; cette espèce excrète une ré-sine blanche, opaque, dure, inodore et insipide.

Habite la Nouvelle-Hollande.

12. Frenela pyramidalis.

Arbrisseau conique, peu distinct du *F. Australis*.

13. Frenela columellaris, Ferd. Mueller.

Feuilles ternées ; fruit petit, globuleux, à 6 écailles inégales, à peine pointues au sommet ; sur les écailles larges sont disposées 6 ou 8 graines ; sur celles qui sont étroites, il n'y en a que 3. Les ailes sont pellu-cides, rarement tri-ailées ; les cotylédons sont au nombre de 2.

Habite les bords de Richmond's River.

14. Frenela cupressiformis.

Deux cotylédons. Habite la Nouvelle-Hollande.

15. Frenela Endlicherii.
Deux cotylédons. Habite la Nouvelle-Hollande.

16. Frenela rigida, Endlicher.
Habite la Nouvelle-Hollande.

17. Frenela calcarata, Cunningham.
Habite l'intérieur de la Nouvelle-Hollande orientale

18. Frenela propinqua, Cunningham.
Habite le nord de la Nouvelle-Hollande.

19. Frenela arenosa, Endlicher.
Habite la Nouvelle-Hollande.

20. Frenela crassivalvis.
Habite la Nouvelle-Hollande.

Frenela de la Nouvelle-Calédonie.
Rameaux et ramules triangulaires ou quadrangulaires, par la saillie des nervures médianes des feuilles qui sont adhérentes et terminées par une très-petite dent.

IV. Octoclinis et Laecharadtia, Mueller.

Ce genre ne paraît différer du genre *Frenela* que pa

le nombre des écailles, qui sont au nombre de 8, et le tégument de la graine, dilaté d'un seul côté en une aile longue.

Bel arbre de 20 à 25 m., originaire de la Nouvelle-Hollande.

1. Octoclinis Macleyana, F. Mueller.
Plante non cultivée.

Laecharadtia Macleyana, Archer.
Ce nom est-il un synonyme du genre *Octoclinis ?*

V. Callitris, Ventenat.

Arbre conique à rameaux en éventail, primés ou biprimés, aplatis, striés, et comme articulés. Feuilles quaternées, adhérentes dans toute la longueur des entre-nœuds, luisantes, et terminées par une très-petite dent, coriace, et portant une glande. Monoïque. Chaton mâle presque cylindrique, disposé sur des ramules latéraux. Étamines opposées en croix, à 4 loges s'ouvrant par une fente interne. Chaton femelle composé de 4 écailles opposées en croix, dont 2 plus étroites, à sommité réfléchie en une petite pointe. Écailles larges, portant chacune sur leur base interne deux ovules superposés ; les écailles étroites n'en portent que chacune une. Fruit tétragone, arrondi, à écailles inégales, ligneuses, carénées, réfléchies en une pointe, et mûrissant dans l'année. Graines de la longueur des écailles; teste coriace, dilaté en 2 ailes; 3 ou 4 cotylédons, et quelquefois 6, selon M. Carrière.

Originaire de l'Atlas, où on le rencontre vers le 33ᵉ degré de latitude nord, le genre *Callitris* tire son nom du mot grec Καλλιθριξ (belle chevelure), par allusion à la finesse de ses ramilles; il avait été décrit par Desfontaines sous le nom de *Thuia articulata*.

1. Callitris quadrivalvis, Ventenat. — *Thuia articulata*, Wahl. Symbol., pl. 48. — *Desfontaines*, Flord Atla., f. 252. — *Loisel.-Desl.*, Nouv. Duh., t. 3, pl. 5. — *Richard*, Con., pl. 8, fig. 1. — *Loudon*, Encycl., f. 1995.

Arbre de 5 à 7 m., à cîme étalée, à rameaux comprimés et articulés. Feuilles primordiales ternées ou quaternées, étalées, longues, aciculaires; celles des rameaux petites et disposées à la base des articulations. Chaton mâle ovoïde, obtusément tétragone, composé de 8 à 10 étamines, Chaton femelle, tétragone, composé de 4 valves ovales, portant chacune une pointe, et deux d'entr'elles, des graines.

C'est une jolie plante rappelant les *Thuia* et *Biota*, mais incomparablement plus élégante; sous le climat de Paris, elle ne peut résister à l'hiver et l'on doit la rentrer en orangerie; mais dans les jardins du Midi de la France elle peut parfaitement végéter en plein air. Introduit en 1815.

Usages. Son bois, jaunâtre, est excellent pour la charpente, parce que les insectes ne l'attaquent pas. Sa résine abondante et très-odorante, amère, est connue sous le nom de Sandaraque.

Culture. La multiplication se fait par semis, boutures, marcottes et greffes sur les Thuia et Biota. D'après M. Carrière, il repousse facilement sur souche. Comme terrain, il demande un sol léger et peu humide.

VI. Libocedrus,. ENDLICHER. — *Thuia species*, PœPP.

Arbres à rameaux tétragones ou aplatis, à feuilles opposées, adhérentes dans toute la longueur de l'entre-nœud, égales, ou de grandeur différente ; celles des faces planes, terminées par une très-petite dent ; celles des marges, en nacelles, et toutes glanduleuses. Monoïque. Chaton mâle terminal, presque cylindrique, composé de 6 à 7 étamines à 4 loges s'ouvrant en dedans par une fente. Chaton femelle terminal à 4 ou 6 écailles opposées en croix, dont deux plus petites, à sommet réfléchi en pointe, portant chacune sur leur base deux ovules collatéraux. Fruit ovoïde à écailles convexes, réfléchies en pointe, les deux plus étroites ne portant que des ovules stériles, ou, toutes ne portant qu'une graine, comprimée en forme de lentille, et à tégument coriace dilaté de chaque côté en ailes inégales, l'une étroite, l'autre de la grandeur de l'écaille ; deux cotylédons.

Originaire de l'hémisphère austral, de l'Amérique et de la Nouvelle-Zélande entre les 33ᵉ et 50ᵉ degrés de latitude sud.

Usages. Le bois du Libocedrus. tetragona désigné au Chili sous le nom d'Alerze est doux, rougeâtre, flexible, peu attaqué par les insectes et exhale une odeur balsamique qui rappelle celle de l'encens. Il se fend très-bien en planches très-minces et est employé dans la charpente et dans la menuiserie ; on exporte beaucoup de bois des espèces chiliennes.

L'écorce épaisse et fibreuse est employée comme étoupe incorruptible pour radouber les vaisseaux. Il est à souhaiter que les Libocedrus puissent réussir dans le midi de la France.

Culture. La multiplication se fait de graines, de boutures, de marcottes et de greffes sur les Thuia et Cupressus ; il faut abriter les plantes en serre froide pendant l'hiver.

1. Libocedrus tetragona, Endlicher. — *Thuia tetragona, Hooker.* Journ. of Bot., t. 3, pl. 4, Alerze.

Arbre forestier de première hauteur ; branches à écorce roussâtre, s'exfoliant. Ramules tétragones par la disposition des feuilles adhérentes à la base, ovales, carénées, aiguës. Fruit ovoïde, à écailles ligneuses, réfléchies en une pointe épineuse.

Habite les vallées des Andes et l'archipel de Chiloe où Molina a vu des arbres d'un volume à produire de 600 à 800 planches de 6 m. de longueur.

D'après M. Claude Gay, les Chiliens en distinguent deux sortes, l'un mâle et l'autre femelle, différant par leur écorce et par leur bois. L'Alerze mâle donne une étoupe plus tenace, un bois plus dur et plus résistant qu'on ne travaille qu'à la hache, pour en faire des charpentes; tandis que l'Alerze femelle fournit une étoupe moins tenace, et un bois moins dur, et à tel point facile à travailler qu'en le fendant à la hache on obtient des planches d'égale épaisseur.

On voit donc que ce serait pour nos forêts et notre industrie une précieuse acquisition si le climat du midi de la France lui pouvait réussir.

2. Libocedrus Chilensis, Endlicher. — *Thuia andina*, *Pœpp*. Nov. gen. et Spec: t. 3, pag. 17, pl. 220. — *Thuia chilensis, Loudon*. — *Hooker*, Journ. of Bot. II, t. 1

Monoïque. Arbre atteignant 20 ou 25 m. de hauteur, conique; rameaux et ramules disposés sur deux rangs; les ramules aplatis, recouverts de feuilles opposées, adhérentes à leur base; les feuilles faciales, adhérentes dans toute la longueur de l'entre-nœud, de grandeurs différentes, terminées par de très-petites dents obtuses ; les marginales aplaties, dilatées à leur sommet en dent étalée, redressée, et portant une strie médiane blanchâtre sur chaque face. Floraison en avril et mai. Chaton mâle cylindrique ; chaton femelle composé de 6 écailles opposées en croix, les deux inférieures moins longues, les supérieures ovales. Fruit ovoïde, à écailles coriaces, obtuses, inégales, les plus longues à sommité recourbée en une petite protubérance, et portant à leur base une ou deux graines ; tégument dilaté en deux ailes inégales.

Le Libocedrus Chilensis, originaire du Chili, dont il fut importé en 1850, est un arbre très-ornemental, d'un feuillage élégamment découpé et d'une belle nuance vert clair, sillonné de blanc. Son bois, jaunâtre et dur peut être utilisé par l'ébénisterie. Jusqu'en 1871-1872 il a parfaitement résisté à nos hivers, seuls les froids exceptionnels de cette année l'ont atteint ; il végète parfaitement dans les terrains sablonneux et frais.

3. Libocedrus excelsa, DON.

Ne diffère du précédent que par les feuilles qui ne sont pas striées.

4. Libocedrus Doniana. — *Dacrydium plumosum*, DON. — *Thuia Doniana*, *Hooker*. Journ. of

Botan, t. 1, pl. 8. — *Carrière.* Rev. hortic., 1866, pag. 230 avec figure.

Arbre forestier de 20 à 25 m. de hauteur, à cîme étalée, à écorce brunâtre. Ramules disposés sur 2 rangs, aplatis, et recouverts de très-petites feuilles opposées en croix, toutes adhérentes par leur base; les faciales planes, aiguës; les latérales carénées et épaisses.

Fruit ovoïde à écailles extérieures plus courtes, mais toutes à sommet terminé par une pointe redressée longue de $0^m,004$ à $0^m,006$. Chacune des écailles intérieures porte à sa base une graine à teste dilaté en deux ailes inégales.

Originaire de la Nouvelle-Zélande où on le rencontre vers le 33e degré de latitude sud, il fut introduit en 1842.

VII. Disselma, Hooker fils.

Arbuste dressé atteignant 4 à 5 m. de hauteur; tronc gros, et exsudant une grande quantité de résine; rameaux et ramules tétragones et recouverts de très-petites feuilles opposées sur 4 rangs, rhomboïdales, obtuses. Dioïque. Chaton mâle petit, composé de 6 à 8 étamines imbriquées, et portant 2 loges très-petites. Chaton femelle cylindrique, dressé, à 4 écailles opposées, coriaces; les deux extérieures plus courtes, stériles; les deux intérieures orbiculaires, portant chacune deux ovules. Fruit ligneux ; graine mesurant $0^m,002$ de diamètre, et portant 3 ailes plus longues que l'écaille. Originaire de la Tasmanie.

Fruit à écailles se recouvrant par leurs bords (imbriquées). Feuilles opposées.

Cette tribu se divise en quatre genres :

I. **Biota.** — Fruit à écailles coriaces portant à leur base chacune deux graines nues.

II. **Thuia.** — Fruit à écailles coriaces portant chacune deux graines ailées.

III. **Fitz-Roya.** — Fruit à écailles coriaces, les fertiles portant chacune trois graines ailées.

IV. **Thuiopsis.** — Fruit à écailles ligneuses portant chacune cinq graines ailées.

I. Biota.

Monoïque. Châton mâle ovoïde, d'un jaune fauve, et composé de 10 étamines opposées sur 4 rangs, connectif semi-orbiculaire, portant 3 ou 4 loges d'anthères, ovoïdes et s'ouvrant en dedans. Chatons femelles beaucoup moins nombreux que les chatons mâles, sur le premier ramule interne des jeunes rameaux ; ils sont composés de 6 à 8 écailles opposées en croix, dont les deux supérieures, plus étroites, sont stériles, et dont les inférieures portent chacune, sur la base, 2 ovules collatéraux.

Fruit oblong à écailles opposées sur 4 rangs, inégales, ligneuses, oblongues, épaisses, à sommet organique rejeté en dehors sous la forme d'aiguillon.

Les graines, au nombre de deux, sont collatérales sur la base des écailles inférieures, ovoïdes et brunâtres, à tégument ligneux. Deux cotylédons.

Le genre Biota, dont l'étymologie vient sans doute du mot grec Βιος, vie, par allusion à la longue durée de leur bois, est composé d'arbres coniques, très-rameux, à rameaux et ramules distiques et dressés, de sorte que les faces planes ne sont pas horizontales, mais verticales. Les rameaux sont longtemps couverts de feuilles d'abord vertes, mais prenant une teinte fauve en vieillissant; opposées en croix et adhérentes dans toute la longueur de l'entre-nœud, ces feuilles sont terminées par une petite dent triangulaire. Ramules paraissant articulés et un peu aplatis, recouverts de feuilles très-rapprochées, réduites à la forme de petites dents triangulaires et glanduleuses; les feuilles latérales sont repliées sur les rameaux en forme de carène. Quand elles sont froissées, toutes ces feuilles exhalent une odeur de résine balsamique.

Originaires de l'ancien Continent, les Biota habitent en Asie, la Tartarie, la Corrée, et les régions tempérées de la Chine et du Japon, vers le 40° degré de latitude nord environ. En France, ils végètent parfaitement, mais, dans les départements du Nord, il n'est pas rare de les voir se dégarnir sous l'influence du froid.

Usages. Le peu de développement du tronc en Europe, ne les fait admettre que dans les jardins qu'ils servent à orner, et où ils forment des palissades serrées, quand on les élague assez souvent; ce que d'ailleurs ils supportent très-bien.

Culture. Les Biota réussissent dans beaucoup de parcs et de jardins de sols très-différents, mais préfèrent en général aux terrains argileux et humides les terres légères. Ils se multiplient de graines, de marcottes et de boutures. Les graines doivent être semées dès leur maturité, ou au premier printemps, dans un sol plutôt léger que compacte, et recouvertes de $0^m,012$ à $0^m,015$ de terre. Il est prudent de faire les semis, soit en planches, soit en caisses, de façon à pouvoir facilement les abriter contre les grands froids.

Miller a conseillé d'en faire des boutures avec des rameaux de l'année et un petit bout de la branche de l'année précédente, vers le mois de septembre et à l'exposition du levant; puis, de les planter en terre marneuse en les enterrant de $0^m,04$ à $0^m,06$.

Biota orientalis, ENDLICHER. — *Thuia orientalis,*

Linné. — *Loudon*, Arbor., f. 2315; Encyclop., f. 1992.
— *Le Maout*, Atlas de Botanique, p. 203.

Petit arbre conique atteignant jusqu'à 10 mètres de hauteur dans les sols profonds. Rameaux nombreux, chargés de 2 rangs de ramules couverts de très-petites feuilles adhérentes, en forme de petites dents; celles des rameaux moins rapprochées, celles qui sont sur les faces planes plus larges que les latérales, et portant toutes une glande sur la nervure médiane. Fruit ovoïde mûrissant à l'automne, suivant la floraison qui se fait aux mois de février et mars.

Très-commun en Chine; il fut, dit-on, introduit par les missionnaires en 1760, ou, suivant Loudon, en 1752. Il est aussi connu sous le nom de Thuia plat de la Chine, à cause de ses branches aplaties qui se dressent l'une sur l'autre. On le rencontre en France dans presque tous les jardins et dans les cimetières.

Les nombreux semis de cette espèce qui sont faits chaque année en Europe, ont produit un grand nombre de variétés, qui s'augmentent encore, depuis quelques années, d'autres variétés importées de la Chine et du Japon.

VARIÉTÉS EUROPÉENNES

B. nain. — *Biota orientalis nana*, des horticulteurs.
— *Biota orientalis compacta*, des horticulteurs.
D'une croissance moins vigoureuse, d'un port moins

élevé, et d'un feuillage plus fin que l'espèce, cette variété forme un buisson compacte et arrondi.

B. falcata.

Variété conique, vigoureuse, à rameaux étalés, dont les feuilles s'écartent de la tige en décrivant un angle aigu.

B. pirifera.

Variété à fruit très-petit et globuleux.

B. cristata.

Variété à ramules très-courts et crétés, à cône étroit, obtenue par M. Adrien Sénéclauze, à Bourg-Argental.

B. cupressoïdes.

Variété obtenue par M. A. Sénéclauze.

B. elegantissima, des jardiniers anglais.

Variété naine en forme de cône, dont le feuillage jaunit au printemps. Elle est sortie d'un semis fait chez M. Rollisson, à Londres.

B. monstrueux. — B. orientalis monstruosa.

Variété délicate à rameaux peu nombreux, courts et gros.

B. angulisans.

Arbuste conique à rameaux dressés le long de la tige.

B. arthrotaxoïdes, Carrière.

Buisson nain arrondi. Museum d'histoire naturelle.

B. glauque. — B. orientalis glauca.

Petit arbre vigoureux, conique, élargi à la base;

rameaux et ramules pendants, d'un vert sombre ; fruit gros et glauque. Malheureusement les grands froids lui font souvent perdre des branches.

B. insata.

Arbrisseau à rameaux inégaux, les uns anguleux, les autres plats ; obtenu par M. A Sénéclauze.

B. intermedia.

Buisson arrondi, épais, à rameaux pendants. Fruit petit et composé de 4 écailles.

VARIÉTÉS EXTRA-EUROPÉENNES

B. tartarica, ENDLICHER. — *Thuia tartarica,* des jardiniers. — *Thuia orientalis tartarica, Loudon,* Encyclop. of trees, p. 1070.

Arbrisseau conique, branches inférieures étalées, les supérieures dressées. Les feuilles, sur la plante toute entière, sont plus petites que dans l'espèce ; le fruit est composé de 8 écailles dont les inférieures sont très-courtes, et les supérieures longuement unguiculées.

Originaire du nord de l'Asie.

B. dumosa. — *Thuia antarctica* ou *Pygmæa,* des horticulteurs.

Buisson nain, glaucescent, bleuâtre, à feuilles glanduleuses.

Cette variété est-elle originaire de l'Amérique, ou est-elle née spontanément dans les jardins ?

B. Nepalensis.

Arbrisseau en forme de cône étroit, à branches courtes et étalées.

B. nain. — *B. orientalis nana.*

Buisson hémisphérique, atteignant à peine 1 mètre de hauteur.

B. dorée. — *B. orientalis aurea.*

Arbuste nain, symétrique, formant un buisson hémisphérique dépassant rarement 2^m,50 de hauteur.

Au printemps, les extrémités des rameaux prennent une teinte jaunâtre qui en fait une des plus jolies plantes.

B. panaché de jaune. — *B. orientalis variegata aurea.*.

Petit arbre conique, vigoureux, d'un feuillage vert clair mélangé de jaune d'or. C'est une plante très-élégante, ne s'élevant pas au-dessus de 3 à 4 mètres de hauteur.

Originaire du Japon, cette variété a été aussi obtenue dans les pépinières de M. Dauvesse, à Orléans.

B. argenté. — *B. orientalis variegata argentea.*

Variété à feuillage argenté ou plutôt panaché de blanc; mais la panachure est peu constante surtout sous l'influence des rayons solaires.

B. pendant. — *B. pendula.* — *Thuia pendula,* Lamb.

Arbre de 2 à 6 m., à rameaux allongés filiformes, les plus jeunes, entièrement recouverts de feuilles vertes. Fort remarquable en ce que, sous la forme d'un arbrisseau lâche, peu garni, il ne se développe qu'en rameaux cylindriques, effilés, longs, pendants, à peine ramifiés, quelques-uns en faisceaux. Fruit un peu allongé, et sans l'étude duquel on ne le placerait pas dans ce genre.

Originaire du Japon, cette variété se retrouve quelquefois dans les semis faits en Europe.

On a introduit du Japon une nouvelle forme naine, plus serrée, se ramifiant plus régulièrement.

B. meldensis. — *B.* ou *Thuia orientalis meldensis*, des jardiniers.

Arbrisseau de 4 à 5 m., d'abord pyramidal, puis s'arrondissant en colonne obtuse très-épaisse, mais se dégarnissant souvent avec l'âge, et présentant des vides désagréables ; d'un feuillage vert tendre en été, il prend, en automne, une teinte rouge violacée qui ne disparaît qu'au printemps. Feuilles opposées en croix, dont la moitié inférieure adhère au rameau dans toute la longueur de l'entre-nœud, tandis que la moitié supérieure, en alène, est plus ou moins écartée de la tige ; la nervure médiane de ces feuilles est extérieurement saillante et non creusée en sillon fusiforme comme celle de l'espèce et des variétés, y compris celle de la variété à rameaux cylindriques. D'après M. Carrière, les feuilles des ramules portant des fruits (*ils sont rares*), sont plus courtes, et en forme de petites dents appliquées non divergentes au sommet. Les chatons mâles, beaucoup plus abondants que les chatons femelles, sont glanduleux, jaunâtres ainsi que les graines : quant au fruit, il ressemble à celui du genre.

On n'est généralement pas d'accord sur l'origine de cette variété, mais ce qu'il y a de certain, c'est qu'elle a été obtenue à Meaux en 1852, chez M. A. Cauchois, dans un semis de graines récoltées au cimetière de Trilbardou. Ce qui lui donne un certain caractère d'obscurité, c'est qu'on la suppose le produit de la fécondation du Biota par le Juniperus virginiana dont il existe quelques individus dans le même cimetière. M. Carrière a semé des graines de cette variété, et il a obtenu des individus dont les uns ressemblaient à des Juniperus, tandis que les autres se rapprochaient plutôt des Biota.

II. Thuia, LINNÉ.

Monoïque. Chaton mâle globuleux ou ovoïde ; étamines opposées sur 4 rangs, sur un connectif semiorbiculaire portant 4 loges s'ouvrant en dedans. Chaton femelle ovoïde, composé de 8 à 12 écailles opposées en croix.

Fruit oblong, à écailles imbriquées, disposées sur 4 rangs, coriaces, ovales ou oblongues, planes ou concaves, obtuses, à sommet organique pointu ou obtus. Sur la base de chaque écaille sont disposées une ou deux graines; sur la base des écailles supérieures, il n'y en a point, ou elles sont plus petites, lenticulaires, avec une fossette à la base; tégument cartilagineux dilaté de chaque côté en ailes. Embryon à deux coty-lédons.

Les Thuia, qui tirent leur nom du mot latin *thus*, encens, à cause de l'agréable odeur qu'ils répandent, sont des arbres et des arbrisseaux pyramidaux, jusqu'à ce qu'ils aient atteint une certaine hauteur, et se dégarnissent ensuite par la base. Leurs branches, sont plus ou moins horizontales; leurs rameaux alternes et plans sont disposés sur deux rangs, et entièrement recouverts de feuilles glanduleuses, opposées en croix sous forme de petites dents ou d'écailles. Les fruits mûrissent la première année.

Usages. Les Thuias sont pour la plupart non-seulement des arbres décoratifs, mais encore des essences forestières d'un grand mérite; leur bois dur et coloré est employé en Europe par l'ébénisterie.

Culture. Originaires de l'Amérique du Nord, la plus grande partie des espèces végètent assez bien dans les sols les plus divers, mais elles préfèrent les terres fortes et fraîches. La multiplication se fait de graines, de marcottes ou de boutures. Les graines doivent être semées dès leur maturité, soit en automne, soit au printemps, selon les espèces, mais toujours en vase ou en planches afin de les abriter du froid. Les boutures

faites en automne avec un rameau de l'année auquel
on laisse un petit bout de branche de l'année précédente, reprennent facilement.

« Il faut, dit Miller, les planter au mois de septembre, dans une plate-bande de terre molle et marneuse, à l'exposition du levant. Avant que les fortes
gelées se fassent sentir, on couvre la terre avec du
vieux tan, jusqu'à l'épaisseur d'environ deux pouces,
pour empêcher la gelée d'y pénétrer trop facilement ;
et en laissant encore ce tan au printemps, il maintien-
dra la terre humide et dispensera d'arroser dans cette
saison, ces boutures et ces marcottes, qui, si on leur
donnait de l'eau, seraient nécessairement attaquées de
pourriture, ainsi que je l'ai souvent éprouvé. »

1. Thuia occidentalis, Linné. — *Arbor vitæ*,
Arbre de vie. — *Loiseleur*, Nouv. Duh., vol. 3, t. 4. —
Loudon, Arbor., fig. 2312. — Encyclopædia of trees,
fig. 1991.

Arbre de 15 à 16 m. de hauteur, à tronc d'un faible
diamètre, couvert d'une écorce brune et lisse, tant que
l'arbre est jeune, mais qui se fendille et devient rugueuse avec l'âge. Les branches sortent irrégulièrement
de tous côtés, et sont presque horizontales ; les plus
jeunes penchent souvent vers la terre, et elles sont
toutes fort éloignées les unes des autres. Comme les
plus jeunes branches seules sont garnies de feuilles,

les grands arbres de cette espèce ont un aspect dégarni très-désagréable. Les rameaux, alternes et disposés sur 2 rangs, ont des feuilles opposées en croix, adhérentes dans toute la longueur de l'entre-nœud, mais ne se soudant pas par leurs bords, et terminées par une dent triangulaire aiguë, un peu divergente ; les ramules, applatis, sont entièrement recouverts de feuilles opposées en croix et en forme de dents ; toutes les feuilles, d'ailleurs, sont chargées d'une petite glande convexe plus ou moins jaunâtre. Les chatons mâles sont globuleux, très-petits, noirâtres, et composés de 6 étamines opposées en croix et portant de 2 à 4 loges très-petites. Les chatons femelles, portés sur les ramules supérieurs, sont un peu plus volumineux que les mâles et de couleur brune. Le fruit est brunâtre, ovoïde, long de $0^m,008$ à $0^m,010$ et composé de 8 écailles inégales, opposées en croix ; les inférieures ovales, coriaces et recouvrant partiellement les supérieures ; ces dernières, plus étroites et stériles. Dans les aisselles des écailles inférieures sont une ou 2 graines ailées à tégument coriace, 2 cotylédons. La floraison a lieu au printemps et les semences mûrissent à l'automne.

Cette espèce est d'un vert plus pâle que celui du genre Biota, et qui diminue d'intensité en prenant une teinte d'un jaune sale en hiver. Elle exhale en outre une odeur nauséabonde sous l'influence des rayons solaires. Très-rustique et supportant très-bien l'émondage, elle est très-employée en palissade peu épaisse et cependant bien garnie. Le premier échantillon importé en Europe fut planté dans le jardin royal de Fontainebleau, sous François Ier.

Les nombreux semis que l'on en fait depuis longtemps ont donné naissance à quelques variétés réunies par les amateurs.

VARIÉTÉS

T. robusta, CARRIÈRE. — *T. Wareana*, des horticulteurs. — *T. occidentalis asplenifolia*, des horticulteurs.

Branches étalées, ramules courts, moins aplatis que dans l'espèce ; cette variété forme une pyramide élargie à la base, d'un feuillage vert clair très-agréable, et ne changeant pas de couleur durant l'hiver.

Suivant M. Carrière, elle paraît due à une forte végétation. Quoi qu'il en soit, elle se montre très-rustique, de sorte qu'on la peut planter dans presque tous les sols et à toutes les expositions.

T. nain. — *T. occidentalis nana.*

Buisson compacte, à ramules gros, courts et épais.

T. variegata. — *T. occidentalis variegata.*

Cette variété, à feuillage panaché çà et là de jaune d'or, produit un assez bel effet, mais, plus délicate que l'espèce, elle n'atteint guère plus de 2 m. de hauteur.

T. pendant. — *T. occidentalis pendula.*

Cette variété est remarquable par ses branches pendantes qui lui donnent un aspect pittoresque. Elle a été trouvée en Angleterre parmi les semis de Thuia occidentalis ; parfaitement rustique, elle n'atteint pas une grande hauteur.

T. reflexa. — *T. occidentalis reflexa*, des jardiniers.

Variété à branches horizontales, à rameaux et à ramules grêles et pendants.

T. Vervæneana. — *T. occidentalis Vervæneana*, des jardiniers.

C'est une variété obtenue à Gand par M. Vervæne ; son port est le même que celui de l'espèce, dont elle ne diffère que par la teinte jaune doré de son feuillage, persistant pendant tout l'hiver.

T. recurva nana.

C'est une variété très-touffue, obtenue également en Belgique, et à qui un feuillage vert tendre et des rameaux retombants donnent un aspect tout particulier.

2. Thuia plicata, Don. — Espèce ou Variété. — *T. Warreana, flagelliformis, Californica,* des jardiniers. — *Loudon,* Encyclopédie of trees, f. 2108.

Arbre de moyenne grandeur, conique, à branches devenant verruqueuses avec l'âge ; ramules serrés, applatis, recouverts de feuilles opposées en croix, en forme de petites dents, et chargées d'une glande jaunâtre et saillante ; les feuilles latérales, repliées en carène, ne sont pas glanduleuses. Les fruits et les graines sont semblables à ceux du Thuia occidentalis.

Introduit du nord-ouest de l'Amérique septentrionale en 1796, il forme dans nos jardins une pyramide étalée d'un beau vert, et se montre d'une grande rusticité.

T. variegata. — *T. plicata variegata*, des horticulteurs.

Variété à feuilles panachées de blanc jaunâtre, beaucoup plus délicate que l'espèce et n'atteignant pas de grandes dimensions.

3. Thuia Menziesii, Douglas. — Espèce ou Variété. — *T. Lobbii, T. magnifica*, des jardiniers. — *T. plicata*, Nuttal.

Arbre vigoureux et élancé, de 18 à 20 m. de hauteur, affectant, dans sa jeunesse, un port pyramidal. Branches étalées et distantes; ramules aplatis, couverts de feuilles opposées en croix, à sommet arrondi, d'une couleur vert foncé luisant, et pour la plupart ne portant pas de glandes. Les fruits, plus allongés que ceux du Thuia occidentalis, leur ·sont presque semblables, ainsi que les graines et l'odeur de la plante.

Originaire du nord-ouest de l'Amérique septentrionale, il fut introduit en 1858 sous le nom de T. Lobbii. Sa multiplication facile et prompte ainsi que sa beauté et sa rusticité le feront préférer au Thuia occidentalis. Son bois, qui ressemble à de la moire est dur et résistant et d'une beauté remarquable. Tous ces avantages réunis en font donc un sujet propre non-seulement à l'ornementation des parcs, mais aussi au reboisement de nos forêts.

4. Thuia Standishii, Carrière. — *Thuiopsis Standishii*, Gordon.

Branches étalées, ramules comprimés, couverts de feuilles opposées en forme de petites dents obtuses; jeunes rameaux à feuilles verticillées 4 à 4.

D'après M. Carrière, cette forme, bien qu'introduite du Japon, ne serait qu'une variété du T. occidentalis, plus épaisse que l'espèce, à ramules plus larges et à odeur semblable.

5. Thuia gigantea, Nuttal. — *Libocedrus crai-giana*, Laws.—*Carrière*, Revue horticole, 1854, p. 224.

Arbre forestier atteignant de 40 à 50 m. de hauteur et jusqu'à 6 m. de circonférence; l'écorce, brunâtre et lisse, se détache en lamelles; les branches éparses, dressées et courtes, donnent à l'arbre la forme d'un cône étroit et allongé. Les ramules des jeunes sujets sont un peu allongés, grêles et très-comprimés, tandis qu'ils sont plus courts, plus cylindriques et moins larges dans les sujets adultes. Les rameaux, aplatis, les uns à face horizontale, les autres à face verticale, sont recouverts de feuilles triangulaires, opposées en croix, verticillées par 4 et adhérentes dans toute la longueur des entre-nœuds, qui sont plus éloignés que dans les autres espèces ; quand on les froisse, les ramules exhalent une odeur légère mais un peu âcre.

Le chaton mâle, qui s'épanouit en mars, est jaunâtre, et composé de 12 à 14 étamines opposées en croix, à connectif presque orbiculaire portant 4 loges globuleuses ; chaton femelle composé de 6 écailles inégales et opposées en croix. Le fruit, obovale, allongé, plutôt orangé que marron, est formé par 6 écailles coriaces, les 2 inférieures très-petites, bractéiformes, stériles ; les 2 médianes ovales-allongées, élargies à la base, à sommet organique, rejeté en dehors sous forme d'une très-petite dent. A la base de chacune des écailles sont 2 graines ovoïdes-aiguës, avec une aile inéquilatérale, de la longueur des écailles ; seules les 2 écailles supérieures sont étroites, soudées et stériles. Les fruits tombent en septembre et octobre.

Cette remarquable espèce réussit très-bien dans les sables de quelques jardins de Fontainebleau et des environs ; mais elle végète difficilement dans les terres argileuses humides reposant sur un sous-sol calcaire. La vigueur avec laquelle pousse le T. gigantea, son peu de délicatesse sur la nature du sol, et ses dimensions vraiment remarquables, peuvent faire espérer qu'il sera dans notre pays d'une grande utilité.

Originaire du nord-ouest de l'Amérique septentrionale, il y fut observé par plusieurs voyageurs, mais
c'est M. Boursier de la Rivière qui le rencontra le premier en Californie en 1853, et l'introduisit en France
en 1854.

T. columnaris.

Plante à rameaux plus dressés et formant un cône
plus étroit que l'espèce.

III. Fitz-Roya, HOOKER FILS.

Monoïque?

Chaton femelle composé de 9 écailles inégales, disposées sur 3 rangs ; les 3 médianes fertiles. Fruit petit,
étoilé, composé d'écailles imbriquées, ovales, orbiculaires, épaisses et coriaces, à sommet organique rejeté
en dehors sous la forme d'une pointe réfléchie ; les
3 écailles inférieures, très-petites, sont étalées et stériles ; les 3 médianes portent chacune sur leur base
3 graines comprimées à bord dilaté en aile, bilobé au
sommet, tandis que les 3 écailles supérieures, plus ou
moins développées, sont stériles.

Les Fitz-Roya, dédiés au navigateur anglais Fitz-
Roy, sont des arbres à branches étalées, à rameaux
cylindriques, à feuilles sessiles, ternées ou quaternées,

opposées, ou rarement alternes, planes, largement linéaires ou presque ovales, plus ou moins rapprochées et parcourues en dessous par 2 lignes blanchâtres.

Originaires des montagnes de la Patagonie et du détroit de Magellan, vers le 50° degré de latitude sud, ils furent introduits en 1851 par M. Lobb et mis au commerce par M. Weitch, d'Exeter.

Usage. Dans leur pays natal, les Fitz-Roya deviennent des arbres élevés, dont le bois nous est inconnu; mais sous le climat de Paris ils gèlent presque tous les ans.

Culture. A défaut de graines, ils reprennent facilement de boutures.

1. Fitz-Roya Patagonica, HOOKER.—*Hooker,* Botanical Magasin, I, 4616.—Flore des serres, p. 129. — *Lemaire,* Illustration hort., 1854, p. 29, avec figure.

Arbre atteignant 30 m. de hauteur sur 2 m. de circonférence, à branches étalées, à rameaux pendants, à feuilles sessiles et planes, vertes en dessus, et quelquefois marquées, dans leur jeunesse, de 2 lignes glauques qui disparaissent bientôt. Par son port, le Fitz-Roya Patagonica offre une grande analogie avec le L. Tetragona, et, dit M. Carrière, « cette ressemblance est surtout manifeste lorsqu'il est vieux; elle est si grande, dit-on, que l'on pourrait les confondre, en faisant abstraction du fruit. »

Quoi qu'il en soit de sa taille dans son pays natal,

il n'a jamais, dans mes cultures, produit que des arbrisseaux buissonneux.

IV. Thuiopsis, Sieboldt et Zuccarini

Monoïque ; chaton mâle cylindrique ; étamines opposées sur 4 rangs ; connectif réniforme portant de 3 à 5 loges. Chaton femelle terminal, globuleux. Fruit composé de 8 à 10 écailles ligneuses, suborbiculaires, atténuées en coin à la base, concaves, à stries rayonnées ; elles portent à leur base 5 graines superposées sur 2 rangs, orbiculaires-comprimées, avec teste développé en 2 ailes latérales ; 2 cotylédons.

Les Thuiopsis, originaires de la Chine et du Japon, sont des arbres élevés, à branches verticillées, à rameaux et à ramules disposés sur 2 rangs, applatis, convexes en dessus, et entièrement recouverts de feuilles squamiformes, opposées sur 4 rangs ; les feuilles latérales, à sommet aigu et infléchi, sont blanchâtres en dessous.

Usage. Les Thuiopsis sont d'un très-bel effet dans les parcs et dans les jardins ; leur bois, rouge et très-dur, pourrait peut-être aussi être utilisé.

Culture. La multiplication se fait de graines, de marcottes, de boutures et de greffes. Les graines doivent être semées de manière à pouvoir être protégées contre les atteintes du froid et les coups de soleil ;

puis on les recouvre de 0^m,008 à 0^m,010 de terre légère. Les boutures doivent être faites sous cloche, ainsi que les greffes, pour lesquelles on emploie les Thuia et les Biota.

Le sol qui leur est le plus favorable, est une terre profonde et laissant facilement écouler l'eau.

1. Thuiopsis dolabrata, Sieboldt et Zuccarini. — *Platycladus dolabrata,* Spach. — *Sieboldt et Zuccarini*, Flor. Japon., t. 2, tab. 119 et 120.

Arbre atteignant de 25 à 30 m., à rameaux et ranules aplatis, convexes en dessus, concaves et blanchâtres en dessous, et entièrement couverts de feuilles à demi-adhérentes, verticillées par 4, à entre-nœuds longs de 0^m,004 à 0^m,006 ; les feuilles faciales spatulées aiguës sont appliquées sur les rameaux ; les latérales sont à sommet écarté, infléchi, à bord extérieur non replié, mais sinué en forme de doloire.

Le chaton mâle, cylindrique, porte des étamines opposées en croix, sur un connectif réniforme à 3 ou 5 loges ; chaton femelle composé d'écailles recourbées. Fruit presque rond, formé de 8 à 10 écailles opposées en croix, ligneuses, portant chacune 5 graines superposées sur 2 rangs, orbiculaires et ailées.

Originaire du Japon, il fut importé en Hollande en 1853 par M. Von Sieboldt ; son feuillage, d'un beau vert clair en dessus, et d'un blanc d'argent en dessous, le fait rechercher des Japonais, autant comme arbre d'ornement que comme essence forestière, car son bois est excellent et sert à presque tous les usages. Il supporte bien nos hivers, mais sa croissance est assez lente dans sa jeunesse; il a besoin d'être cultivé dans une terre légère et fraîche à une exposition un peu ombragée.

VARIÉTÉS

T. nana, Sieboldt et Zuccarini.

Arbrisseau nain dépassant rarement 2 m. de hauteur, à feuilles beaucoup plus petites que l'espèce.

Habite principalement les montagnes de l'île Niphon.

T. variegata, Fortune. — *T. dolabrata variegata*, des horticulteurs.

Cette variété fut introduite du Japon par M. Fortune; elle a le même port et les mêmes qualités que l'espèce dont elle se distingue par des rameaux panachés de blanc; elle ne paraît pas être plus délicate.

2. Thuiopsis lœte-virens, LINDLEY. — Espèce ou variété. — *T. lycopodioïdes*, des horticulteurs.

Arbuste à branches plus dressées que celles du précédent, et dont le gracieux feuillage ressemble à celui d'un Lycopode.

Originaire de la Chine.

Elle se divise en trois genres :

I. Chamæcyparis. — Fruit à écailles portant 2 graines.

II. Cupressus. — Fruit à écailles portant plusieurs graines.

III. Pherosphæra. — Feuilles opposées.

I. Chamæcyparis, Spach.

Arbres ou arbrisseaux à cîme ample ; feuilles très-petites, opposées en croix, recouvrant entièrement les rameaux, rarement en aiguille, étalées et à une seule nervure. Bourgeons ou yeux nus ; fleurs printanières, maturité des graines dans la même année. Monoïque. Chaton mâle cylindrique ; étamines opposées sur 4 rangs, à connectif semi-oval portant de 2 à 4 loges. Chaton femelle presque globuleux, composé de 4 à 12 écailles opposées sur 4 rangs, triangulaires, étroites à la base, supérieurement épaissies au-dessus des ovules, au nombre de 2 ou 3 sur chaque écaille. Fruit à écailles ligneuses en forme de clou, à sommet orga-

nique central, saillant et aigu ; 2 ou 3 graines elliptiques, aplaties ou anguleuses, à teste dilaté de chaque
côté en ailes plus ou moins larges ; 2 cotylédons.

Originaires de l'Amérique septentrionale et du
Japon.

Usages. Quelques espèces donnent un bois blanc
employé dans la charpente ; la plupart sont des plus
élégantes et destinées à se perpétuer dans les parcs et
même dans les jardins.

Culture. En général les sols de bonne qualité conviennent à toutes les espèces, surtout si le sous-sol est
perméable ; quelques-unes, cependant, exigent des
sols particuliers.

On les multiplie de graines, de marcottes, de boutures et de greffes. Les graines doivent être semées dès
la récolte dans un sol léger, à l'abri des grands froids,
soit en plein air soit en caisses (rentrées dans une
serre) ; et si, au printemps, la germination était tardive, on pourrait placer les caisses sous chassis sur
une couche très-tiède, et les séparer au printemps suivant, en ménageant les jeunes racines, et les planter
soit en pleine terre, soit en pots, dans un sol léger.

Graines à teste ne portant pas de vaisseaux résineux saillants ; ramules comprimés et recouverts de
feuilles adhérentes. (*Chamæcyparis.*)

Graines à teste portant des vaisseaux résineux saillants, à ramules cylindriques ou à peine anguleux.

Feuilles distantes, opposées en croix, en alène, étalées, les supérieures rarement en forme de petite dent. (*Retinospora.*)

Section A. — CHAMÆCYPARIS.

1. Chamæcyparis cupressoïdes, Spach. — *Cupressus Thuyoïdes,* Linné. — *Loiseleur,* Nouv. Duh., t. 11, pl. 2. — *Loudon,* Arbor, fig. 3327. — Encyclopædia of trees, fig. 1997. — *Cèdre blanc.* — *Cyprès-Thuya.*

Arbre de 25 à 30 m., conique, et d'un aspect bleuâtre. Branches étalées, feuilles très-petites, recouvrant entièrement les rameaux, adhérentes et portant une glande.

Fruits abondants, ronds, de la grosseur de ceux du Genévrier, brunâtres, pruineux, à écailles ridées, à sommet organique central et peu saillant. La floraison a lieu pendant les mois d'avril et mai, et les graines arrivent à maturité vers la même époque de l'année suivante.

Originaire de la côte ouest de l'Amérique du Nord, entre les 35° et 50° degrés de latitude nord, cette espèce ne peut prendre tout son développement que dans les sols profonds, légers ou compactes, mais humides; néanmoins, chez nous, elle ne dépasse jamais 10 m. de hauteur.

VARIÉTÉS

C. panaché. — *C. cupressoïdes variegata.*

Se distingue de l'espèce par ses feuilles panachées de blanc.

C. glauque. — *C. Kewensis*, des jardiniers.

D'un port assez semblable à celui de l'espèce, cette variété s'en distingue par une croissance naine, une forme compacte, et un feuillage d'un vert plus foncé et beaucoup plus glauque.

C. nain. — *C. nana*, des horticulteurs.

Arbuste buissonneux, glauque, plus ou moins compacte, et en général plus délicat que l'espèce.

C. atrovirens.

Arbrisseau d'un vert foncé.

C. Andelyensis. — *Retinospora squarrosa leptoclada*, GORDON.

Arbrisseau de 2 à 4 m., formant une pyramide touffue, à branches longues et pendantes.

C. pyramidata.

Arbrisseau en forme de colonne.

C. pygmæa. — *Chamæcyparis pumila*, des jardiniers.

Buisson nain de quelques centimètres.

2. Chamæcyparis Boursieri, DECAISNE. —

Cupressus Lawsoniana, Murray. — *Gordon*, Pinet Suppl., 24, Britann., Fasc. XV avec figures. Bot. mag. pl., 5381 (1866).

Arbre de 25 à 30 m. de hauteur sur 0m,60 de diamètre. Branches nombreuses, étalées, à écorce lisse et cendrée; rameaux et ramules distiques, obtusément tétragones, recouverts de feuilles très-petites, opposées en croix, obtuses et glaucescentes. Chaton mâle, petit et rougeâtre. Fruits nombreux, presque ronds, de la grosseur de ceux du Genévrier, brunâtres, composés de 8 écailles en forme de clou, à sommet organique excentrique, élargi à la base et réfléchi en pointe. Graines nombreuses, comprimées, à teste coriace, luisant, orangé, dilaté de chaque côté en ailes plus longues que les écailles.

Originaire de la Californie, où d'après M. Carrière, il aurait été découvert en 1853 par M. Boursier de la Rivière. Mais d'après Lawson, c'est dans la Californie boréale, que M. William Murray le découvrit en 1854, penché sur le bord d'une cascade, dans les montagnes de Shasta entre le 40e et le 42e degré de latitude nord. C'est sans contredit un des plus intéressants arbres verts que nous connaissions, puisqu'il peut aussi bien servir à orner nos jardins qu'à reboiser nos forêts. Il atteint de telles dimensions, qu'au dire de M. Carrière, M. Boursier a pu le confondre avec le Sequoia gigantea, quoiqu'il soit cependant toujours moins élevé.

Son bois est bon, dur, et se travaille facilement. Le
C. Boursieri, résiste bien à toutes les intempéries, et
végète bien dans presque tous les terrains, mais il
préfère cependant les terres fortes et humides.

VARIÉTÉS

C. doré. — *Cupressus Lawsoniana aurea*, GORDON.
Arbrisseau panaché de jaune.

C. nain.
Arbuste buissonneux.

C. argenté. — *Cupressus Lawsoniana argentea variegata.* — *Cupressus Lawsoniana nivea.*

Jolie variété, très-précieuse pour la décoration des
jardins ; elle a le port et le feuillage de l'espèce, mais
elle en diffère par une belle panachure blanche ; d'une
croissance un peu moins vigoureuse, elle est tout aussi
rustique.

3. Chamæcyparis Nutkaensis, LAMBERT. —
Thuiopsis boreale des horticulteurs. — *Thuiopsis
Tchugatskoy* des horticulteurs. — *Cupressus Nutkaen-
sis,* LAMBERT. — *Cupressus Americana, Trautveller,*
Imag. pl. 12, tab. 7.

Arbre de 25 à 30 m., en forme de cône très-allongé,
à branches nombreuses, obliques. Rameaux disposés

en tous sens ; ramules nombreux, distiques, et recouverts de petites feuilles opposées en croix, aiguës, légèrement glaucescentes. Chaton mâle ovoïde, jaunâtre, composé de 10 à 12 étamines opposées en croix, à connectif semi-orbiculaire, et portant deux loges. Châton femelle composé de 4 écailles opposées en croix, lancéolées, d'un vert plus pâle que les feuilles, épaissies sur la face supérieure par un tissu spongieux ; à la base de chaque écaille sont disposées deux ou trois ovules. Fruit long de 0^m,005 à 0^m,007, composé de 4 écailles, les deux inférieures plus petites, à sommet organique central, et prolongé en une pointe noirâtre, triangulaire, un peu réfléchie. Deux ou trois graines à teste ligneux dilaté de chaque côté en ailes.

Originaire de l'île de Vancouver où il fut rencontré, sous le 44° degré de latitude nord, par le docteur Newberry, il paraît qu'on le trouve aussi dans les terres basses de la côte de Bongard. Quoi qu'il en soit, son introduction en Europe ne remonte pas au delà de 1850, époque à laquelle il fut envoyé au jardin botanique de Saint-Pétersbourg sous le nom de *Thuiopsis boreale*.

D'une croissance assez lente, il rachète ce défaut par une rusticité à toute épreuve. On n'est pas encore fixé sur le parti qu'on peut tirer de son bois ; cependant M. Brown, collectionneur de la Société botanique californienne d'Édimbourg, raconte que dans un de ses voyages, le canot dont il se servait, avait été creusé dans un Cupressus Nutkaensis, et que la mâture était faite du même bois.

C. panaché. — *C. Nutkaensis variegata.*

Diffère de l'espèce par son feuillage argenté.

4. Chamæcyparis obtusa, Sieboldt et Zuccarini. — *Retinospora obtusa; Sieboldt* et *Zuccarini.* Fl. Japon, II, p. 38, t. 121.

Arbre de 28 à 30 m. d'élévation et 1 m. 50 de diamètre ; branches étalées ; ramules nombreux, distiques. Feuilles opposées en croix, les faciales ovales et planes ; les inférieures glauques ; les latérales pliées en carène, aiguës et plus longues que les faciales.

Fruit de la grosseur de celui du Genévrier, composé de 8 à 10 écailles opposées en croix, un peu rugueuses, à sommet organique central peu prononcé. A la base de chaque écaille sont disposées deux graines, oblongues et comprimées, à teste d'un rouge brun dilaté de chaque côté en deux ailes.

Originaire du Japon, de l'île Niphon en particulier, il fut introduit en Europe par MM. Fortune et Veitch ; mais il avait, auparavant, été décrit par MM. Sieboldt et Zuccarini.

Ces deux auteurs racontent qu'il forme au Japon de vastes forêts, et que les indigènes de Niphon, sous le nom de *Hinoki,* l'ont dédié au soleil.

« Ses branches, disent-ils, sont étalées en éventail, d'un vert clair et luisant; son bois, blanc, fin et compacte, acquiert, lorsqu'il est travaillé, le brillant de la soie. C'est à cause de ces qualités précieuses, que les Japonais l'ont cru digne d'être consacré au Dieu du soleil, et qu'ils s'en servent pour la construction des chapelles et des petits temples de cette divinité. »

Dans nos cultures, il a le port d'un Biota, est d'une culture facile et se montre parfaitement rustique.

VARIÉTÉS

C. nain.

Arbrisseau buissonneux.

C. nana aurea.

Arbrisseau dont les jeunes pousses sont jaunâtres.

C. argenté.

Arbrisseau panaché de blanc.

C. pygmea. — *Thuia pygmea* des jardiniers.

Buisson de quelques centimètres, rappelant le port des Lycopodium.

C. lycopodioïdes. — *Retinospora lycopodioïdes,* GORDON. — *Retinospora* et *cryptomeria monstrosa* de quelques jardiniers.

Buisson vigoureux, d'un vert sombre, rameaux et ramules gros, irréguliers, difformes, glauques en dessous.

5. Chamæcyparis pisifera, SIEBOLDT et ZUC-
CARINI. — *Retinospora pisifera*, *Sieb.* et *Zuc.* Fl. Jap.,
II, 39, pl. 122.

Arbrisseau grêle. Rameaux et ramules distiques,
très-nombreux, aplatis, blanchâtres en dessous. Feuilles
opposées en croix ; les faciales lancéolées-aiguës,
planes ; les latérales aiguës, et à bords repliés en carène. Chatons mâles, ronds, terminaux, obtus, disposés
sur les ramules de l'année précédente. Chatons femelles
ovoïdes, composés de 10 à 12 écailles opposées en
croix et portant chacune 2 ovules. Les fruits, marron,
longs de $0^m,006$ et de la grosseur de ceux du Genévrier, ont des écailles à sommet organique central,
dilaté à la base. A la naissance de chaque écaille,
sont disposées deux graines à teste brunâtre dilaté de
chaque côté des ailes.

Introduit du Japon par MM. Fortune et Veitch, il
habite avec le C. obtusa, plusieurs parties de l'île Niphon, mais n'y atteint pas les mêmes dimensions.

Dans nos cultures, il affecte un peu le port d'un
Cupressus Lawsoniana, et se montre d'une grande
rusticité.

VARIÉTÉS

C. doré. — *Retinospora pisifera aurea.*

Buisson chétif, d'un vert pâle, dont les jeunes
pousses sont jaunes.

C. argentea et variegata des horticulteurs.

Buisson nain et délicat à feuillage panaché de blanc.

C. nana variegata.

Buisson nain, épais, à feuilles panachées de jaune.

C. flavescens.

Buisson d'un blanc jaunâtre.

6. Chamæcyparis thurifera, ENDLICHER. — *Cupressus thurifera*, HUMBOLDT et BONPLAND.

Arbre élevé à rameaux étalés, les inférieurs réfléchis au sommet ; ramules nombreux, ronds, glabres, et recouverts de feuilles brunâtres, opposées en croix, en alène, et dilatées à la base. Fruit de la grosseur d'une noisette, composé d'écailles à sommet organique central, dilaté à la base. Sur chaque écaille sont placées 3 graines trigones, à teste ligneux.

Originaire du Mexique, où il habite les forêts des environs de Tasco et Tehuantepec, à 1830 mètres d'altitude ; son bois, dans ce pays, est employé aux constructions. — Cette espèce est peu connue.

Retinospora.

Graines sillonnées, rameaux cylindriques, feuilles en alène, étalées.

7. Retinospora squarrosa, SIEBOLDT et ZUC-

CARINI. — *Cupressus ericoïdes* des jardiniers. — *Sieboldt* et *Zuccarini*. Fl. Jap., II, 40, pl. 123.

Arbrisseau de 2 à 4 m., en forme de colonne étroite ; branches dressées, courtes, à écorce cendrée se détachant en lamelles. Rameaux nombreux et ronds, feuilles verticillées par 3 ou par 4 ; en alène, adhérentes à la base, étalées, et longues de 0^m,006 à 0^m,010 ; celle des ramules, plus courtes, lancéolées, dressées et appliquées, portant deux raies blanchâtres en dessous. Châton mâle presque rond. Chaton femelle composé de 10 à 12 écailles opposées en croix. Fruit de la grosseur d'une graine de Genévrier, composé d'écailles à sommet organique central à peine saillant, et portant chacune 2 graines à teste dilaté de chaque côté en ailes.

Originaire du Japon, de la province de Figo, on le trouve également dans l'île de Kiou-Siou et dans les forêts du mont Sukéjama par le 32e degré de latitude nord.

Il rendra de grands services pour l'ornementation des petits jardins, principalement sur les collines ou dans les ouvrages rocailleux. .

R. panaché. — *Retinospora squarrosa variegata*, SIEBOLDT.

Rameaux panachés de blanc.

8. Retinospora leptoclada, ZUCCARINI. —
Retinospora squarrosa leptoclada, SIEBOLDT.

Espèce ou variété.

Buisson élancé, glauque ou argenté; branches et
rameaux flexueux et grêles. Feuilles verticillées par 4,
longues de 0^m,006 à 0^m,008; celles des ramules, plus
courtes et argentées en dessous.

Habite l'archipel du Japon.

VARIÉTÉS

R. pseudo-squarrosa des jardiniers.

Arbrisseau conique, dont le feuillage rougit durant
l'hiver, et ne perd jamais complètement cette teinte.
Branches nombreuses, dressées, à écorce marron, se
détachant en lanières; rameaux légèrement anguleux.
Feuilles verticillées par 4 ou par 3, longues de 0^m,008
à 0^m,015, en alène, raides, aiguës, et striées de 2 raies
blanches en dessous; ces feuilles étalées sur les rameaux, sont dressées sur les ramules qu'elles recouvrent. Chaton mâle ovoïde, orangé, légèrement anguleux.

Trouvé dans les pépinières de M. Bergeot, au Mans.

R. juniperoïdes des jardiniers. — *Juniperus* et *Cupressus ericoïdes* des jardiniers. — *Chamæcyparis
decussata* des jardiniers. — *Retinospora decurvata,
squarrosa et rigida.*

Variété sous forme de buisson, ou de colonne large

et compacte, à feuillage bleuâtre. Branches nombreuses ; rameaux et ramules plus nombreux encore, cylindriques, dressés. Feuilles verticillées par 4, en alène, longues de 0^m,006 à 0^m,010, carénées, raides, et portant deux lignes blanches en dessous.

Originaire du Japon ?

R. dubia, Carrière. — *Thuia ericoïdes, Japonica, Devresiana* des jardiniers. — *Biota ericoïdes* des jardiniers.

Variété se présentant sous la forme d'un buisson très-compacte, arrondi, qui brunit en hiver. Tige nulle, branches nombreuses, dressées ; rameaux et ramules dressés comme les branches, ronds et grêles ; feuilles verticillées par 4, en alène, longues de 0^m,007 à 0^m,010, carénées, molles, d'un vert pâle.

Provient probablement du Biota orientalis.

II. Cupressus, Linnée.

Monoïque. Chaton mâle à étamines opposées sur 4 rangs, à connectif semi-ovale, portant 4 anthères. Chaton femelle globuleux, formé de 6 à 10 écailles. Fruit globuleux, composé de 6 à 10 écailles en forme de clou, ligneuses et surmontées d'une petite pointe. Un peu au-dessus de la base des écailles sont insérées plusieurs graines, ovoïdes, anguleuses, à teste ligneux dilaté latéralement en une aile étroite ou large ; 2, 3 ou 4 cotylédons.

Les Cupressus sont des arbres à branches dressées ou étalées ; rameaux et ramules couverts, jusqu'à la cinquième année, de feuilles opposées sur 4 rangs, sous la forme de petites dents, souvent glanduleuses ; bouton non écailleux.

Originaires de l'Asie et des deux Amériques, il y a cependant des espèces européennes qu'on trouve sur les bords de la Méditerranée.

Usages. Plusieurs espèces produisent d'excellents bois, d'une longue durée, et que les insectes n'attaquent pas.

Miller, dans son Dictionnaire des jardiniers, dit que « les portes de l'église de Saint-Pierre de Rome, qui avaient été construites avec ce bois, ont subsisté depuis le grand Constantin jusqu'au règne du pape Eugène IV, ce qui fait onze siècles de durée, dans ce temps-là même, elles furent encore trouvées saines et entières, de manière que le Pape ne voulait pas qu'on les changeât pour des portes d'airain. On en faisait des cercueils, dans lesquels Thucydide nous apprend que les Athéniens enfermaient les corps des héros. Les caisses des momies qu'on nous apporte d'Egypte sont pour la plupart construites avec ce bois. »

Et il ajoute plus loin, « ces arbres ornent tellement les jardins, qu'on ne peut se flatter d'en avoir de beaux s'ils ne s'y trouvent pas en grand nombre; c'est à eux que les campagnes d'Italie doivent la plus grande partie de leur agrément. Il n'y a aucune espèce d'arbres qui soit plus·propre que celle-ci à être placée près des bâtiments; la forme droite et pyramidale de leurs branches présente un coup d'œil pittoresque, ne cache pas la vue aux habitations, et le vert foncé de leur feuillage fait un charmant contraste avec le blanc des maisons: de sorte que, partout où il y a des temples ou autres édifices érigés dans les jardins, on les entoure de ces arbres. Les tableaux qui représentent des paysages d'Italie, offrent toujours plusieurs cyprès, qui font un très-bon effet dans la peinture. »

La culture des Cyprès remonte aux temps les plus reculés; ils étaient considérés comme l'emblème de l'immortalité et dédiés à la mort; leur longévité est extrême. Pline mentionne qu'un de ces arbres, qui fut abattu à Rome sous le règne de Néron, était aussi vieux que la ville; du reste, celui qui fut planté près de Schiraz, sur la tombe du célèbre poëte Hafiz, en 1340, subsiste encore de nos jours. Il existe près de Somma, dans le royaume Lombardo-Vénitien, un arbre qui fut, dit-on, planté avant l'ère chrétienne; il a atteint 120 pieds d'élévation sur 23 de circonférence; et il est tellement remarquable que Bonaparte, traversant le Simplon, se détourna de sa route pour le respecter.

Quelques auteurs attribuent à cet arbre la propriété

de purifier l'air, et le regardent comme un spécifique dans les affections pulmonaires, à cause des particules balsamiques qu'il exhale; aussi, les médecins orientaux avaient-ils autrefois coutume d'envoyer les poitrinaires se soigner à l'île de Candie, qui était couverte de cyprès.

Culture. La multiplication se fait de graines, de marcottes, difficilement de boutures, et de greffes sur des espèces du genre ou, comme le conseille M. Carrière, sur le Juniperus Virginiana.

Il est prudent de semer la plupart des espèces, de manière à pouvoir protéger les jeunes plants contre les grands froids, soit en vases, soit en planches étroites. On choisit une terre légère, perméable à l'humidité; on l'unit à la fin de mars, puis on sème dru, en recouvrant les graines de 0^m,02 d'une terre légère et divisée; on protégera les semis contre l'ardeur du soleil, et on mouillera avec un arrosoir à pomme fine, pour ne pas déterrer les graines. La germination se fait environ après deux mois, mais on peut la hâter en semant sur une couche tempérée.

On peut attendre deux ans avant de séparer les plants; on fait cette opération en avril, par un temps sombre, soit en plein air, soit en pot, mais avec quelque précaution, parce que la plupart des espèces émettent de longues racines et conservent peu de terre.

Si l'on en possède une grande quantité, on peut les

planter en pépinière dans un terrain non humide, en lignes de 0^m,20 à 0^m,30. Deux ou trois ans après, on peut les éclaircir en en retirant la moitié. Il faut avoir soin d'arroser après la transplantation pour appuyer la terre. Les Cyprès croissent dans presque tous les terrains, mais ils préfèrent cependant les terres saines, profondes et chaudes, et dans les situations qui leur permettent d'endurer le froid.

1. Cupressus sempervirens horizontalis, LINNÉE; — *Cupressus horizontalis*, MILLER. — *Loiseleur*, Nouv. Duh., vol. 3, t. 6.

Arbre élevé, à branches étalées; rameaux et ramules nombreux et cylindriques; feuilles des rameaux opposées en croix, adhérentes dans toute la longueur des entre-nœuds, longs de 0^m,004, et terminées par une pointe triangulaire; celles des ramules les recouvrent entièrement, sous forme de petites dents portant une glande concave. Chaton mâle ovoïde, composé de 16 à 20 étamines. Fruit globuleux, formé de 10 écailles opposées en croix, très-élargies et épaissies à la circonférence, à sommet organique central et un peu saillant. Graines nombreuses, ovales, anguleuses, étroitement ailées, roussâtres.

Cette espèce est très-commune dans le Levant, où elle fournit la plus grande partie du bois de charpente qu'on emploie dans ce pays; elle prospère très-bien

dans les terres chaudes, sèches et graveleuses, et résiste assez bien aux rigueurs de toutes les saisons. On
lui donne, en Orient, le nom de *Dos filiæ*, parce que la
coupe d'un seul de ces arbres fait la dot d'une fille.

Dans nos climats, elle peut non-seulement servir de
plante d'ornement, mais pourrait encore, dans certains
terrains, être avantageusement substituée aux chênes.

VARIÉTÉS

C. pendula.

C. protuberans.

Forme moins étalée; fruit à écailles convexes au
sommet.

C. variegata.

Feuillage panaché de jaune.

2. Cupressus sempervirens fastigiata,
Linnée. — *Cupressus sempervirens stricta*, Loud.,
Encyclopedia of trees, fig. 1996. — *Duh.*, Arbres et
Arbust., vol. 1, pl. 81. — *Loiseleur*, Nouv. Duh.,
vol. 3, pl. 1.

Arbre atteignant 20 m., en forme de colonne, tant
les rameaux sont dressés le long de la tige. Ramules
presque anguleux. Chaton mâle ovoïde, composé de
12 à 16 étamines. Fruit globuleux, à écailles épaissies

à la circonférence, à sommet organique central et à peine saillant.

Habite l'Asie Mineure, la Grèce et la région méditerranéenne ; M. Carrière ajoute même qu'on le cultive au Chili, où il sert, comme chez nous, à l'ornementation des tombeaux.

VARIÉTÉS

C. panaché. — *C. fastigiata variegata* des horticulteurs.

Se distingue de l'espèce par un feuillage panaché de jaune.

C. à feuilles de Thuia. — *C. fastigiata thuiæfolia* des horticulteurs.

Variété à peine distincte de l'espèce, en forme de colonne très-étroite.

C. Whitleyana. — *C. sempervirens indica*, ROYLE. — *C. Australis*, LAWS et GORDON.

Plante peu différente de l'espèce, peut-être plus rustique.

Habite le Népaul.

C. Bregeoni.

Fruit globuleux, long de 0^m,015, jaunâtre, cendré, à écailles unies, luisantes, à sommet organique central, conique, saillant.

C. cerciformis. — *C. Fernandii columnaris* des jardiniers.

Branches et rameaux très-courts, dressés le long de la tige, et lui donnant la forme d'une colonne.

C. monstruosa.

Arbrisseau nain.

C. contorta.

Arbrisseau en colonne compacte, à rameaux diffus, à ramules contournés et glaucescents. Chaton mâle gros, ovoïde, d'un violet jaunâtre. Fruit obtusément subtétragone.

C. Fortuselli.

Buisson à rameaux et ramules anguleux et glaucescents.

3. Cupressus torulosa, Don.— *C. Nepalensis, Loudon,* Encyclopedia of trees, 1076. — *C. Himalayensis, Drummondii, Smithiana* des jardiniers. — *Loud.,* Arbor., fig. 2329-2331. — Flore des Serres, vol. 8, pag. 192. — *Paxton,* Flower garden, pag. 167, fig. 105.

Arbre de 15 à 20 m., en colonne épaisse, d'un vert légèrement cendré ou glaucescent. Fruit globuleux, brunâtre et cendré, à sommet organique central, saillant et réfléchi.

Il est originaire du Bothan et du Népaul, où il fut découvert de 1802 à 1803 par Hamilton ; mais il ne fut décrit qu'en 1825, et son introduction en Europe, par le Dr Wallich, ne remonte pas au delà de 1824.

Il atteint évidemment les dimensions d'un grand

arbre, mais on n'est pas d'accord sur son élévation ·

M. Carrière lui assigne 12 à 13 m.; M. Hérincq, 10 à 12 m.; le major Madden, 50 m., et enfin, Gordon raconte qu'à Urcho, dans la province de Kotie, au nord de Simla, il y a des arbres qui mesurent 2 m. et plus de diamètre, et auxquels les naturels donnent le nom de Raisulla.

Le Cupressus torulosa croît généralement sur les hauteurs, où il est moins sensible aux transitions de température; le Dr Roy l'a trouvé à 3,000 mètres d'altitude, sur les confins de la Tartarie chinoise. Son bois pourrait être employé pour la construction, car il est dur, serré et lourd; mais comme il ne croît que dans des endroits inaccessibles à l'exploitation, on n'a pas encore pu juger de son mérite.

VARIÉTÉS

C. viridis, Knight. — *C. filiformis* des jardiniers.
Diffère de l'espèce en ce qu'il est plus grêle, à ramules souvent pendants, et plus verts. Fruit oblong à écailles convexes.

C. Corneyana. — *C. gracilis*, Gordon.
Arbre à ramules grêles et pendants, à fruit plus petit, noirâtre.
Habite l'Himalaya.

C. majestica. — *C. majestica flagelliformis*, Knight.

Rameaux et ramules gros, courts et jaunâtres; feuilles glaucescentes.

C. Tournefortii. — *C. Tournefortii*, TENORE.

Arbre à rameaux grêles et glauques.

C. nain. — *C. religiosa*, KNIGHT.— *C. minima* des jardiniers.

Buisson compacte.

C. juniperoïdes.

Arbre à branches étalées, à feuilles raides, aiguës et rudes au toucher.

C. microcarpa.

Fruit petit, globuleux, à écailles dont le sommet organique est très-saillant et droit.

4. Cupressus Lusitanica, MILLER. — *C. glauca*, BROTERO.— *C. pendula*, HÉRITIER. — *C. thurifera, uhdeana, sinensis, goaensis* des jardiniers. — *Loiseleur*, Nouv. Duh., t. 3, pl. 3. — *Loud.*, Arbor., fig. 2328. — Encyclopedia of trees, fig. 1908. — *Cèdre* et *Cyprès de Goa.*

Arbre de 15 m., à forme variable; branches diffuses, rameaux et ramules quadrangulaires. Feuilles des jeunes rameaux opposées en croix, adhérentes dans toute la longueur de l'entre-nœud, terminées par une pointe aiguë; les feuilles qui recouvrent les ramules ont la forme de petites dents. Chaton mâle jaunâtre. Chaton femelle verdâtre. Fruit rond, très-glauque, composé de 6 à 8 écailles, à sommet organique, central et saillant, en tête de diamant. Graine petite, ovoïde-glanduleuse, brunâtre, à teste coriace un peu dilaté sur les angles.

« On trouve à Busaco, près de Cambra, en Portugal, dit Miller, une grande quantité de ces arbres, qu'on connaît dans le pays sous le nom de Cèdre de Busaco, et dont on emploie le bois pour la charpente..... »

Originaire des Indes-Orientales et de Goa, il est aujourd'hui cultivé en Portugal et dans plusieurs endroits du Midi de la France ; si l'on ne le rencontre que rarement dans les jardins du Centre, c'est qu'il ne peut supporter les hivers sous le climat de Paris.

Introduit en 1683.

VARIÉTÉS.

C. Benthami. — *C. Benthami*, ENDLICHER. — *C. glauca*, FORBES. — *C. thurifera*, SCHLECHTENDAL, HUMBOLDT et BONPLAND.

Arbre dont le port varie avec l'âge. Rameaux et ramules tétragones. Feuilles très-petites, opposées en croix, aiguës et glauques. Fruit rond, à écailles plus ou moins rugueuses, striées, glaucescentes, à sommet organique central, très-saillant.

C. Uhdeana. — *C. Uhdeana*, GORDON. — *C. tetragona*, SCHOMBURGKII des horticulteurs.

Arbre lâche; rameaux et ramules subtétragones; feuilles très-petites, aiguës. Fruit semblable à l'espèce.

Habite le Mexique.

C. Lindleyi. — *C. Lindleyi,* KLOTSCH. — *C. flagelliformis* et *Kewensis* des jardiniers.

Arbre de 12 à 15 m., à branches distantes les unes des autres, mais de direction variable. Rameaux et ramules tétragones, recouverts de feuilles très-petites, opposées en croix, aiguës et glaucescentes. Chaton mâle jaune pâle. Chaton femelle composé de 8 écailles opposées en croix, d'un roux cendré. Fruit presque globuleux, long de $0^m,02$, pruineux, à écailles peu convexes, marquées de stries rayonnantes, et à sommet organique central saillant sous la forme d'un petit tubercule.

Habite le Mexique, entre Angan-Guio et Tlalpuxahua.

C. tristis. — *C. religiosa* des horticulteurs.

Tige grêle, ne se soutenant qu'à peine, et portant des branches grêles, courtes et pendantes, à écorce rougeâtre. Rameaux recouverts de petites feuilles aiguës, opposées en croix.

C. variegata.

Feuillage panaché.

C. cærulea.

Branches longues, étalées, à ramifications courtes, très-glauques, bleuâtres. Fruit sphérique, très-pruineux.

5. Cupressus Knightiana des jardiniers. — *C. elegans* des horticulteurs.

Arbre de 28 à 30 m., conique et élargi à la base; écorce lisse passant du brun au roux. Branches distantes, longues, étalées. Rameaux et ramules sur deux rangs, nombreux, aplatis, couverts de feuilles opposées sur quatre rangs, aiguës. Fruit sphérique, mesurant $0^m,01$ de diamètre, brun luisant, à écailles à sommet organique, saillant et allongé.

Il habite les montagnes du Mexique, d'où il fut introduit vers 1840; chez nous, il se montre susceptible au froid.

VARIÉTÉS

C. chamæcyparissoïdes.
Port et aspect du Chamæcyparis Nutkaensis.
C. compacta.
Buisson épais et arrondi; rameaux et ramules disposés sur deux rangs.
C. virgata. — *C. Benthami* des jardiniers.
Branches déliées, ramules nombreux, aplatis et disposés sur deux rangs. Fruit petit, brun, à écailles marquées de stries rayonnantes, et à sommet organique saillant et droit.
C. glauca.
Arbre vigoureux, à rameaux violacés, pruineux.

6. Cupressus excelsa, SCOTT. — *Cupressus Skinneri* des jardiniers.

Arbre de 28 à 30 m.; branches courtes, horizontales; les feuilles des rameaux sont ternées, ou quelquefois opposées; toutes adnées-décurrentes à la base, étroites, acuminées, aiguës au sommet.

Fruit sphérique, long de $0^m,025$ sur de courts et gros ramules; composé de 6 à 8 écailles à sommet organique saillant, pointu, souvent redressé.

Graines ovoïdes-anguleuses, à teste brunâtre dilaté en ailes étroites sur les angles.

Habite le Guatémala d'où il fut introduit en 1852.

7. Cupressus Cashmeriana, ROYLE. — *Cupressus torulosa*, GORDON.

Arbre élevé, un peu grêle, d'un feuillage vert glauque légèrement bleuâtre. Rameaux et ramules disposés sur 2 rangs, aplatis, horizontaux et réfléchis; ils sont recouverts de feuilles aiguës, opposées en croix; les faciales plus petites, les latérales plus grandes, pliées dans la longueur, très-fines et très-aiguës.

Habite le Thibet.

8. Cupressus funebris, ENDLICHER. — *Loudon, Arbor.*, fig. 2332-2333. — Encyclopedia of trees, fig. 2003-2004. — Flore des Serres, t. VI, page 89. — *Paxton*, Flower Garden, 1 f. 31.

Arbre atteignant 18 ou 20 m., d'abord en forme de cône étroit, s'élargissant en vieillissant; branches dressées, à ramules aplatis, pendants; puis, la cime s'éclargit en s'arrondissant, et les branches s'inclinent. Feuilles opposées en croix. Les chatons mâles, nombreux, sont ovales, longs de $0^m,002$ au plus, et solitaires. Les chatons femelles, plus petits que les mâles, sont déprimés et disposés à l'extrémité des ramilles inférieures. Fruit sphérique, de $0^m,01$ de diamètre, brunâtre, et composé d'écailles à sommet organique excentrique et un peu saillant.   .

Originaire de la Chine, où il sert à l'ornementation des tombeaux, le Cupressus funebris fut découvert, paraît-il, par lord Macartney et M. Georges Staunton, dans la célèbre vallée de Tombs au nord de la Chine; mais c'est à M. Fortune que nous sommes redevables de son introduction.

Au dire de M. Fortune, il avait le port d'un sapin de 18 m. d'élévation, avec une tige aussi droite et aussi élancée que celle du pin de l'île Norfolk; ses branches pendent comme celles du saule pleureur, mais avec plus d'élégance.

Dans les jardins, c'est une plante d'un grand ornement, poussant avec vigueur et résistant assez bien au froid, puisque, chez moi, un échantillon de cette espèce a parfaitement prospéré depuis 1852 jusqu'en

1871, époque à laquelle l'hiver exceptionnel que nous avons eu, l'a fait périr.

C. gracilis.

Arbre d'un port lâche, à branches étalées, à rameaux et ramules distiques, pendants, longs et filiformes.

9. Cupressus Karwinskiana, REGEL.

Ressemble au *C. Lindleyi.*

Habite le sud de la Californie.

10. Cupressus Californica, CARRIÈRE. —

Juniperus aromatica ou *Kewensis* de quelques jardiniers.

Buisson large, compacte, à branches étalées, tortueuses et peu ramifiées. Rameaux gros, s'allongeant en ziz-zag; ramules tétragones. Feuilles glaucescentes, opposées en croix.

M. Carrière fait observer que, lorsqu'on écrase les parties encore herbacées de cette espèce, elle répand une odeur désagréable.

Il fut introduit de graines, en 1847, del a Californie.

11. Cupressus Mac-Nabiana, MURRAY. —

C. gladulosa, HOOKER.

Arbrisseau de 8 m., plus ou moins buissonneux, et

d'un feuillage glauque. Branches à écorce noirâtre ; rameaux à feuilles opposées, adhérentes dans toute la longueur de l'entre-nœud, à sommet aigu et libre ; ramules tétragones, gros et couverts de petites feuilles opposées en croix, avec deux lignes glauques à pointe un peu saillante, raides et rudes au toucher. Chaton femelle brunâtre. Fruit globuleux, long de 0^m,008 ; composé de 6 ou 8 écailles à sommet organique central un peu saillant, obtus. Graines ovoïdes-anguleuses, à teste brièvement dilaté en ailes.

D'une odeur agréable, il ressemble, par son port, au Juniperus excelsa ; il habite la Californie septentrionale, par le 41° degré de latitude nord, à 1,500 m. d'altitude.

12. Cupressus Lambertiana, CARRIÈRE. — *C. macrocarpa* des jardiniers.

Arbre de 20 à 25 m., de forme conique. Branches très-rapprochées, étalées et longues ; rameaux et ramules écartés, courts, gros, tétragones et recouverts de feuilles opposées en croix, épaisses, à sommet pointu et écarté. Chaton mâle ovoïde. Fruit oblong mesurant 0^m,023 sur 0^m, 030, anguleux, cendré, luisant, formé d'écailles planes ou concaves à la surface, d'où sort le sommet organique élargi à la base, et terminé en une pointe appliquée sur l'écaille.

Cette espèce répand, quand on froisse les parties

herbacées, une odeur de citron très-agréable. Elle est originaire de la Californie, où elle fut découverte près de Monterey par Lambert, en 1838 ; mais c'est à M. Hartweg, que nous devons son introduction. C'est un arbre magnifique et d'une grande vigueur, qui, dans l'âge adulte rappelle le port du Cèdre du Liban, et se montre parfaitement rustique.

VARIÉTÉS

C. violacea.

Se distingue de l'espèce par une écorce d'un brun violacé.

C. depressa.

Par l'atrophie de la tige et le développement des branches, cette variété se développe en entonnoir.

C. flagelliformis.

Arbre à branches effilées et à rameaux courts.

13. Cupressus Hartwegii, CARRIÈRE. — *C. macrocarpa,* HARTWEG. — *C. Reinwardtii* des jardiniers.

Grand arbre à écorce brunâtre, à branches nombreuses et dressées ; rameaux dressés, à feuilles opposées et ternées, distantes, adhérentes, à pointe aiguë, écartées. Ramules recouverts de très-petites feuilles opposées en croix, adhérentes et terminées par une pointe courte. Fruit ovoïde-oblong, brun, composé de 10 écailles, à sommet organique excentrique, court et obtus. Graines aplaties à teste dilaté en ailes. Le feuillage, quand on le froisse, répand une odeur agréable. 3 ou 4 cotylédons de $0^m,012$, trigones, obtus, glauques en dessus et violets en dessous.

Habite la Californie, aux environs de Monterey.

C. fastigiata.

Variété pyramidale, moins vigoureuse que l'espèce.

14. Cupressus Goweniana, GORDON. —

C. glandulosa des jardiniers.

Buisson de 2 à 3 m., à branches étalées. Rameaux longs ; ramules nombreux, pendants, effilés et recouverts de feuilles opposées en croix, ovales-aiguës. Chaton mâle tétragone, petit et jaunâtre. Fruit ovoïde-sphérique, pédonculé, long de $0^m,012$ à $0^m,015$, brun, luisant, à sommet organique central, gros, rond, droit et obtus.

Originaire de la Californie d'où il fut introduit en 1847, le Cupressus Goweniana a été dédié à James Robert Gowen, trésorier de la société d'horticulture de Londres.

Son port et son feuillage ont beaucoup de rapport avec ceux du Macrocarpa, surtout dans sa jeunesse ; il en diffère cependant par sa petite taille, une croissance plus lente et plus délicate, des branches plus grêles et des feuilles plus petites et d'un vert plus sombre.

Habite en Californie les environs de Monterey.

VARIÉTÉS

C. Huberiana. — *C. excelsa,* HUBER.

Plus élevée que l'espèce, cette variété a des rameaux épars, dont la disposition lui donne un ensemble comparable à celui du Taxodium distichum.

C. glauca.

Ramules glauques.

C. gracilis.

Branches pendantes.

C. cornuta. — *C. cornuta,* CARRIÈRE.

Fruit irrégulier, noirâtre; ses écailles sont terminées par un sommet organique inégal sur chacune d'elles, très-développé et bosselé.

C. viridis.

Buisson d'un vert clair, à fruit oblong, gris brun, à écailles striées, à sommet organique saillant, large, court et recourbé.

C. attenuata. — *C. Kœmpferi* et *nivea* des jardiniers.

Buisson diffus, portant des fruits oblongs et glauques,

dont les écailles, à sommet organique très-court, sont marquées de stries rayonnantes.

III. PHEROSPHÆRA, Archer.

Dioïque. Chaton mâle, petit, globuleux ou oblong, jaunâtre. Étamines imbriquées, connectif oblong; deux anthères s'ouvrant en dehors? Pollen obtusément trigone. Chaton femelle petit, ovoïde, composé de 8 à 12 écailles ovales, en nacelle, vertes, à sommet réfléchi, et portant chacune un ovule, ovale, comprimé, à teste dilaté en ailes de chaque côté. Maturité annuelle.

Pherosphæra Hookeriana, Archer. — *Hooker*. Flore de la Tasmanie, VI, page 355, pl. 99. — Botanical Magazine.

Buisson à rameaux anguleux et recouverts de feuilles imbriquées, angulaires-ovales, légèrement ailées sur les bords.

Habite la Tasmanie vers le 42e degré de latitude sud.

Taxodium. — Fruits à écailles taillées en forme de clou, et portant chacune 2 graines.

Glyptostrobus. — Fruit à écailles imbriquées portant chacune 2 graines ailées.

Cryptomeria. — Fruit à écaille en forme de clou accompagnées d'une bractée, et portant chacune 4 à 6 graines.

I. Taxodium, Richard.

Monoïque. Les deux sexes sur le même rameau. Chatons mâles disposés en épi terminal, ovoïdes, portant 6 ou 8 étamines insérées au sommet d'un axe nu à la base ; connectif deltoïde ou réniforme portant de 3 à 5 loges.

Chatons femelles en petit nombre au-dessous des chatons mâles, ovoïdes ou obtus, à écailles disposées en spire autour d'un axe court, à sommet organique excentriquement recourbé en pointe, portant chacune 2 ovules.

Fruit arrondi, plus ou moins déprimé, de la grosseur d'une noix, fongueux et ligneux, à écailles en forme de clou, arrondies à la partie supérieure, sillonnées au-dessus d'un sommet organique central, et unies au-dessous. A la base de chaque écaille sont placées 2 graines amincies, irrégulièrement trièdres; teste ligneux à angles aigus. Embryon à 6 ou 9 cotylédons.

Le genre Taxodium fut d'abord classé par Linné dans les Cyprès; M. Mirbel en fit le genre Schubertia en l'honneur du botaniste polonais Schubert, et enfin M. Richard lui donna le nom de Taxodium sous lequel il est le plus généralement connu.

Il comprend des arbres immenses, à racines très-longues et rampantes, à rameaux souvent pendants. Feuilles éparses et tombant chaque année, le plus généralement disposées sur deux rangs, à une seule nervure, planes, étroites à la base, d'un vert léger. Boutons ou gemmes écailleux : ceux qui donnent les feuilles, petits, latéraux et axillaires; ceux qui produisent les fleurs, sans feuilles, et disposées dans les aisselles, au sommet des rameaux de l'année. Maturité annuelle.

Originaire de l'Amérique septentrionale.

Usages. — Bois léger, excellent, d'une très-longue durée, également bon pour la charpente, la menuiserie et la couverture, lorsqu'il est débité en bardeaux.

Dans diverses contrées de l'Amérique, les exostoses qui se développent sur les racines sont creusées pour en faire des ruches d'abeilles; les feuilles bouillies.

communiquent à la laine une teinture assez durable.

Son port, la légèreté de son feuillage et de sa couleur en font un des plus beaux ornements des lieux marécageux à sol léger et profond. Et il est à désirer qu'on multiplie cet arbre dans ces sortes de terrains, tant au point de vue du produit qu'à celui de l'assainissement.

Culture. — Les Taxodium préfèrent les sols humides et tourbeux, et, dans leur pays, ils croissent même dans des endroits couverts de plus d'un mètre d'eau.

La multiplication se fait de graines et de boutures faites au printemps; on sème les graines en mars ou avril, dans un sol léger ou sur une couche tiède; on arrose légèrement et souvent, en ombrageant au besoin.

1. Taxodium distichum, RICHARD. — *Cupressus disticha*, LINNÉE. — *Cyprès chauve* ou *Cyprès de la Louisiane.* — *Schubertia disticha*, MIRBEL. — *Baldt Cypress.* — *Loudon*, Encyclopedia of tress, fig. 2005-2006.

Arbre à branches éparses et étalées ; feuilles linéaires très-étroites, longues de $0^m,015$ à $0^m,020$, pointues, alternes sur des ramules, remplissant les fonctions de pétioles communs, atteignant de $0^m,010$ à $0^m,020$, tombant en automne et entraînant par suite, .

les feuilles dans leur chute. Chatons mâles petits, et réunis en grappes réfléchies ou pendantes. Chatons femelles solitaires, globuleux.

Originaire de la côte Est de l'Amérique du Nord, entre les 30° et 40° degrés de latitude, il fut introduit en Europe avant 1640. A la Louisiane et en Floride, il forme d'immenses forêts d'un aspect magnifique et sauvage.

M. Poussielgue donne, dans le *Tour du Monde*, une relation d'un voyage en Floride, où il décrit complètement ces forêts.

« Nous approchions, dit-il, de la grande Cyprière. L'aspect de la forêt est des plus étranges, et remplit d'étonnement ceux qui n'ont pas encore vu ces puissants et bizarres végétaux ; de loin on dirait une immense plaine verte soutenue par des milliers de colonnes, ou encore une armée de gigantesques parapluies. Au milieu de la Cyprière, il ne fait pas sombre comme dans les bois de pins ; le feuillage des cyprès est si délicat, si fin, d'un vert si tendre, et s'étale d'ailleurs à une si grande hauteur, que l'ombre semble un nuage destiné à amortir seulement les rayons du soleil.

» Jusqu'à environ 7 mètres de hauteur, l'arbre est contourné, tordu, et toujours creux ; ce tronc énorme est renforcé par des piliers qui le flanquent circulairement, et qui forment dans leurs intervalles de véritables cavernes ; les racines, semblables à de gigantes- . ques serpents, s'étendent fort bien sous l'eau, d'où elles émergent soudain pour se couvrir d'exostoses ou de gales qui prennent avec les années des propor- tions démesurées ; les habitants les appellent *genoux de cyprès*, et en font des ruches à abeilles et des cages à poulets.

» De cet enchevêtrement malsain de bois creux, presque pourri, s'élance avec une vigueur étonnante, une belle colonne droite d'un bois rouge, plein et odo- riférant qui s'élève d'un seul jet jusqu'à 40 mètres sans porter une branche ; à cette hauteur, le cyprès se ramifie pour former une tête plate, horizontale ; toutes les têtes se touchent et s'unissent en un vaste dais de verdure. C'est une forêt dans l'eau, car le sol des Cyprières étant imperméable, les eaux pluviales y séjournent toute l'année.....

» Sur le vieux bois des cyprès poussait une orchidée, l'arpophylle épineux, lugubre parasite à feuilles tour- nées en cornet, d'où s'échappent des fleurs livides, semblables à de petites têtes de mort et dégageant une odeur cadavérique. Les cyprès eux-mêmes avaient un aspect souffreteux ; leur écorce était galeuse, noire, et se pulvérisait sous les doigts ; ils portaient à peine quelques feuilles, et leurs branches, dépouillées de verdure, étaient revêtues de longues mousses argen- tées qui, descendant en festons gracieux, se balançaient au-dessus de nos têtes, comme d'immenses toiles d'araignées. »

VARIÉTÉS

T. fastigiatum, KNIGHT. — *T. fastigiatum*, BRONGNIART. — *Cupressus imbricata*, NUTTAL. — *C. sinensis* des jardiniers.

Arbrisseau conique, à branches dressées. Moins vigoureuse que l'espèce, cette variété n'atteindra jamais de grandes dimensions.

T. Microphyllum, CARRIÈRE. — *T. Microphyllum*, BRONGNIART.

Arbrisseau à branches étalées; feuilles de $0^m,008$ à $0^m,012$, disposées à la base des ramules, et diminuant progressivement jusqu'au sommet, où elles n'atteignent plus que $0^m,004$ de longueur.

T. denudatum des jardiniers.

Arbrisseau à branches grêles, pendantes; feuilles éparses, de longueur variable, inégalement distantes. Cette variété a été obtenue dans les pépinières de M. André Leroy, à Angers.

T. nanum, CARRIÈRE. — *T. distichum nanum*.

Buisson pouvant atteindre 6 m. de hauteur, épais, à branches presque horizontales; ramules feuillées très-rapprochées, presque en faisceaux. Cette variété fut obtenue en 1838 par M. Chatenay, pépiniériste à Tours.

T. pendulum. — *T. distichum sinense*, FORBES. — *Glyptostrobus pendulus*, ENDLICHER.

Arbrisseau très-gracieux, de 8 m., à branches étalées ou pendantes, et à feuilles élargies à la base.

T. nutans, AIT.

? Branches étalées ou pendantes ; rameaux et ramules glauques ; feuilles distantes et glauques ainsi que le fruit qui porte des écailles anguleuses.

On trouve cette variété dans les parties tempérées du Mexique, à 2000 m. d'altitude.

Mais elle est surtout abondante dans les sols humides de la Louisiane, et le long des grands ruisseaux fangeux, vulgairement connus sous le nom de *Cypress swamps* (marais des Cyprès).

T. compactum, CARRIÈRE.

? Branches grêles, étalées, peu nombreuses, et recouvertes par les ramules ; feuilles très-rapprochées.

T. conicum, CARRIÈRE.

? Feuilles courtes ; fruit gros, allongé en pointe.

T. attenuatum, CARRIÈRE.

? Ramules feuillés, grêles et glauques. Fruit oblong, porté sur un pédoncule garni d'écailles spinescentes.

T. Knightii, CARRIÈRE. — *T. pyramidale* des jardiniers.

? Branches longues, peu rameuses, souvent recouvertes par des ramules feuillés, courts et tombant très-tard.

T. intermedium, Carrière.

Arbre atteignant 20 m.; rameaux à écorce glauque; ramules grêles, pendants, recouverts généralement de feuilles très-petites, en forme d'écailles.

T. tuberculatum, Carrière.

? Branches longues et étalées; rameaux à feuilles étroites et raides; ramules recouverts de feuilles en forme de petites écailles. Fruits nombreux et disposés par groupes, gros, à écailles chargées de mamelons, à sommet organique, rejeté en arrière sous la forme d'une pointe élargie à la base.

T. pyramidatum des jardiniers.

Arbre conique à branches nombreuses, courtes et très-rameuses.

T. fasciatum, Carrière.

Buisson nain à rameaux tourmentés.

T. nigrum, Carrière.

Arbrisseau buissonneux, sombre et brunâtre, à branches grêles, à rameaux allongés et pendants.

2. Taxodium Montezumæ, Decaisne. — *T. distichum primatum* des jardiniers. — *T. distichum virens*, Knight. — *T. mucronatum*, Tenore. — *T. distichum Mexicanum*, Gordon. — Cyprès de Montezuma.

Espèce ou variété.

Arbre atteignant jusqu'à 40 m. de hauteur sur une circonférence proportionnée.

Dans nos cultures, c'est un arbrisseau délicat, semblable dans son port au Taxodium distichum, avec lequel on le confond souvent, bien qu'il ait toujours des dimensions plus faibles, et que ses feuilles soient persistantes.

Il fut introduit vers 1838, du Mexique, où il habite entre Chapultepec, Tehuantepec et Tepecuacuilo vers le 15° degré de latitude nord.

Sous le climat de Paris il ne peut résister au froid.

II. Glyptostrobus, Endlicher.

Le genre Glyptostrobus est composé d'arbres et d'arbrisseaux à rameaux anguleux, à ramules droits ou pendants, à feuilles éparses, linéaires, en alène, trigones, élargies à la base, carénées sur le dos, distinctement décurrentes, sans nervures, glaucescentes. Bourgeons écailleux. Maturation annuelle.

Monoïque. Chaton femelle terminal, ovoïde, composé de plusieurs écailles insérées, par une base cunéiforme, sur un axe court, à bord supérieur crénelé, à sommet organique excentrique, pointu, portant chacune deux ovules dilatés à la base. Fruit ovoïdo-globuleux, ligneux, à écailles aiguës à la base, s'épaississant en un disque perpendiculaire et ovale, à sommet organique, rejeté en dehors sous la forme d'une pointe conique recourbée, au-dessus de laquelle la marge, sillonnée, est divisée en six dents obtuses. Sur chaque écaille, sont disposées deux graines, dans deux petites fossettes, ovales, comprimées. Teste membraneux, étroitement ailé sur les marges, allongé à la base en une aile oblongue, concolore, opprimée à l'onglet de l'écaille, et séparée de la graine.

Originaires de la Chine.

Culture. Les Glyptostrobus aiment les sols sablonneux et humides, mais cependant perméables ; comme ils ne donnent pas de graines dans nos cultures, nous les multiplions de greffes sur le Taxodium distichum.

Glyptostrobus heterophyllus, ENDLICHER. — *Taxodium Japonicum*, BRONGNIART. — *Thuia nucifera*. — *Cupressus Sinensis*. — *Schubertia Japonica*, Spach, Hist. vég. phan., XI, 352. — *Thuia pensilis*, Lambert, 2ᵉ édit., vol. 11, pl. 115.

Arbrisseau de 2 ou 3 m. de hauteur dans nos cultures ; tige droite, couverte d'une écorce grise, fendillée, rugueuse. Branches étalées ; rameaux épars, anguleux, portant des cicatrices transversales, et couverts d'une écorce jaunâtre. Feuilles alternes, les unes en forme d'écailles ovales, appliquées sur les ramules ; les autres longues de 0ᵐ,006 à 0ᵐ,016, adhérentes par leur base, étroites, en alène, légèrement courbées. Ramules fructifères recouverts de très-petites feuilles. Fruit ovoïde, composé d'écailles très-épaisses, inégales ; deux graines ovales convexes d'un côté, longues de 0^m,006 à 0^m,007, portant, d'un côté de la base, une aile dépassant la graine de 0^m,007, sous la forme d'une lame aiguë.

Habite, en Chine, les provinces de Chan-Tong et de Kiang-Nan.

Ne résiste pas aux froids de nos hivers.

III. Cryptomeria.

Arbres à cîme conique, noircissant l'hiver ; feuilles alternes, sessiles, adhérentes aux rameaux par leur base en alène tétragone, légèrement arquées en dedans, d'une durée de sept ans.

Monoïque. Chatons mâles sessiles, axillaires vers le sommet des rameaux, allongés, ronds, jaunâtres, et composés d'étamines disposées en spirale ; connectif obtusément triangulaire, coriace, portant de 3 à 5 5 loges. Chaton femelle terminal, globuleux, composé de bractées en spirale, sur un axe court, à onglet horizontal, à limbe dressé, triangulaire, aigu, élargi un peu au-dessus de l'onglet, d'où s'élève, sur la face interne, une écaille plus courte que la bractée, terminée au sommet par 4 ou 5 petites dents ; sur la base de cette écaille se développent 4 à 5 ovules obovales comprimés.

Fruit globuleux de la grosseur d'une petite noix,

échiné par les extrémités des bractées et les dents des écailles épaissies à leur sommet. Quatre à cinq graines comprimées, anguleuses, à teste crustacé, développé de chaque côté en ailes étroites. Embryon à deux cotylédons.

Habite le Japon et la Chine.

Usages. Bois blanc et léger, employé au Japon à faire toutes sortes de meubles. Dans les parcs et les jardins, les Cryptomeria produisent un très-bel effet.

Culture. Le terrain qu'ils préfèrent est un sol profond et humide, mais laissant écouler l'eau. On les multiplie de graines, et en faisant avec les jeunes branches des boutures qui reprennent facilement.

1. Cryptomeria Japonica, Don.— *Cupressus Japonica,* Linnée.— *Gærtner,* de Fruct. et Semin, t. II, pag. 64, pl. 91.— *Taxodium Japonicum,* Brongniart. — *Gærtner,* de Fructibus, t. II, pl. 91.

Arbre conique atteignant 40 m. et plus; branches obliques prenant ensuite la direction horizontale. Feuilles inférieures longues de $0^m,012$ à $0,^m015$, devenant progressivement moins longues vers le sommet des ramules. Fruits ronds, longs de $0^m,008$ à $0^m,010$, brunâtres. Embryon à 2, ou plus souvent, 3 cotylédons.

Originaire de la Chine et du Japon, le Cryptomeria Japonica fut découvert et décrit par Thumberg, en 1784;

mais il ne fut importé en Europe qu'en 1844, par M. Fortune, qui envoya, de Sanghaï, des graines à la Société d'horticulture de Londres.

Il croit en vastes forêts dans les vallées humides des montagnes du Japon, entre 200 et 400 m. d'altitude, et dans quelques contrées de la Chine.

Peu difficile sur le choix du terrain, d'une grande rusticité et d'un aspect tout à fait pittoresque, c'est un arbre qu'il est à souhaiter d'introduire dans les parcs et les jardins; peut-être même pourrait-il augmenter le nombre de nos espèces forestières.

VARIÉTÉS

C. Lobbii des jardiniers. — *C. Lobbii* des horticulteurs.

Cette variété, qui fut rapportée par M. Lobb, du Jardin botanique de Java, se distingue de l'espèce par des branches plus courtes et plus solides, par un feuillage plus touffu, d'un vert plus glauque et moins sujet à rougir.

C. nana, KNIGHT.

Buisson de 0^m,70 ou 0^m,80, étalé, diffus, à rameaux fasciés.

Originaire du nord de la Chine, cette variété fut envoyée en Angleterre en 1846, par M. Fortune.

C. dacrydioïdes.

Plante d'un vert roux, à branches étalées, longues et faibles; rameaux et ramules ténus, feuilles minces et inégales.

Se trouve au Muséum d'histoire naturelle, à Paris.

C. araucarioïdes des jardiniers.

Arbre à feuilles plus courtes, plus arquées et plus grosses, d'un vert clair glaucescent.

C. pangens. — *C. Japonica vera* des jardiniers.

Feuilles anguleuses, comprimées latéralement, à peine arquées, raides, piquantes et glauques.

C. macrocephala.

Arbrisseau nain, ramassé; ramules gros ainsi que les feuilles, courtes et glaucescentes, luisantes et dorées sur la partie supérieure. Chaton double en grosseur. Fruit long de $0^m,25$, à écailles fimbrillées.

Se trouve à Hyères, chez M. Huber.

C. variegata.

Se distingue de l'espèce par une panachure assez constante.

C. viridis.

Le feuillage de cette variété ne rougit pas pendant l'hiver.

2. Cryptomeria elegans, Veitch.

Arbre léger et élégant; tige robuste, rougeâtre; branches nombreuses et horizontales; rameaux et ramules faibles et diffus; feuilles distantes, longues, planes en dessus, molles et étalées. Fruit à écailles longues et fines.

Malheureusement son feuillage rougit beaucoup en hiver; ce n'en est pas moins une fort jolie plante, très-digne d'être recherchée.

Habite le Japon.

ORDRE II. — ABIÉTINÉES.

Cet ordre est composé d'arbres monoïques ou quelquefois dioïques, la plupart élevés et même gigantesques, à tronc conique, à rameaux verticillés ; rarement, sous l'influence d'une atmosphère rigoureuse, d'arbrisseaux à rameaux écartés.

Les *feuilles* sont persistantes pendant plusieurs années dans la plupart des espèces, linéaires, en aiguilles, raides, éparses ou réunies en faisceaux dans une petite gaine ou vaginelle membraneuse ; opposées et elliptiques, obtuses dans le genre Dammara.

Les *étamines* et les écailles des chatons femelles sont imbriquées en spires autour d'un axe allongé.

Les *chatons mâles* portent des étamines à filet court, développé au sommet en un connectif écailleux, triangulaire, plus ou moins large, dressé ou recourbé en dedans. Anthères, tantôt à 2 loges ovales, adhérentes aux filets, s'ouvrant en dehors dans toute la longueur, se rompant rarement en travers ; tantôt à 3 ou un plus grand nombre de loges pendantes, libres, cylindriques, disposées en une ou deux rangées, s'ouvrant intérieurement dans toute leur longueur. Pollen globuleux.

Les *chatons femelles*, à écailles nues ou dans l'aisselle d'une bractée plus ou moins libre lors de la floraison, et se soudant plus ou moins intimement avec l'écaille pendant l'accroissement du fruit. Ovules au nombre de 1, 2, 3 ou plus, insérés au-dessus de la base des éeailles, droits, renversés, pendant librement, ou adhérents à l'écaille dans toute leur longueur, et terminés par un petit col ou goulot percé.

Le *fruit* (cône ou strobile), à écailles coriaces, ligneuses, lamelliformes, à sommet épaissi en forme de clou, persistantes après la dispersion des graines, ou se détachant alors (caduques). Bractées soudées entièrement ou masquées par les écailles, ou apparentes.

Graines égales aux ovules, renversées à la base des écailles dans des dépressions, librement pendantes ou adhérentes à l'écaille. Tégument ou enveloppe coriace et membraneux, nu, ou développé à la base en une aile latérale membraneuse, ou rarement dans tout son contour.

Il existe souvent plusieurs embryons dans la même graine, au centre d'un albumen charnu, mais un seul se développe.

Les cotylédons varient en nombre de 2 à 5; lors de la germination, ils sortent de terre (épigés), ou ils restent sous terre (hypogés), comme dans le genre Araucaria. Radicule cylindrique supère.

L'orde des Abiétinées se subdivise en trois tribus, d'après les caractères ci-dessous :

I. **Cuninghamiées.** — Écailles portant une ou plusieurs graines libres.

II. **Araucariées.** — Écailles portant une seule graine adhérente.

III. **Abiétinées vraies.**— Écailles portant graines adhérentes.

Cette tribu se divise en cinq genres :

I. Sciadopitys. — Anthères biloculaires ; écailles dans l'aisselle d'une bractée portant de 5 à 7 graines.

II. Sequoia. — Anthères biloculaires ; écailles peltées, sans bractée, portant de 5 à 7 graines.

III. Arthrotaxis. — Anthères biloculaires ; écailles sans bractée, portant de 3 à 5 graines.

IV. Cuninghamia. — Anthères triloculaires ; écailles sans bractée, portant 3 graines.

V. Dammara. — Anthères multiloculaires ; écailles sans bractée, portant une seule graine.

I. Sciadopitys, Sieboldt et Zuccharini.

Arbre atteignant 40 m. de hauteur, de forme conique ; branches nombreuses, horizontales, subverticillées, ainsi que les rameaux, ronds et portant les cicatrices d'écailles progressivement éloignées les unes des autres. Boutons terminaux écailleux, verticillés, et dont les écailles persistent pendant trois ans ; les boutons à fleurs ne sont pas mêlés à ceux qui donnent les feuilles. Feuilles sessiles au sommet des rameaux étalés au nombre de 30 ou 40, en une sorte de verticille ou parasol ; linéaires allongées et portant 2 nervures en dessous, entre lesquelles existe une ligne de stomates. Dioïques. Chatons mâles presque globuleux, agrégés en tête, presque sessiles, chacun muni d'une écaille sèche et entouré à la base d'écailles plus petites. Étamines imbriquées, à connectif largement ovale, vertical, portant 2 loges pendantes à la base du connectif longitudinalement bivalve.

Le genre Sciadopitys ne renferme qu'une seule espèce remarquable. Floraison printanière, maturation la deuxième année.

Habite au Japon, l'île Niphon.

Usages. Je ne crois pas que le Sciadopitys offre d'avantages sérieux au point de vue de l'exploitation, mais son port remarquable peut le faire admettre dans les jardins, qu'il aidera à orner.

Culture. On le multiplie de boutures ; il aime les terres légères et un peu fraîches et végète assez bien en terre de bruyère.

Jusqu'ici, il s'est montré assez rustique, mais il est bon de le cultiver dans un endroit un peu abrité.

1. Sciadopitys verticillata, Sieboldt et Zuccarini. — Flora japonica, t. II, pl. 101-102.— *Murray* fils, The Pines and Firs of Japon, fig. 202 à 213.

Arbre à feuilles longues de 0ᵐ,08 à 0ᵐ,18 sur 0ᵐ,003 ou 0ᵐ,007 de largeur, droites ou plus ou moins en forme de faulx, épaisses, coriaces, planes, obtuses ou échancrées au sommet, cannelées en dessus, sillonnées en dessous par une ligne médiane roussâtre et glaucescente. Fruit elliptique ou rond, long de $0^m,06$ sur $0^m,03$, à écailles en forme de coin, réfléchies, ligneuses, subéreuses et d'un gris brunâtre. Graines comprimées, longues de $0^m,007$ sur $0^m,004$, et bordées d'ailes étroites. 2 cotylédons.

On n'est pas d'accord sur ses dimensions; M. Sieboldt le donne comme un arbrisseau de 4 à 5 m., tandis que M. Veitch le décrit comme un arbre atteignant 25 à 30 mètres. Il est juste d'ajouter que M. Sieboldt ne l'a trouvé qu'à l'état cultivé dans les jardins japonais, ou autour des temples.

Quoi qu'il en soit, c'est une plante extrêmement remarquable au point de vue de l'ornementation, par son port pyramidal, ses branches étalées, ses rameaux verticillés et par la disposition de ses feuilles, longues comme celles des pins, plates et épaisses comme celles des Podocarpus.

Habite les régions orientales de l'ile Niphon, sur les monts Kôja-San.

S. variegata, FORTUNE.
Feuillage panaché de jaune.

II. Sequoia, ENDLICHER.

Le genre Sequoia est formé d'arbres gigantesques, à

tronc recouvert d'une écorce épaisse et spongieuse, à rameaux alternes, ronds, chargés de feuilles longuement adhérentes, avec une partie libre courte, étroitement lancéolée.

Monoïque. Chatons mâles axillaires, écailleux, presque groupés en épis. Étamines à connectif largement ovale, vertical; anthères à 2 loges pendantes, longitudinalement'bivalves en dedans. Chaton femelle terminal.

Fruit ovoïde ou allongé, obtus, de la grosseur d'une noisette, à écailles presque orbiculaires, à marge repliée ou roulée en dedans, ligneuses, rugueuses, horizontales, persistantes et à sommet organique central concave, d'où sort une petite pointe. Au dessous du sommet de chaque écaille, et insérées sur de petites protubérances, pendent librement de 5 à 7 graines elliptiques, comprimées, à teste crustacé, dilaté de chaque côté en ailes; hile orbiculaire; embryon à 2 ou rarement 3 cotylédons.

Ramules portant des feuilles alternes, sur 2 rangs, linéaires, presque en faulx, obtuses ou aiguës, coriaces, sillonnées et luisantes en dessus, avec une nervure apparente en dessous, ainsi que 2 lignes de stomates blanchâtres; boutons écailleux, à écailles persistantes. Maturation annuelle.

Habite la Californie.

Usages. Le bois, rouge, d'un grain fin et brillant,

peut être utilisé, malgré sa fragilité, car il se travaille très-facilement. Les Sequoia sont des arbres de haute futaie, d'une croissance rapide et pouvant végéter dans des sols peu fertiles ; c'est donc une précieuse acquisition pour notre sylviculture, quoique dans le nord de la France ils soient exposés à perdre par les gelées les feuilles des jeunes rameaux.

Culture. Ils poussent dans des sols différents, mais préfèrent les terrains silico-argileux et un peu frais. La multiplication se fait de graines et de boutures qui reprennent facilement, mais ne produisent jamais de beaux sujets. Les semis se font avec des graines récoltées actuellement en France, et semées au printemps, en terre légère, en planches, ou en vases et sous chassis. On les sépare avec soin l'année suivante.

Les boutures sont faites sous cloches, placées dans une température tiède de 15 à 20 degrés, avec des rameaux poussant du bas des jeunes tiges et portant des feuilles éparses et non distiques. On peut alors disposer quelques pieds recepés fréquemment pour obtenir des rameaux convenables.

1. Sequoia sempervirens, ENDLICHER. — *Sequoia gigantea* et *Taxodium giganteum* des jardiniers. — *Taxodium sempervirens,* LAMBERT. — *Loudon,* Encyclop. of trees, fig. 2007. — *Carrière,* Revue horticole, 1855. — *Red-Wood* des Américains.

Bel arbre atteignant 60 ou 80 m., dont le tronc est recouvert d'une écorce épaisse, rousse, fendillée, fibroso-spongieuse. Branches la plupart verticillées, étalées ; celles de la base, pendantes et se relevant un peu à leur extrémité ; celles de la cîme, presque complètement dressées. Feuilles des branches et des rameaux principaux presque aciculaires-squamiformes, alternes ; celles des ramilles distiques, vertes en dessus, et marquées d'un sillon longitudinal.

C'est un arbre gigantesque, d'une longévité excessive. Ainsi, Knight raconte que, sur une bille de S. sempervirens envoyée à Saint-Pétersbourg, on compta 1008 zones annuelles de bois ; quelques individus de cette espèce, mesurés par M. Hartweg, avaient 70 m. de hauteur sur 10 ou 12 de circonférence.

La tige est recouverte d'une écorce molle et élastique, se détachant en lames fibreuses d'un brun rougeâtre ; cette écorce, ainsi que celle du Wellingtonia, renferme une substance colorante rouge, soluble dans l'eau, ce qui a valu au S. sempervirens le nom indigène de Red-Wood. Sa croissance est très-rapide, même dans les terrains médiocres, et de plus, il jouit de la propriété de repousser du pied quand on le coupe ; c'est le seul conifère que l'on puisse cultiver en taillis.

Si sa végétation n'était pas si tardive, ce qui fait que les jeunes branches sont quelquefois atteintes par la gelée, ce serait une espèce exceptionnelle pour notre sylviculture. Cependant, dans les forêts du Midi de la France, où il n'aura pas de froid à redouter, il pourrait avantageusement remplacer certaines essences indigènes.

Dans les parcs et dans les jardins, c'est un bel arbre, très-ornemental et très-élégant, qu'on peut traiter en arbuste, en raccourcissant chaque année les branches trop allongées.

Originaire de la côte nord-ouest de la Californie, il fut découvert en 1796 par Menzies, et en 1836 par le Dr Coulter, mais ce n'est qu'en 1840 qu'il fut introduit en Europe.

M. Carrière cite comme les plus beaux spécimens de cette espèce, en France, un pied planté en 1844 chez M. A. Leroy, d'Angers, haut de 12 m. environ, et fructifiant abondamment depuis 1850 ; et deux autres arbres, rivaux du précédent, appartenant à M. le marquis de Vibray, à Cheverny, près Blois.

VARIÉTÉS

S. taxifolia des jardiniers.

Arbre à feuilles plus larges que celles de l'espèce.

S. gracilis.

Branches faibles, feuilles plus petites.

S. adpressa ; S. pyramida et à pointes blanches des jardiniers.

Arbre conique à branches dressées ; bourgeons presque blancs ; feuilles courtes et pâles.

S. Rafinesquei, CARRIÈRE. — *Abies trigona*, RAFINESQUE.

Arbre incomplètement décrit.

2. Wellingtonia, LINDLEY.

Arbre gigantesque, conique, à branches éparses, rapprochées, à feuilles en alène, raides, adhérentes à la base.

Monoïque. Chaton mâle terminal, écailleux ; connectif légèrement ovale ; 2 anthères s'ouvrant longitudinalement en dedans. Chaton femelle terminal. Fruit gros, allongé, obtus, écailles en coin, tronquées supérieurement ; à sommet organique central, concave, d'où s'élève une pointe petite et aiguë. Sur chaque écaille sont placées 5 graines elliptiques, applaties, à teste dilaté en une aile circulaire, échancrée à la base, membraneuse. Embryon à 3, 4 ou 6 cotylédons. Maturation bisannuelle.

Habite la Californie entre les 36° et 38° degrés de latitude.

Usages. L'écorce du Wellingtonia peut, pour les tanneurs, avantageusement remplacer celle du chêne ; mais il paraît plus difficile d'employer son bois mou, léger et fragile ; cependant, il semble assez riche en tannin pour servir au même usage que l'écorce.

S'il est fragile et mou, ce bois a du moins l'avantage d'une longue durée, d'après ce qu'en raconte M. Lapham et d'autres voyageurs qui l'ont vu en Californie.

Quoi qu'il en soit, la beauté de l'arbre et sa croissance rapide en font son principal mérite.

Culture. La formation géologique du district où se trouve le Wellingtonia est granitique. Le Dr C.-F. Winslow, dans le *Californian Farmer* (8 août 1854), dit qu'à Calaveros ils sont sur un bassin de matières silicieuses grossières, environnées d'un rang incliné de rochers syenitiques, qui, en quelques endroits, s'élèvent au-dessus du sol. Le bassin est humide, l'eau séjourne même dans les bas-fonds, et quelques-uns des plus gros arbres plongent leurs racines dans les marais. Le sol où ils poussent est riche et profond, et, s'il se compose, comme tout semble l'indiquer, des détritus des premiers géants de même race, il n'est pas étonnant qu'il en soit ainsi.

Le climat de Calaveros et de Mariposa, où sont les plus beaux Wellingtonias, est à peu près semblable au nôtre. En été, il y fait chaud et sec. En hiver, la neige tombe et s'amoncelle sur une épaisseur de 6 pieds pour ne disparaître qu'aux premiers jours de mai. Il y pleut rarement, ce à quoi M. Blake attribue l'épaisseur de terre qui recouvre les rochers, car la neige, en fondant graduellement, disparaît sans entraîner le sol.

Le Wellingtonia s'accommode très-bien de notre climat, et tout fait croire qu'il justifiera les espérances qu'on a fondées sur lui.

3. Taxodium Washingtonianum des jardiniers Américains. — *Washingtonia gigantea* des auteurs Américains. — *Hooker*, Bot. Mag., 1854, pl. 4777 et 4778. — *Ch. Lem.*, Illustration, 1854. — Flore des serres, t. IX, page 93, avec fig. — *Carrière*, Revue horticole, 1855. — *Washingtonia californica*, Winslow. — *Americanus giganteus* des jardiniers Américains. — *Sequoia gigantea*, Endlicher.

Arbre atteignant de 100 à 150 m. sur 10 ou 12 de diamètre; écorce épaisse et solide; branches éparses, étalées; rameaux cylindriques, portant des feuilles élargies par l'accroissement; celles des ramules plus rapprochées et plus étroites, celles des ramules à fruits plus petites et en forme d'écailles. Fruit pendant, ovoïde, tronqué au sommet, atteignant la deuxième année 0^m,03 sur 0^m,04 ou 0^m,05.

Habite les lieux élevés de la Californie, la Sierra-Nevada, entre les 36e et 38° degrés de latitude Nord, et à une altitude de 1,500 mètres.

On ne sait encore à qui attribuer la découverte de cet arbre magnifique; d'après un fragment d'une lettre de Douglas, on aurait pu lui en faire l'honneur, mais l'iti-

néraire qu'il a suivi prouve qu'il n'a pas eu connais-
sance du Wellingtonia.

Certains auteurs prétendent que c'est M. Dowd qui
fit cette découverte en 1850, pendant qu'il était à la
poursuite d'un troupeau de daims ; d'autres la reven-
diquent pour M. Wooster, qui constata sa rencontre
par une inscription gravée dans l'écorce de l'arbre appelé *l'Hercule*, à la date de juin 1850.

D'autres enfin, citent M. Weitchead, qui découvrit le
premier arbre en nouant ses souliers, au mois de
juin 1850.

Quoi qu'il en soit, c'est à M. Lobb qu'on doit son
introduction en Europe.

Les premiers explorateurs employaient des moyens
barbares pour récolter les graines ; ils abattaient les
cônes à coups de fusil ou coupaient les arbres, ce qui
était un véritable vandalisme à cette époque, où l'on
ne connaissait que quatre-vingt-dix de ces arbres.
Mais depuis, les écureuils se chargent de la récolte,
qui se fait abondamment.

Un spéculateur de la Californie fit enlever l'écorce
d'un Wellingtonia, en tapissa une pièce dans laquelle
on plaça quarante chaises, un piano ; il y avait une
chambre pour deux cents personnes, et on y entassa
encore cent quarante enfants.

La nature a réparti en un petit nombre de groupes
ces géants de la création ; le premier qu'on ait trouvé

se composait d'environ deux cents arbres, dont quatre-vingt-dix étaient très-gros; depuis on en découvrit un second au sud-est de Calaveros, entre les comtés de Mariposa et de Fresno, à peu de distance de la route qui conduit de Mariposa à la vallée de Yo-Semite, à 1,600 m. au-dessus du niveau de la mer, et sur la pointe occidentale des montagnes de la Sierra-Nevada. Un troisième massif de cinq cents arbres fut rencontré dans le comté de Fresno, au sud de Mariposa, dans une vallée à l'abri du vent. Enfin un quatrième groupe, plus au sud, sur le Kaweha, à environ 50 milles de Visalia.

M. Lapham, le propriétaire du Calaveros, donne quelques détails intéressants sur la taille des arbres qui s'y trouvent.

La plupart des arbres ont une hauteur moyenne de 100 m., mais quelques-uns sont beaucoup plus grands. L'un deux, le *Père de la forêt*, tombé aujourd'hui, mesure 37 m. de circonférence à la base, et 100 m. de longueur jusqu'à l'endroit où il s'est brisé dans sa chute, et où il mesure encore 6 m. de diamètre. En le comparant à ses voisins, on est convaincu qu'il a dû atteindre 150 m. de hauteur; le feu a formé dans son tronc une cavité assez large pour permettre à une personne d'y pénétrer sur une longueur de 70 m.

Les arbres de Mariposa sont mieux exposés que ceux de Calaveros, et ont de moindres dimensions.

D'après les récits de M. Blake, en traversant la partie basse de Mariposa, il rencontra d'abord un arbre déraciné, étendu tout de son long et formant une barrière infranchissable de 10 m. de haut. On passait au moyen d'une échelle taillée dans l'écorce. Il mesurait, depuis la partie supérieure des racines jusqu'au sommet, 80 m. de longueur, le reste avait été brûlé.

Malheureusement, les feux qui ont embrasé la forêt ont détruit un grand nombre de beaux arbres en brûlant les racines et même une partie du tronc; quelquefois la cavité formée est assez haute et assez large pour que des hommes à cheval puisent y pénétrer sans toucher au faîte.

Dans nos climats, il est probable que le Wellingtonia n'atteindra pas des dimensions aussi colossales que dans son pays natal, mais c'est un arbre des plus vigoureux, d'une croissance rapide, puisqu'il pousse jusqu'à 1 m. par année, et formant une pyramide à large base, entièrement garnie de branches jusqu'à terre. Son feuillage est fin et d'une teinte claire très-distinguée, et l'expérience prouve qu'il n'a rien à redouter des plus rudes hivers.

VARIÉTÉS

W. aurea punctata.
Jeunes rameaux jaunâtres au sommet.

W. glauca.

Feuillage argenté.

W. variegata.

Feuilles panachées de jaune.

W. pendula.

Branches pendantes.

III. — Arthrotaxis, Don.

Arbres ou arbrisseaux ayant l'aspect des Lycopodium, très-rameux, à rameaux cylindriques, couverts de très-petites feuilles disposées sur 4 rangs ou éparses, dilatées et adhérentes à la base. Bouton nu.

Monoïque. Chaton mâle court et entouré de courtes bractées foliacées ; étamines insérées sur un axe en alène ; filets légèrement aplatis, connectif écailleux, vertical, plus court que le filet ; deux anthères pendantes, longitudinalement bivalves en dedans.

Chaton femelle terminal, sessile, presque globuleux, entouré de courtes bractées foliacées ; écailles sans bractées, unguiculées à la base, épaissies en un bourrelet transversal au-dessus de l'onglet, et portant sur le bourrelet de 3 à 5 ovules, librement pendants.

Fruit ovoïde ou presque globuleux, de la grosseur d'une noisette, à écailles imbriquées, ligneuses, portant chacune 3 ou 5 graines ou moins par avortement, librement pendantes, ovales, aplaties ; hile transversalement linéaire, teste crustacé, dilaté en une aile membraneuse égale ou inégale d'un côté, et débordant le hile.

Maturation annuelle.

Originaires de la Tasmanie.

Usages. Charmants arbrisseaux, dont la culture en plein air ne pourra avoir lieu dans le Nord et dans le centre de la France.

Culture. Sol léger et un peu frais ; on peut les cultiver en terre de bruyère et en pots bien drainés. La multiplication, à défaut de graines, se fait de greffes par placage sur le Cryptomeria Japonica, ou de boutures.

1. Arthrotaxis selaginoïdes, Don. — *Hooker*, Flora of Tasmania, t. 574.

Petit arbre atteignant jusqu'à 15 m. de hauteur, de forme conique ; branches et rameaux ordinairement verticillés par trois. Feuilles distantes, disposées en spirales, adhérentes inférieurement, ovales-obtuses, longues de $0^m,012$, planes ou un peu concaves, épaisses, coriaces, luisantes. Chaton mâle portant des écailles concaves, scarieuses, de couleur fauve. Chaton femelle ovoïde, à écailles portant 3 ovules. Fruit de la forme et du volume d'une noix, écailles unguiculées, ovales-obtuses, épaisses, ligneuses. Graines au nombre de 3 ou 2 par avortement ; teste mince et roux, dilaté en une membrane inégale.

Originaire de la terre de Van Diemen.

A. pyramidata.

Arthrotaxis imbricata des jardiniers.

Port raide. Branches et rameaux dressés.

2. Arthrotaxis cupressoïdes, DON. — In Linnæa Transact., t. XVIII, p. 173. pl. 13, fig. 2. — *Hooker*, Flora of Tasm., pl. 559.

Petit arbre atteignant jusqu'à 10 m. d'élévation, très-rameux; rameaux cylindriques, feuilles très-rapprochées, imbriquées, adhérentes à la base, ovales-obtuses, longues de 0^m,002 à 0^m,006, carénées, à bords scarieux. Chatons mâles terminaux en capitules, roussâtres. Chatons femelles ovales. Fruit rond, de la grosseur d'une petite prune, à écailles trigones.

Introduit vers 1844.

3. Arthrotaxis laxifolia, HOOKER. — *Arthrotaxis Doniana*, MAULE. — *Loudon*, Journ. of Bot., t. IV, p. 149. — Icon., pl. 573.

Petit arbre atteignant rarement 10 m. Branches nombreuses, éparses, très-rameuses, étalées; feuilles écartées, élargies, adhérentes à la base, atténuées en une pointe courte, courbées en dedans, concaves.

Habite la Tasmanie.

4. Arthrotaxis gunneana.

Buisson à branches et rameaux nombreux, longs

et tombants. Feuilles distantes, élargies à la base, aiguës et piquantes au sommet, longues de $0^m,008$ à $0^m,015$, larges de $0^m,002$, épaisses, carénées, glauques en dessus.

IV. Cunninghamia, Robert Brown.

Arbre conique, à branches et rameaux primaires verticillés ; les secondaires disposés sur deux rangs. Feuilles éparses, mais étalées sur deux rangs, adhérentes à la base, en faulx étroites, mesurant $0^m,003$ sur $0^m,005$, aiguës et piquantes, très-finement dentées, avec une nervure médiane, canaliculées en dessous, parcourues par deux larges lignes de stomates blancs.

Monoïque. Châtons mâles terminaux réunis en tête, cylindriques, lâches, entourés à la base de bractées foliacées courtes. Étamines insérées sur un axe filiforme, connectif vertical, trois loges pendantes, bivalves en dedans.

Chatons femelles terminaux, en faisceaux, sessiles, ovoïdes, entourés à la base de bractées foliacées, courtes, à écailles sans bractées, unguiculées à la base, épaissies au-dessus de l'onglet en un bourrelet transversal. Sur chaque écaille, sont trois ovules librement pendants, insérés sur le bourrelet.

Fruit ovale ou subglobuleux, à écailles coriaces, lâchement ouvertes au sommet, portant 3 graines pen-

dantes sur le bourrelet transversal, ovales, comprimées, à teste crustacé, dilaté de chaque côté en ailes
membraneuses; hile transversalement linéaire. Embryon à 2 cotylédons.

Maturation annuelle.

Originaire de la Chine et du Japon.

Usages. Le bois est beau, d'un grain fin et d'une
longue durée; l'aspect des Cunninghamia a beaucoup
de rapport avec celui des Araucaria; ils doivent donc
être recherchés par les amateurs de ces formes un peu
raides.

Culture. Sol profond et frais. La multiplication se
fait de graines et de boutures, ou même, comme l'in-
dique M. Carrière, de drageons que donne assez facilement le C. sinensis. Les graines doivent être semées
en planches ou en vases, afin de les pouvoir protéger
contre les grands froids. On repique les plants la
deuxième année.

Cunninghamia sinensis, ROBERT BROWN. —
Pinus lanceolata, LAMBERT. — *Abies lanceolata,* DESF.
— *Bellis jaculifolia,* SALISBURY. — *Araucaria* et *Cunninghamia lanceolata* des jardiniers.—*Loudon,* Arbor.,
fig. 2306-2307. — Encycloped. of trees, fig. 1987-1988.

Arbre de 10 à 15 m.; tronc nu, port des Araucaria;
cime courte; branches étalées; cônes ovoïdes mesurant de 0^m,04 à 0^m,05 de diamètre, d'un brun roux, à

écailles denticulées. Chatons mâles terminaux, en faisceaux, cylindriques. Feuilles sessiles, s'étendant dans toutes les directions, lancéolées, très-piquantes, raides, lisses dans toute leur étendue, et un peu rugueuses sur les bords.

Originaire des provinces méridionales de la Chine, il fut découvert en 1702 et dédié à J. Cunningham, et importé en Europe, en 1804, par M. Staunton; on le rencontre aussi, à l'état cultivé, en Australie et au Japon.

Dans nos cultures, c'est un arbrisseau à branches verticillées garnies de feuilles alternes, élargies; son port, qui a quelque ressemblance avec celui de l'A. imbricata, n'est jamais régulier; les branches se développent inégalement, et se dégarnissent graduellement.

Son origine méridionale semblait faire douter de sa rusticité, mais M. Carrière a fait observer que, tandis qu'il végétait très-bien dans certains terrains, il ne poussait pas, ou même périssait dans d'autres expositions, avec les mêmes conditions de température. Loudon, dans son Encyclopédie, raconte que depuis plusieurs années on cultivait en serre le C. sinensis, mais qu'en 1816 une plante fut sortie et placée dans une partie un peu abritée du jardin de Claremont, et qu'elle continua à y vivre sans être protégée; en 1837, après avoir supporté des hivers plus ou moins rigoureux, elle mesurait 18 pieds de hauteur.

C. glauca.

Feuilles argentées en dessous.

V. Dammara.

Arbres très-élevés, à cîme raide, plane ou arrondie, à feuilles alternes ou opposées, lancéolées, ou ovales-arrondies, épaisses, sans nervures, finement striées, couvertes en dessous d'innombrables stomates plus ou moins glaucescents.

Dioïque. Chaton mâle axillaire, écailleux à la base, cylindrique. Étamines en spirales; connectif épais, coriace, deltoïde ou orbiculaire, portant des loges pendantes au nombre de 5 à 6 unisériées, ou de 6 à 15 sur deux rangs, cylindriques, s'ouvrant en dedans.

Chaton femelle terminal, seul ou au nombre de deux; à écailles disposées en plusieurs spirales, portant chacune un ovule inséré un peu au-dessous du sommet, et librement pendant.

Fruit ovoïde à écailles ligneuses; se désagrégeant lors de la maturité. Sur chaque écaille, est disposée une graine ovoïde, un peu aplatie, à teste développé de chaque côté en ailes larges et inégales. Deux cotylédons épigés.

Habite les îles Moluques, les Nouvelles-Hébrides, la Nouvelle-Calédonie, la Nouvelle-Zélande et les îles Fidji ou Viti.

Usages. Les énormes troncs de la plupart des espèces, donnent une grande quantité d'un bois couleur paille, lourd et solide, propre à la charpente et à la menuiserie, mais ne se conservant pas lorsqu'il est exposé aux variations atmosphériques. La résine, diaphane, est employée dans la fabrication du savon.

Culture. Les Dammara aiment de préférence les vallées humides et les sols d'alluvion épais. Leur port pittoresque est d'un très-bel effet dans les jardins d'hiver assez vastes pour les contenir, mais c'est principalement dans les pays méridionaux, où le thermomètre ne descend jamais au-dessous de zéro, qu'ils seront de précieux ornements pour les parcs ou les grands jardins.

Ce sont des arbres de futaie qui pourront peut-être rendre des services à la sylviculture des pays qui leur seront propres. Chez nous, on les cultive en serres froides ou tempérées, en pleine terre ou en caisse.

La multiplication se fait de greffes sur les Araucaria brasiliensis et imbricata, mais on ne peut avoir de beaux sujets que lorsqu'on les obtient de graines.

1. Dammara orientalis, Lambert. — *Loudon*, Arbor. f. 2308-2309; Encycloped. of trees, f. 1989. — *D. alba*, Rumph.

Arbre de 25 à 30 m. Tronc à écorce farineuse; feuilles sessiles, elliptiques, mesurant $0^m,03$ ou $0^m,04$

sur 0^m,06 ou 0^m,12, obtuses, arrondies au sommet, vertes et lisses sur les deux faces.

Chatons mâles extra-axillaires, longs de 0^m,05. Fruits pédonculés, ovoïdes, mesurant 0^m,05 sur 0^m,08 ou 0^m,10.

Habite les iles Moluques et de la Sonde, Sumatra, Java, vers le 10° degré de latitude de chaque côté de l'équateur.

D. alba des horticulteurs.
Écorce et feuilles blanchâtres.

2. Dammara macrophylla, LINDLEY. — *D. Browni macrophylla*, CARRIÈRE.

Feuilles larges de 0^m,05 sur 0^m,15 de long. Fruit de la forme et de la grosseur de celui du Cedrus.

Habite l'Archipel de la reine Charlotte vers le 13° degré de latitude.

Il fut découvert par M. Moore dans l'île de Vanicolla, de l'Archipel de la reine Charlotte.

3. Dammara obtusa, LINDLEY. Dans Paxton's Flower garden, vol. II, page 146 avec figures.

Feuilles oblongues arrondies, mesurant 0^m,03 sur 0^m,08 ou 0^m,10. Fruits ovoïdes obtus, longs de 0^m,08 sur 0^m,04; écailles à sommet organique prolongé en une pointe étalée.

Habite l'île d'Anataum dans les Nouvelles-Hébrides vers le 15° degré de latitude.

4. Dammara Vitiensis, SEEMAN.

Habite les îles Fidji vers le 15ᵉ degré de latitude.

5. Dammara longifolia, LINDLEY.

Habite les îles Fidji.

6. Dammara Moori, LINDLEY.

Arbre gracieux et compacte atteignant 10 à 12 m., à écorce noirâtre et unie. Feuilles étroitement lancéolées, mesurant $0^m,01$ de large sur $0^m,10$ ou $0^m,15$ de long, légèrement courbées en faulx, pâles en dessous.

Habite la côte nord-est de la Nouvelle-Calédonie, vers le 21° degré de latitude.

Découvert par M. Moore.

7. Dammara lanceolata, LINDLEY.

Grand arbre à écorce unie, à feuilles lancéolées, alternes et opposées, obtuses, mesurant $0^m,02$ sur $0^m,09$, les jeunes glaucescentes en dessous, luisantes en dessus. Chatons mâles au-dessus des aisselles des feuilles, opposés ou alternes, ovoïdo-coniques, fauves, larges de $0^m,008$ sur $0^m,020$ de longueur. Chaton femelle terminal, petit. Fruit de la forme et de la grosseur de celui du Cedrus.

Habite les vallées étroites et humides de la Nouvelle-Calédonie, par le 22ᵉ degré de latitude.

8. Dammara ovata, LINDLEY.

Grand arbre à écorce épaisse profondément crevassée ; branches obliques ou ascendantes. Feuilles opposées, ovales ou elliptiques, épaisses, mesurant 0ᵐ,022 sur 0ᵐ,065 ou 0ᵐ,022 sur 0ᵐ,045. Les jeunes très-glauques sur les deux faces, ainsi que les ramules et les chatons mâles ovoïdes allongés, longs de 0ᵐ,080 sur 0ᵐ,018 de largeur. Chaton femelle petit. Fruit plus petit que celui de l'espèce précédente.

Habite les vallons profonds de la Nouvelle-Calédonie par le 22ᵉ degré de latitude.

9. Dammara Australis, LAMBERT. — *Loudon,* Arbor. fig. 2310-2311. — Encycloped. of trees, f. 1990. — Pin de Cowrie.

Arbre atteignant 50 m. de hauteur sur 2 m. de diamètre, à écorce cendrée ou brune, unie ; branches obliques ou dressées aux extrémités ; feuilles alternes ou opposées, elliptiques, mesurant 0ᵐ,06 sur 0ᵐ,02, coriaces, luisantes, rousses. Chaton mâle cylindrique, long de 0ᵐ,03. Chaton femelle axillaire. Fruit subsphérique long de 0ᵐ,05 à 0ᵐ,07.

D'après M. Carrière, le D. Australis produit un bois excellent, qui rivalise, pour la mâture, avec celui du

Pinus sylvestris. Il fournit aussi une grande quantité d'une résine analogue à la térébenthine, connue par les indigènes sous le nom de *Ware* et par les Anglais sous celui de *Koudi-Goum*.

Habite la Nouvelle-Zélande d'où il fut introduit en 1823.

P. Glauca.

Se distingue de l'espèce par ses jeunes feuilles et ses boutons glaucescents.

10. Dammara Brownii, Hortulanorum. — *D. robusta* MOORE.

Arbre de même aspect que le D. Australis, mais à feuilles beaucoup plus grandes. Jeunes pousses rougeâtres; feuilles alternes ou opposées, à pétiole court, tordu, ovales, arrondies, mesurant 0^m,04 sur 0^m,12, prolongées en une pointe plus ou moins longue; coriaces, épaisses, vertes ou brunâtres, d'un vert pâle en dessous.

Habite Moreton-Bay, dans la Nouvelle-Zélande.

11. Dammara Bidwillii des jardiniers.

Espèce cultivée, paraissant voisine du *D. Moori.*

Araucaria.

Arbres élevés à rameaux verticillés, à bouton nu. Feuilles planes, sessiles, densément imbriquées, chargées de chaque côté, excepté la nervure médiane, de faisceaux de stomates ; sur les jeunes plants, les feuilles sont comprimées latéralement, un peu en alène courbe, longuement adhérentes au rameau, aiguës, raides.

Dioïque ou monoïque au moins dans le sous-genre Eutacta. Chaton mâle terminal, nu ou écailleux. Étamines disposées en spirales, à filets dilatés en un connectif triangulaire, allongé ou lancéolé, à angle droit, coriace.

Anthères de 7 à 12 loges bisériées, linéaires, pendantes, libres, parallèles aux filets, s'ouvrant longitudinalement en dedans. Chaton femelle terminal, nu, à écailles sans bractées : ovule unique, pendant un peu au-dessous du sommet de chaque écaille.

Fruit globuleux, composé d'écailles épaisses, ligneuses, densément imbriquées, et la plupart stériles par l'avortement des ovules, se séparant de l'axe lors de la maturité. Graines solitaires dans une loge formée d'un tégument extérieur, coriace ou ligneux, soudé avec l'écaille, allongé à la base en un lobule court, en forme d'aile, insérée par un large hile, libre au sommet, brièvement saillant, à tégument propre membraneux. Embryon à 2 ou 4 cotylédons semi-cylindriques, ou planes.

Maturité bisannuelle.

Cette tribu se divise en deux genres :

I. **Colymbea.** —Écailles du fruit obscurément ailées; appendice basilaire de la graine, obscur ou douteux ; 12 à 15 loges d'anthères ; 2 ou 4 cotylédons hypogés.

II. **Eutacta.** — Écailles du fruit largement ailées ; appendice basilaire de la graine, manifeste; 6 à 12 loges d'anthères ; 4 cotylédons épigés.

I. Colymbea.

Arbres très-élevés à feuilles larges et imbriquées, semblables à tous les âges. Dioïque. Chaton mâle à étamines portant 12 à 20 loges. Graines volumineuses, coniques ou arrondies, anguleuses, à aile peu développée ; 2 ou 4 cotylédons hypogés. Originaire de l'Amérique méridionale et de la Nouvelle-Hollande.

Usages. L'emploi du bois n'est recommandé dans aucun ouvrage ; les fruits, un peu moins gros que des dattes, sont comestibles, et on en vend en grande quantité sur les marchés des principales villes du Chili.

Son port roide en fait un ornement qui plait à quelques personnes.

Culture. Les Araucaria demandent une terre sub-stantielle, beaucoup de lumière et d'air, et, durant les chaleurs, des arrosements copieux. En hiver, on doit, sans les laisser sécher, éviter l'humidité.

Sous notre climat, on doit les cultiver en serre tempérée ou en orangerie, pour les sortir sur les pelouses pendant la saison d'été.

Seul, l'Araucaria imbricata supporte nos hivers ; mais encore doit-on préserver les jeunes plants de la gelée.

La multiplication se fait de graines, de boutures ou de greffes, mais ces dernières doivent provenir de branches de têtes, sans quoi les plantes greffées n'auraient pas de tige verticale.

On multiplie aussi l'A. Cunninghami par boutures de racines, qu'on coupe par morceaux de $0^m,09$ ou $0^m,10$ de long, et qu'on place dans des pots de terre de bruyère.

1. Araucaria (*Colymbea*), **Brasiliensis,** Achille Richard. — *Lambert*, 2ᵉ édit. vol. II. pl. 46, 46′ 46″. — *Forbes*, Pinet. Wob. pl. 53 et 54.

Arbre de 30 à 40 m., conique, et dont la cîme s'arrondit avec l'âge. Tronc à écorce d'un gris brunâtre ; branches verticillées, horizontales ; ramules simples, caduques; feuilles alternes, adhérentes à la base, triangulaires, aiguës, larges de 0^m,005 à 0^m,008 sur 0^m,03 ou 0^m,05 de longueur, allongées en une pointe fine, piquante. Cône dressé, presque globuleux. Graines longues de 0^m,03 à 0^m,04, à teste roux et luisant.

Originaire du Brésil, où il occupe une longue zône entre les 15e et 25e degrés de latitude.

VARIÉTÉS

A. elegans et *gracilis* des jardiniers.

D'une taille beaucoup moins élevée que l'espèce; branches minces et feuilles plus petites, d'un vert pâle ou glauque.

A. ridolfiana, GORDON. — *A. Bibbiani* des jardiniers italiens.

Feuilles plus larges et plus longues que celles de l'espèce.

2. Araucaria (*Colymbea*) **imbricata**, PAVON. — *Dombeya chilensis*, LAMARCK. — *Araucaria Chilensis*, MIRBEL. — *Loudon*, Arbor. fig. 2286-2293. Encyclop. fig. 1978-1986. — Flore des serres et jardins de l'Europe, t. XV, p. 147 avec figure.

Grand arbre dont la hauteur varie entre 15 et 50 m., le mâle s'élevant à peine à 13 ou 14 m., tandis que la

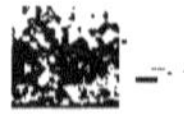

femelle atteint jusqu'à 50 m. Tronc mince et sans
nœuds, cîme conique. La tige est couverte d'une double
écorce, dont la partie intérieure, dans les vieux arbres,
est épaisse de 15 à 18 centimètres, spongieuse, tenace,
poreuse et légère, et dont s'écoule, comme de presque
toutes les autres parties de l'arbre, une résine abondante; la partie extérieure est presque de la même
épaisseur, semblable à du liége, fendillée en différents
sens, et résineuse comme la partie interne. Dans les
jeunes arbres, cette écorce est garnie, depuis la base,
de feuilles qui y persistent pendant plusieurs années.
Branches verticillées, ordinairement par 5 ou 8; celles
du bas horizontales et pendantes, celles du haut plus
ou moins dressées. Ramules simples. Feuilles alternes,
ovales-lancéolées, longues de $0^m,02$ à $0^m,04$, rétrécies
à la base, allongées au sommet en une pointe aiguë,
épaisses, vertes. Fruit dressé, presque sphérique, long
de $0^m,15$ à $0,18$, brun, à écailles terminées par une longue pointe foliacée, dressée. Graines longues de $0^m,04$,
obtusément anguleuses, à teste roux. Maturité en mars.
Les chatons mâles et les chatons femelles croissent
sur des arbres différents; les mâles forment, au nombre
de 6 ou 7, une grappe pédonculée, terminale, ovale,
jaune et portant de nombreuses écailles. Les chatons
femelles sont ovales et portent un grand nombre d'é-
cailles en forme de coins; ils poussent à l'extrémité
des branches, et, suivant Loudon, paraissent à pre-

mière vue comme un épaississement contre nature des feuilles.

Le bois est blanchâtre et d'un jaune brillant au cœur de la tige ; il est très-dur et d'une grande solidité, et si les lieux où croît l'*A. imbricata* étaient plus accessibles, il n'y a aucun doute qu'on l'emploierait à différents usages. Les Araucaniens mangent les fruits dont ils font en outre un objet de commerce.

Dans nos cultures, c'est un arbre de 4 à 5 m. au plus, d'un aspect plutôt bizarre qu'agréable, et contrastant heureusement avec les autres conifères.

Malheureusement on ne peut pas dire qu'il soit parfaitement rustique, car s'il supporte vaillamment certains hivers du centre de la France, il en est d'autres qui le fatiguent beaucoup et le font quelquefois périr.

Habite les montagnes du Chili, où on le rencontre en grande abondance entre les 35e et 50e degrés de latitude. D'après Loudon, il fut introduit en 1796.

VARIÉTÉS

A. densa. — *A. imbricata microphylla* des jardiniers. Feuilles courtes, très-rapprochées.

A. variegata, GORDON. Feuilles de teintes vertes différentes.

A. denudata des horticulteurs. Tige n'émettant que de courts rameaux.

Chez M. Leroy, à Angers.

A. striata, CARRIÈRE. — *A. variegata* des jardiniers.

Écorce et feuilles striées de jaune.

Chez M. Leroy, à Angers.

A. latifolia des jardiniers.

Rameaux gros, feuilles très-larges.

A. distans des jardiniers.

Verticilles éloignées.

3. Araucaria *(Colymbea)* **Bidwilli**, HOOKER. In London journal of Botany, 2° série. Vol. II. t. 18 et 19.

Arbre atteignant 50 m. de hauteur. Branches verticillées, étalées ; rameaux opposés sur 2 rangs. Feuilles sessiles, elliptiques, longues de 0^m,04 ou 0^m,05 sur 0^m,010 ou 0^m,012, rétrécies à la base, aiguës au sommet, épaisses, d'un vert foncé, luisantes. Fruit sphérique mesurant 0^m,15 ou 0^m,20, à écailles de 0^m,010 ou 0^m,015 sur 0^m,03 ou 0^m,05, allongées en une pointe foliacée, rugueuses. Graines comestibles, mesurant 0^m,02 sur 0^m,04 ou 0^m,05, rondes ou anguleuses, amincies à la base.

Originaires de la Nouvelle-Hollande, il habite les montagnes Brisbanes et les environs de Moreton-Bay.

II. Eutacta.

Arbres atteignant 30 m. de hauteur, coniques ou en

forme de colonnes, à branches inégalement verticillées. Feuilles, sur les jeunes plants, toutes alternes, sessiles, en alène, anguleuses, courbées en dedans, s'élargissant plus ou moins avec l'âge, selon les espèces et les variétés.

Monoïque. Chaton mâle conique variant, en longueur, de 0^m,05 à 0^m,20, brunâtre. Étamines disposées sur plusieurs lignes en spirales, à connectif lancéolé, aigu, coriace, dressé, portant de 6 à 12 loges sur deux rangs, cylindriques, s'ouvrant en dedans. Chaton femelle globuleux, composé d'écailles vertes terminées en pointes allongées.

Fruit ovoïde-globuleux, brunâtre, à écailles larges terminées par une pointe aiguë. Graine adhérente à l'écaille avec un appendice basilaire apparent. Embryon à 4 cotylédons épigés.

Originaires de l'Hémisphère austral, ils habitent les Nouvelles-Hébrides, la Nouvelle-Calédonie, la Nouvelle-Hollande et la Nouvelle-Zélande.

Usages. Bois fin, couleur jaune paille, également bon pour la charpente et la menuiserie. Résine non exploitée. Quelques espèces rivalisent avec l'*Abies excelsa* par leur haute taille et la régularité de leur port.

1. Araucaria (*Eutacta*) **Rulei**, Lindley.
Arbre de 25 à 30 m., conique, à branches verticil-

lées, horizontales, à rameaux densément couverts de feuilles disposées en plusieurs spires, sessiles, dilatées sur la tige en un renflement quadrangulaire, ovales-lancéolées, mesurant 0^m,015 sur 0^m,035 au moins, obtuses, légèrement carénées, épaisses, coriaces, luisantes, et portant une nervure médiane saillante. Chaton mâle long de 0^m,20 à 0^m,30. Fruit ovoïde mesurant 0^m,09 sur 0^m,13, à écailles très-larges, se séparant de l'axe à la maturité, et terminées par une pointe courte et dressée. Graines cylindrico-comprimées, ailées, ne se détachant des écailles qu'à la maturité.

Habite les montagnes découvertes et ferrugineuses de la Nouvelle-Calédonie, à une altitude de 300 à 1,000 m.

VARIÉTÉS

A. parvifolia, MUELLER.
Feuilles plus petites.
Habite les mêmes localités que l'espèce.
A. grandifolia, MUELLER.
Feuilles très-grandes.
Habite les mêmes localités que l'espèce.

2. Araucaria (*Eutacta*) **Cookii**, ROBERT BROWN. — *Araucaria columnaris* de quelques jardiniers. — Flore des serres, t. VII, p. 243 avec figure. — *Paxton*, Flower garden's, t. III, p. 77, fig. 272.

Arbre atteignant de 50 à 60 m., conique jusqu'à la hauteur de 8 à 10 m., puis s'élevant en une colonne terminée par une courte cîme conique. Branches verticillées, d'égale longueur, horizontales. Feuilles disposées en plusieurs spires, sessiles, en alène recourbée en dedans, sur les jeunes plants et sur les rameaux des plants adultes, puis, dans un âge plus avancé, lancéolées ou ovales, variant entre $0^m,002$ sur $0^m,005$, et $0^m,005$ sur $0^m,010$, concaves, plus ou moins carénées, coriaces, épaisses, luisantes, et dilatées à la base en un épatement quadrangulaire. Chaton mâle conique, long de $0^m,04$ à $0^m,20$. Chaton femelle globuleux, composé d'écailles foliacées, étroites, allongées en pointe recourbée, assez semblables aux capitules du Dipsacus. Fruit ne différant en rien de celui de l'A. Rulei.

Originaire de la Nouvelle-Calédonie, où il habite les sables du bord de la mer jusqu'à une altitude de 600 m. ; il fut introduit en 1851.

Dans son pays natal il fructifie, dès la hauteur de 5 m., sur les crêtes pierreuses, arides et dénudées.

3. Araucaria (*Eutacta*) **Cunninghami,** Aiton. — *Loudon*, Arbor. f. 2303-2305; Suppl. f. 2545.

Arbre atteignant de 25 à 40 m. Tronc à écorce cendrée, luisante ; branches verticillées, étalées ; ramules sur deux rangs ; feuilles éparses, en alène anguleuse, courbée en dedans, raidés. Chaton mâle rond, long de

0^m,06. Fruit ovoïde, obtus, mesurant 0^m,05 sur 0^m,06 ou 0^m,08, à écailles larges, carénées, terminé en une pointe longue de 0^m,005 à 0^m,008.

Habite la côte est de la Nouvelle-Hollande, dans l'État de Queensland, entre les 14e et 29e degrés de latitude.

Introduit vers 1827.

VARIÉTÉS

A. longifolia. — *A. Cunninghami* β *longifolia.* Ant. l. c., t. 44, f. 2.

Se distingue de l'espèce par ses feuilles plus longues et plus étalées.

A. glauca.

Se distingue facilement par la teinte glauque de ses feuilles et de ses jeunes rameaux.

A. taxifolia.

Feuilles éparses, sensiblement courbées sur deux rangs.

A. pendula.

Branches pendantes.

4. Araucaria (*Eutacta*) **excelsa,** ROBERT BROWN. — *Loudon*, Arbor., f. 2297-2302. — *Pin de Norfolk.*

Arbre atteignant 60 m. de hauteur, de forme conique;

branches régulièrement verticillées, horizontales. Ramules alternes sur deux rangs. Feuilles éparses, en alène anguleuse courbée en dedans, longues de $0^m,008$ à $0^m,015$, portant supérieurement deux lignes blanchâtres de stomates. Chaton femelle sphérique, de $0^m,12$ à $0^m,14$; écailles larges, amincies sur les bords, ligneuses, terminées par une longue pointe roide, dressée. Graines grosses, ailées, cachées par les écailles. Embryon à 4 cotylédons.

Habite l'île de Norfolk.

VARIÉTÉS

A. glauca à feuilles cendrées.

A. multiceps ou *monstrosa* des jardiniers.

Ramules se développant en faisceaux.

A. variegata.

Rameaux panachés.

Étamines à loges adhérentes au filet, s'ouvrant en
dehors.

Pinus, Linnée.

Arbres très-élevés, peu d'arbrisseaux, à feuilles
éparses, souvent étalées sur deux rangs, ou fasciculées par l'avortement des primordiales; fascicules
entourés à la base d'une vaginelle scarieuse, en alène
ou en aiguille, linéaire ou tétragone, tombant la sep-
tième année, rarement la première.

Monoïque. Chatons mâles solitaires ou rapprochés
en épis. Anthères à deux loges adhérentes au filet terminé par un connectif écailleux; loges s'ouvrant longitudinalement ou transversalement en dehors.

Chatons femelles solitaires ou par groupes, composés
d'écailles disposées en plusieurs spires, dans les aisselles de petites bractées plus ou moins adhérentes aux
écailles. Deux ovules collatéraux, pendants, insérés
au-dessus de la base des écailles. Fruit à écailles coriaces ou ligneuses, lamelliformes ou épaissies au sommet en une sorte d'apophyse variable; plus ou moins
concaves à la base, où se développent les graines, per-

sistantes, rarement caduques après la maturité. Deux graines collatérales, renversées, en forme de pépins ou de petites noix allongées. Teste dilaté d'un côté de la base en une aile membraneuse persistante, ou, plus rarement, fortement adhérente à l'écaille et séparée de la graine à la maturité. Embryon avec de 3 à 12 cotylédons linéaires épigés.

Habitent les lieux tempérés et froids de l'hémisphère boréal, depuis le littoral de la mer jusqu'aux dernières limites de la végétation arborescente, constituant çà et là de vastes forêts dans les régions des montagnes.

Maturité annuelle ou trisannuelle.

Feuilles dans les plants adultes { solitaires. *A. Sapinus.* / en faisceaux. *B. Pinus.*

Section A. — SAPINUS.

Chatons mâles axillaires ou terminaux sur des rameaux courts, solitaires.

Chaton femelle terminal ou rarement latéral. Bractées toujours plus longues que les écailles avant la floraison, puis plus courtes. Fruit à écailles lamelliformes, coriaces, séparées de l'axe avec la graine la première année, ou persistantes après la dispersion des graines. Graines toujours ailées.

Branches verticillées, rameaux sur deux rangs. Bouton enveloppé d'écailles formant à la base des rameaux un anneau persistant. Feuilles solitaires, disposées en spirales plus ou moins serrées, sessiles sur des coussinets, ou portées sur un pétiole rond et court, planes, portant en dessous deux lignes de stomates, ou tétragones et portant des stomates sur les quatre faces; la plupart des feuilles inférieures ne développant pas de bouton dans leur aisselle atrophiée; d'une durée de sept ans; annuelles dans un genre, mais alors souvent fasciculées sur de très-courts ramules.

Feuilles planes brièvement pétiolées, à coussinet concave; rameaux ronds. Fruit persistant à écailles incluses rarement saillantes. *Tsuga.*

Feuilles planes à pétiole distinct, cylindrique, enflé à la base; coussinet adhérent, allongé supérieurement en une cicatrice orbiculaire, souvent peu apparent. Fruit à écailles caduques, à bractées incluses ou saillantes. *Abies.*

Feuilles tétragones sessiles; rameaux creusés en sillons par l'adhérence de la base des coussinets, dont le sommet est courbé et saillant. Fruit à écailles persistantes; bractées incluses. *Picea.*

Feuilles tétragones sessiles, annuelles; coussinet linéaire adhérent, non dilaté au sommet. Fruit à écailles persistantes. *Larix.*

Feuilles tétragones sessiles, fasciculées ou solitaires,

persistantes; coussinet linéaire, adhérent, non dilaté au sommet. Fruit à écailles persistantes, bractées incluses et oblitérées. *Cedrus.*

§ Ier. Tsuga.

Jeunes rameaux ronds, velus. Feuilles étalées sur deux rangs, linéaires, obtuses, sillonnées en dessous de lignes de stomates blancs; pétiole demi-rond, très-court; coussinet orbiculaire concave. Chaton mâle axillaire ou terminal. Chaton femelle solitaire. Fruit pendant à écailles minces, coriaces, persistantes. Graines ailées; bractées incluses. Embryon à 3 ou 4 cotylédons.

Maturation annuelle.

BRACTÉES INCLUSES.

1. Tsuga Sieboldtii. — Abies Tsuga, *Sieboldt et Zuccarini.* Flor. jap., t. II. pl. 106. — A. *Murray. fil.* The Pins ans Firs of Japon, 84, f. 159-171. — *Abies Araragi*, Sieboldt, in *Loudon.* Encyclopedie of trees, 1036.

Arbre atteignant 10 m. de hauteur et affectant le port de l'Abies (Tsuga) Canadensis. Branches éparses, courtes, irrégulières, étalées. Ramules à écorce rousse, soyeuse. Feuilles éparses, longues de 0^m,012 à 0^m,015, étalées sur deux rangs, obtuses, rarement échancrées, d'un vert foncé, luisantes en dessus, très-blanches et pulvérulentes en dessous. Chaton mâle solitaire, axillaire, pedonculé. Chaton femelle pedonculé et terminal. Fruit long de 0^m,03, brunâtre, à écailles rétrécies en onglet à la base, obtuses ou échancrées au sommet, brillantes, à stries radiées. Bractées bifides, très-courtes. Graine petite, longue de 0^m,004, roussâtre, obtusément trigone. Aile mince, adhérente à la graine.

Habite les montagnes du nord du Japon par 37° de latitude nord. Jusqu'ici, les voyageurs ne l'ont trouvé qu'à l'état de culture dans les jardins ou dans les bois voisins des temples.

T. nana, SIEBOLDT.

Hime ou Fime-Tsuga (Japon).

Cette variété, qui ne dépasse pas 1 m. de hauteur, se distingue par des feuilles très-courtes.

On la rencontre en compagnie de l'espèce, mais, comme elle, elle est assez rare.

2. Tsuga Brunoniana, LINDLEY. — *Abies dumosa*, LOUDON. Arbor., f. 2233-2234; Encyclop. of trees, f. 1936-1937.

Arbre de 20 à 25 m.; branches éparses, dressées.

Rameaux faibles, plus ou moins pendants, verruqueux, velus dans leur jeunesse. Feuilles éparses, linéaires, longues de 0ᵐ,03, glabres, blanchâtres et pulvérulentes en dessous, dressées ou étalées sur deux rangs. Chaton mâle axillaire ou terminal, petit, quatre fois plus court que les feuilles. Chaton femelle terminal, sessile, ovoïde, long de 0ᵐ,03, obtus, à écailles ovales, obtuses, finement dentées au sommet, lâches. Bractée réniforme, échancrée, ciliée. Graine petite, anguleuse, comprimée. Teste d'un brun pâle, dilaté en une aile oblongue, obtuse, plus courte que l'écaille.

Originaire du Népaul, d'où il fut introduit en 1838.

Sous notre climat, c'est un arbrisseau buissonneux et diffus, qui ne supporte pas toujours le froid.

3. Tsuga Canadensis. — *Abies Canadensis,* Michaux. — *Loudon,* Encyclopedie of trees, f. 1935. — *Loiseleur,* Nouveau Duhamel, t. V, pl. 83, fig. 1. — *Hemelock Spruce.*

Arbre de 25 à 30 m. Tronc élancé plus rond que conique. Branches éparses, étalées, les inférieures pendantes. Rameaux sur deux rangs, soyeux dans la jeunesse. Feuilles linéaires mesurant 0ᵐ,002 sur 0ᵐ,015 ou 0ᵐ,025, obtuses, blanchâtres en dessous, plus ou moins étalées sur deux rangs. Chaton mâle terminal ou axillaire, pédonculé, très-petit, s'épanouissant en avril et mai. Chaton femelle terminal, brièvement pédonculé, ovoïde, à bractées de diverses grandeurs; les inférieures oblongues, tronquées et échancrées, ciliées au sommet: les médianes élargies à la base, aiguës. Fruit sessile, ovoïde-oblong, long de $0^m,03$, obtus, brunâtre, à écailles rétrécies à la base, arrondies au sommet. Graines à teste dilaté en une aile oblongue, obtuse, de la longueur de l'écaille.

Dans son pays natal, il se dégarnit souvent, parce que ses branches se cassent sous le poids de la neige. Son bois, et surtout son écorce, qui sert à tanner les cuirs, sont très-recherchés en Amérique; les branches servent à faire la bière Spruce, et les Indiens emploient une térébenthine limpide, extraite de cet arbre, pour guérir les nouvelles blessures ainsi que certaines maladies internes.

Originaire de l'Amérique septentrionale, il habite les montagnes situées entre la baie d'Hudson et la Caroline, ainsi que les montagnes Rocheuses.

D'après M. Carrière, il aurait été introduit en 1736 par Pierre Collinson, mais le passage suivant du Dictionnaire de Miller me porte à croire que son introduction est bien antérieure à cette époque.

« Ces arbres, dit-il, qui sont dans les jardins du duc d'Argile, à Whiton, près de Hounslow, sont les plus beaux que j'aie vus; mais il doit y en avoir de plus vieux encore dans la province de Devon, s'ils n'y ont point été détruits; car, en l'année 1724, un gentilhomme de ce pays, qui en possédait alors plusieurs d'une grandeur considérable, m'en envoya quelques branches chargées de cônes. »

Très-rustique; sous notre climat, il préfère un sol sablonneux et frais, et les situations abritées.

VARIÉTÉS

T. nana.

Buisson atteignant 1 m. de hauteur.

T. gracilis.

Rameaux débiles, feuilles longues de 0^m,006 à 0^m,008.

4. Tsuga Mertensiana, Lindley. — *Laws,* Pinetum Britannicum, fasc. XII.

Arbre de 40 à 50 m., port du Canadensis; tronc cylindrique à écorce fine, foncée, fendillée. Branches éparses, longues, faibles, étalées, puis pendantes à leurs extrémités; jeunes rameaux légèrement pubescents et roussâtres. Feuilles inégales, presque alternativement, les unes longues de 0^m,025 à 0^m,030, les autres de 0^m,015 à 0^m,025, espacées, étalées sur deux rangs, obtuses, légèrement échancrées au sommet, canaliculées en dessus, à bords un peu roulés en dessous, blanchâtres. Fruit terminal, ovale, petit, d'un brun pâle, de la grosseur du pouce. Écailles d'un brun pâle au sommet, se changeant en brun pourpre à la base, vaguement imbriquées. Celles du milieu mesurent environ 11 mill., sont un peu oblongues et légèrement concaves; celles du sommet sont plus étroites que celles du milieu, et celles de la base sont plus petites et plus grosses, quelquefois arrondies. Les bractées sont d'un brun pourpre, cunéiformes, ciliées, fortement attachées à l'écaille. Graines petites, brunes, triangulaires en dessous. Ailes pâles, oblongues, ovales, se détachant facilement de la graine.

On ne peut pas se prononcer sur sa rusticité, quoiqu'il ait bien supporté des hivers rigoureux, car dans des années moins rudes, il a souffert du froid. Il est très-gracieux, croit rapidement, aussi vite que le Mélèze, et préfère les sols marneux et pas trop secs.

Originaire de la côte ouest de l'Amérique septentrionale, il habite l'Orégon, le nord de la Californie, la Colombie britannique et l'île de Vancouver.

Introduit en 1851.

5. Tsuga Hookeriana, Murray. — *Abies Hookeriana, Murray*, in Edimbourg New Phil. Journ., 1855, p. 289, avec figure. — Proced. Hort. Soc. II, p. 102, avec figure. — *Laws*, Pinet. Britannic., fasc. IV.

Arbre de 40 m., dont le tronc est nu jusqu'à la hauteur de 30 m., et dont la sommité de la tige est recourbée. Branches éparses, faibles, étalées; jeunes rameaux soyeux. Feuilles obtuses, planes, étalées plus ou moins, sur deux rangs. Chatons mâles très-petits et d'un violet pourpre. Cônes ovoïdo-cylindriques, de 0^m,03 à 0^m,05 de long, et de 0^m,015 de diamètre. Écailles concaves, en forme de coupe, ternes et opaques, surtout à l'endroit où elles ont été recouvertes par les autres écailles. Une petite bractée, longue d'environ deux lignes, est placée au fond de chaque écaille, à laquelle elle est solidement attachée. Graine très-petite, à teste dilaté en une aile longue de 0^m,006 à 0^m,008.

C'est un arbre d'une grande beauté, surtout remarquable par sa grâce et son élégance, qui lui donnent quelque chose de l'aspect du C. Deodora. Sa forme est un peu irrégulière, s'étendant plutôt en largeur, mais son feuillage clair et chatoyant le fait paraître moins étouffé.

Suivant M. William Murray, son bois est dur et solide, de couleur rougeâtre, et d'un grain fin et serré.

Originaire de la Californie, il a été trouvé par M. Murray sur les monts Écossais, l'un des points élevés des montagnes du pays, par 41° 20' de latitude nord et 122° 37' de longitude ouest, où la terre était déjà couverte de neige le 16 octobre. Le Dr Newberry le rencontra sur le sommet du mont Cascade, dans l'Orégon, par 44° de latitude nord, à 2,000 m. d'altitude.

Sous notre climat, c'est un arbre robuste et rustique,

qui, par sa beauté, promet d'ajouter une précieuse espèce à nos conifères.

Introduit en 1854.

6. Tsuga Lindleyana, ROEZL.

Arbre de 8 à 10 m., à branches horizontales. Feuilles très-serrées, longues de $0^m,014$ sur $0^m,001$, plus ou moins étalées sur deux rangs, cannelées en dessus, parcourues par 3 nervures en dessous.

Habite au Mexique, Real del Monte, à une altitude de 2,800 m.

BRACTÉES SAILLANTES.

7. Tsuga Douglasii. — *Pinus taxifolia, Lambert*, Pinetum, 2e édit., pl. 36. — *P. Douglasii*, Sabine, miscellanées, *Lambert*, id. pl. 72. — *Hooker*, Flora boreali Americana, pl. 183. — *Abies Douglasii, Lindley.* — *Loudon*, Arbor., f. 2230. Encyclop., f. 1932. — *Forbes*, Pinetum Wob. pl. 45.

Arbre de 50 m., conique, à écorce brunâtre, atteignant $0^m,30$ d'épaisseur, et se soulevant en vésicules qui renferment une résine limpide et odorante. Branches verticillées, longues, faibles, étalées. Feuilles éparses, linéaires, longues de $0^m,03$, cannelées, d'un vert gai en dessus, à bords légèrement roulés en dessous, blanchâtres, et la plupart étalées sur deux rangs. Coussinet évidemment saillant, glabre. Chaton mâle terminal ou axillaire, cylindrique, mesurant $0^m,015$ sur $0^m,003$, jaunâtre, s'épanouissant en avril-mai. Fruit terminal, solitaire, pendant, conique, mesurant $0^m,06$ sur $0^m,03$, brun, à bractées largement linéaires, bifides, dont la nervure médiane se prolonge sous forme d'arrête au delà des écailles, larges, triangulaires-arrondies. Graine brune à teste dilaté en une aile obtuse égalant l'écaille. Embryon à 6 cotylédons.

Cette espèce, qui croît dans les régions voisines de la mer, dans le nord-ouest de l'Amérique, est une des plus grandes du groupe d'arbres géants que l'on rencontre dans cette contrée. Le Dr Cooper (United states pacific Railways reports, XII, 2, p. 24) dit que son tronc est droit, souvent privé de branches jusqu'à une hauteur de 15 m. et plus, et qu'elle atteint environ 100 m. Et le Dr Newberry a vu plusieurs individus qui mesuraient 3 m. de diamètre à 1 m. du sol, et 100 m. de hauteur. Le *T. Douglasii* forme d'immenses forêts dont on ne peut, sans les avoir vues, se figurer l'épaisseur. Ainsi, le Dr Lyell rapporte que dans la partie la plus épaisse de la forêt, entre la côte et la chaîne de Cascade, où est situé le district dont parle le Dr Newberry, il n'existe sous les arbres aucune végétation ; les intervalles ont été comblés par d'autres arbres déracinés par le vent ou abattus par les années ; ils sont en différents états de décrépitude, couchés les uns sur les autres de diverses manières, et même pour un homme à pied et sans charge, il est très-difficile de se frayer un passage.

Et, dit le D' Newberry, la masse de bois que donne une acre de cette forêt, surpasse de beaucoup celle que produit une même surface sous les tropiques ou en aucune autre partie du monde.

Malheureusement, ce bois brûle si bien, même vert, puisqu'on se sert de ses branches en guise de torches, que chaque année, d'immenses forêts deviennent la proie des flammes.

Le bois est ferme, pesant, résineux, de la même nature que celui de l'If et non sujet à cambrer.

Dans nos cultures, c'est un bel arbre pyramidal, très-vigoureux et très-rustique, d'une croissance rapide, à branches légèrement pendantes, d'une verdure fraîche et élégante. Le sol où il réussit le mieux, est un terrain profond et sablonneux, à l'abri de l'humidité et des mauvais vents.

Habite la côte ouest de l'Amérique septentrionale, les montagnes rocheuses et les bords de la Colombia.

VARIÉTÉS

T. fastigiata.
Branches dressées.
T. Standishiana, GORDON.

Arbre vigoureux à branches redressées, peu rameuses, à feuillage d'un vert foncé en dessus et argenté en dessous.

T. taxifolia. — *Loudon*, Encycloped. of trees, f. 1932-1933. — *Abies Mexicana*, HARTWEG. — *Abies Drummondii* de quelques jardiniers.

Les feuilles sont doubles de celles du *T. Douglasii*, et d'une verdure plus foncée.

T. stricta.

Petit arbre buissonneux à branches dressées, à feuilles éparses.

A Bourg-Argental, chez M. Adrien Sénéclauze.

T. monstrosa des jardiniers.

Buisson diffus à branches pendantes, à feuilles éparses.

A Angers, chez M. André Leroy.

8. Tsuga Fortunei, A. MURRAY. — *Abies Fortunei, A. Murray* fils, The Pines and firs of Japon, f. 83-85. — *Keteleeria Fortunei*, CARRIÈRE.

Arbre ayant le port du Cèdre ; tronc à écorce cendrée, fendillée, cannelée, épaisse et fibreuse ; branches verticillées étalées ; jeunes rameaux soyeux, coussinet arrondi. Bouton presque globuleux, court. Feuilles lancéolées, mesurant $0^m,030$ ou $0^m,050$ sur $0^m,004$, terminées par une pointe fine, raide, rousse, droite ou légèrement courbées en faulx, à nervure saillante sur

les deux faces, sessiles, distantes, étalées, raides,
d'un vert brillant en dessus avec quelques stomates au
sommet, plus pâles en dessous où l'on compte 16 rangées de stomates de chaque côté de la nervure médiane.
Fruit pédonculé, dressé, cylindrique, mesurant $0^m,06$
sur $0^m,16$ ou $0^m,21$. Bractées pédicellées, élargies, arrondies, denticulées au sommet que dépasse la nervure
médiane sous forme de pointe, d'un brun pourpre et ne
mesurant que la moitié de la longueur des écailles. Ces
dernières, grandes, un peu plus longues que larges,
rétrécies à la base en un onglet cotonneux, persistantes. Graine étroite, longue, anguleuse, couverte d'un
velouté fauve. Teste dilaté sur les angles en dentelures
membraneuses, d'un côté de la base en une aile oblique,
large et raide.

Habite le nord de la Chine.

§ II. Abies.

Jeunes rameaux ronds, coussinet orbiculaire, non
saillant. Feuilles éparses, plus ou moins étalées sur
deux rangs, à pétiole distinct, cylindrique, très-court,
renflé à la base, limbe plane.

Chaton mâle axillaire ou terminal. Chaton femelle
terminal, solitaire. Fruit dressé à écailles tombant lors
de la maturité. Bractées incluses ou saillantes. Graine

à aile presque en coin, persistante. Maturation annuelle.

BRACTÉES SAILLANTES

1. Abies bracteata, HOOKER. — *Pinus bracteata,* LAMBERT, Pinet., 2ᵉ éd., t. III, p. 169, pl. 175. — *Picea bracteata,* LOUDON, Arbor. f. 2256; Encyclop. of trees, f. 1964. — *Lawson,* Pinetum britannicum fasc. 13, avec figure. — *Hooker,* Icones, pl. 378. — Bot. mag. 1853, t. IX, pl. 4740.—*Ch. Lemaire,* Illustrat. hort. 1854, pl. 5. — Fl. des serres, t. IX, pl. 899.

Arbre de 30 à 40 m., conique, élancé, à écorce lisse, brunâtre. Branches verticillées, faibles, courtes, étalées. Rameaux débiles, allongés, velus dans leur jeunesse. Feuilles éparses, étalées, la plupart sur deux rangs, rétrécies en une pointe aiguë, mesurant 0ᵐ,040 sur 0ᵐ,002, planes, coriaces, raides, d'un vert gai en dessus, blanchâtres et pulvérulentes en dessous. Fruit solitaire, pédonculé, dressé, ovoïde, mesurant 0ᵐ,05 sur 0ᵐ08 ou 0ᵐ09, résineux, brunâtre, à écailles larges, réniformes, concaves, à bords crénelés, glauques extérieurement. Bractées adhérentes aux écailles à la base, coriaces, terminées par 3 lobes inégaux, les deux latéraux arrondis, dentés, courts, le médian prolongé de 0ᵐ,04 à 0ᵐ,05, recourbé. Graine oblongue, presque tétragone, amincie en coin; teste fauve dilaté à la base en une aile obovale inéquilatérale, courte.

Il fut d'abord découvert par le Dr Coulter, en Californie, sur le versant des montagnes de Santa-Lucia, qui fait face à la mer. Douglas l'a rencontré ensuite à une altitude de 2,000 m., sur les montagnes de la Californie par 36° de latitude nord. Enfin, le dernier botaniste qui l'ait vu, est Hartweg, qui fut envoyé par la Société d'horticulture de Londres, en 1847, à la recherche de plantes. J'extrais de ses rapports le passage suivant où il raconte l'inanité de ses efforts pour se procurer des graines :

« Le 20 septembre, dit-il, je quittai Monterey pour aller dans les parages du Sud, que je n'avais pu visiter auparavant, à cause des troubles de l'année précédente. Pour guide, je pris à mon service un homme qui m'avait déjà accompagné dans une précédente expédition à Santa-Cruz, et qui, comme chasseur, était habitué à parcourir sans difficulté les montagnes que je voulais visiter. Le jour de notre départ, nous atteignîmes la Mission de Salidad, mauvaise construction à demi-ruinée, située dans la vallée de Salinas. Nous campâmes jusqu'au matin sur les bords de la rivière, à quelque distance de la Mission. Au lever du soleil du jour suivant, nous étions à cheval, et nous quittâmes la route principale pour prendre à droite et entrer dans un défilé qui conduisait à la Mission de San-Antonio. De là, s'étend au loin vers la côte, une chaîne de montagnes d'une hauteur prodigieuse, qui, vues de la

Mission, nous paraissaient nues, mais 'que je suppo-
sais couvertes de grands pins sur le flanc ouest du
côté de la mer. »

Il s'avança vers ces montagnes et descendit sur le
versant occidental, où il trouva l'*Abies bracteata*,
occupant les ravins seulement.

« Ayant abattu quelques arbres, je trouvai à mon
grand regret, que les cônes n'avaient poussé qu'à demi
et qu'ils avaient été détruits par la gelée. Dans d'autres
endroits moins exposés, au bord de la mer, le même
cas se présentait, et je ne pus introduire en Europe ce
remarquable pin. »

M. Beardsley a fait aussi à l'automne 1856 des efforts
pour se procurer des graines, et il raconte ainsi son
expédition.

« Après avoir complété mes collections dans les
environs de Monterey, je partis pour les montagnes
de Santa-Lucia, au delà de la Mission de Saint-An-
toine. Notre équipage se composait, en quittant Monterey, d'un charriot traîné par deux chevaux, de trois
autres animaux capables de nous porter au milieu des
montagnes, de plusieurs objets de campement, et de
provisions pour douze jours.

» Nous atteignîmes la Mission le troisième jour, et
nous y laissâmes notre charriot, pour gagner à cheval
les montagnes voisines à la recherche de l'*A. bracteata*,
que nous rencontrâmes sur le flanc occidental de la

chaine, à environ 30 milles de la Mission et à 10 de la mer....... Après avoir franchi les hauteurs et être descendu vers l'ouest, je rencontrai cet arbre sur les penchants des montagnes et dans les ravins, et non pas seulement dans les ravins, comme le dit Hartweg. Je fus tout à coup désappointé en voyant les cônes trop mûrs pour en obtenir des graines. J'essayai de couper quelques bouquets, mais au moindre coup de hachette, ils se brisaient en morceaux et la graine s'envolait au loin.......

» Je n'ai jamais vu de description qui rende complètement justice à cet arbre, le plus remarquable de tous les pins. Il s'élève à une hauteur de 130 pieds, droit comme un i, le tronc diminuant régulièrement de la base au sommet, et couvert de branches déliées et gracieuses, qui pendent jusqu'à terre; le contour des branches se termine en pointe d'une manière aussi régulière que le tronc, ce qui lui donne l'aspect d'une pyramide allongée, comme le dit Hartweg; le pinceau de l'artiste est impuissant à rendre une figure plus régulière que celle que la nature lui a donnée. Je n'ai pas vu d'arbre dépouillé de ses branches inférieures, excepté dans les buissons où il lui est impossible de pousser, et l'on pourrait monter depuis la base jusqu'au sommet de ces arbres. »

M. Peebles rapporte que les prêtres de la Mission emploient la résine comme encens. Elle fond si facilement à la chaleur, qu'un petit paquet de cette résine, envoyée en Angleterre, enveloppée dans une toile de coton, s'était entièrement évaporée pendant le trajet, laissant le linge complètement saturé ; elle répand une odeur agréable.

Le rapport de M. Beardsley nous apprend que dans son pays natal, l'*A. bracteata* pousse bien dans un terrain pierreux et calcaire ; ainsi, les contrées les plus favorables seraient celles où domine la craie. D'après la position du pays qu'il occupe, 36° de latitude nord, et le fait raconté par les explorateurs, qui ont trouvé ses cônes gelés, nous aurions pu penser qu'il pouvait supporter des froids assez vifs ; cependant, chez nous, les gelées du printemps sont très à craindre. Aussi longtemps que la sève n'est pas montée, l'arbre peut supporter un grand abaissement de température, tandis que les froids printaniers le tuent souvent. En tout cas, si le centre de la France ne lui convient pas, il y a dans le Midi et dans les Pyrénées, des localités qui réuniront toutes les conditions nécessaires à sa végétation.

Originaire de la côte occidentale de l'Amérique du Nord, depuis la Colombia, à une altitude de 1,800 m., jusqu'aux chaînes de Sainte-Catherine en Californie, à 1,000 m. d'altitude ; il fut découvert par Douglas en 1832, et à peu près à la même époque par le Dr Coulter.

2. Abies nobilis, LINDLEY. — *Pinus nobilis,*
LAMBERT. Pinet., 2° édit., pl. 74. — *Forbes,* Pinet., Wo-
burn, pag. 115, pl. 40. — *Picea nobilis,* LOUDON. Arb.
f. 2250. — Encyclop. of trees, f. 1962-1963. — *Lawson,*
Pinetum brit., fasc. Ier.

Arbre de 60 m.; tronc à écorce cendrée, lisse.
Branches verticillées, horizontales. Feuilles éparses,
presque toutes redressées et masquant les rameaux,
rarement plus ou moins étalées sur deux rangs,
linéaires, longues de $0^m,015$ à $0^m,035$, obtuses, planes
ou rarement bifides, épaisses, convexes en dessous,
avec deux lignes de stomates blanchâtres. Le chaton
mâle croit sur la face inférieure de la branche, naissant
de l'aisselle des bourgeons de l'année précédente; il
est indépendant, cylindrique, sessile, long, aminci
(resserré); à sa maturité, il devient mou (flasque), et
est entouré à sa base d'écailles imbriquées, à bords
laciniés. Étamines nombreuses, présentant un sommet
conique, de couleur pourpre, avec un filet gros et court.
Fruit sessile, dressé, cylindrique, obtus, mesurant
$0^m,06$ sur $0^m,08$ à $0^m,12$. Bractées saillantes, brunes,
réfléchies, à bords membraneux, lacérés–incisés, à di-
visions inégales, raides, en alène. Écailles rétrécies à la
base en un onglet. Graine comprimée, pointue à la base,
teste dilaté en une aile large en forme de coin, tronquée et irrégulièrement crénelée au sommet. Embryon
à 5, 6 ou 7 cotylédons.

L'*Abies nobilis* est peut-être l'arbre le plus gracieux de toute la tribu. Son feuillage est d'un beau vert, et, lorsqu'il est jeune, du vert argenté le plus agréable et le plus délicat, qui, plus tard, passe au vert émeraude et prend une teinte plus foncée à mesure que l'arbre vieillit.

Découvert par Douglas, nous ne savons que peu de choses de l'histoire de cette expédition ; cependant, j'extrais d'une lettre adressée à un de ses amis, par le savant explorateur, le passage suivant :

« Je viens de profiter du départ du navire, et après soixante jours de dures fatigues, j'ai accompli, je puis vous l'assurer, un travail encore plus pénible en emballant trois caisses de graines, et en écrivant à M. Sabine et à son frère. Le capitaine n'attend que cette lettre ; puis il fera voile pour la vieille Angleterre. J'éprouve un chagrin réel à le voir partir·sans mes plantes sèches, mais cela est inévitable, car je n'ai pas un morceau de bois convenable dans lequel je puisse les placer ; et ce serait en outre bien à regret que je risquerais toute la collection sur un seul vaisseau, et il me serait impossible de la diviser. J'envoie néanmoins un paquet de six espèces extrêmement belles du genre *Pinus*, et parmi elles, le *P. nobilis* est de beaucoup le plus beau. J'ai passé trois semaines dans une forêt composée de cette essence, et chaque jour je ne cesse de l'admirer. »

L'envoi réussit parfaitement; malheureusement, il n'en fut pas de même de ceux que fit plus tard Jeffrey. On en imputa d'abord la faute à la négligence apportée dans l'emballage ou la récolte des graines, mais on apprit bientôt que l'unique cause était un insecte appartenant au genre Megastigmus, le *Megastigmus du pin*, qui attaque les cônes quand ils sont encore verts, et détruit toutes les graines. Et quand un cône est attaqué, on peut être sûr d'avance qu'aucune graine ne sera productive.

Aussi, pour remédier à ce manque de semences, on multiplia le *P. nobilis* de boutures et de greffes; mais les individus provenant de cette source sont rarement aussi beaux que les semis. Les boutures, prises ordinairement sur les branches, poussent comme celles-ci, en conservant leur inclinaison et n'émettant qu'un tronc chétif et horizontal.

En outre, on a remarqué que les graines provenant du pays natal donnaient de beaux sujets, tandis que celles récoltées en Europe produisaient souvent des arbres mal venus. Ce qui, je crois, tient à ce que l'arbre ne trouvant pas sous notre climat toutes les conditions nécessaires à son existence, même s'il a assez de force pour fructifier, ne produit que des graines anémiées.

Aussi, la greffe sur le Sapin argenté ou l'*Abies Nordmanniana*, est-il le procédé qui nous parait le meilleur à défaut de semences californiennes.

Douglas avait d'abord cru que le bois du *P. nobilis* était excellent pour la charpente, mais depuis, on a reconnu qu'il était blanc et mou et sans aucune valeur ; quant aux autres avantages qu'on pourrait tirer de l'arbre, je ne reconnais que sa beauté et son élégance qui en font une de nos plus jolies plantes d'ornement.

Sa culture ne demande pas de soins particuliers ; il est très-rustique, et se plaît, je crois, dans un terrain argileux, un peu humide.

Originaire de la côte nord-ouest de l'Amérique septentrionale, on le trouve sur les bords de la Colombia, et dans le nord de la Californie, à une altitude de 2,500 m.

Introduit en Europe en 1831.

VARIÉTÉS

A. glauca des jardiniers.

Feuillage très-glauque, ou bleuâtre.

A. robusta, Veitch. — *Abies amabilis, Picea amabilis magnifica, Picea magnifica, Picea amabilis robusta, Abies magnifica* des jardiniers.

Feuilles des jeunes rameaux redressées, étroites ou subtétragones, ordinairement courbées en faulx, celles des vieux s'élargissant et se régularisant. Variété très-vigoureuse.

3. Abies Fraseri, Lindley. — *Pinus Fraseri*, Lambert, Pinet., 2ᵉ édit. pl. 73. — *Antoine*, Conifères, pl. 29, fig. 1. — *Abies Fraseri, Forbes*, Pinet., Wob., pl. 38. — *Picea Fraseri, Loudon*, Arbor, f. 2243-2244. Encyclop. f. 1955-1956.

Arbre de 8 à 10 m., ayant le port de l'*Abies balsamea*. Feuilles éparses, étalées sur deux rangs ou toutes dressées, inégales en longueur, les plus courtes longues de 0ᵐ,008, obtuses ou tronquées, ou un peu échancrées, d'un vert foncé, avec une nervure saillante accompagnée de lignes glauques en dessous. Chaton mâle axillaire, sessile, oblond, très-petit, 0ᵐ,006 à 0ᵐ,010 de longueur. Chaton femelle arqué, aigu, à écailles alongées et pointues, étalées, béantes. Fruits axillaires, sessiles, groupés, dressés, ovoïdes, longs de 0ᵐ,06, à écailles rétrécies en un onglet, orbiculaires, épaisses. Bractées adhérentes à la base des écailles, lancéolées, crénelées-lacérées au sommet, terminées par une pointe saillante. Graine aiguë, longue de 0ᵐ,004, à teste brunâtre, ponctué de noir, et dilaté en une aile marquée de stries noirâtres.

Sous notre climat, il forme un charmant arbre prafaitement rustique.

Originaire de l'Amérique septentrionale, il fut découvert sur les hautes montagnes de la Caroline et en Pensylvanie.

D'après Loudon, il fut introduit en 1811.

VARIÉTÉS

Abies cærulea. — *Abies balsamea prostrata, Abies balsamea glauca, Abies balsamea nana* des jardiniers.

Buisson vigoureux. Bouton violet-glaucescent. Feuilles très-rapprochées, courtes, épaisses, redressées, canaliculées en dessus, à bords ronds en dessous, où la nervure médiane est saillante et accompagnée de deux lignes de stomates blanchâtres.

A. Hudsoni. — *Abies Hudsoni* ou *Hudsonica* des jardiniers. — *Picea balsamina prostrata,* Knight.

Arbrisseau étalé sur le sol, branches éparses. Feuilles larges, canaliculées en dessus, glauques en dessous.

Cette variété, parfaitement rustique, convient à la décoration des petits jardins et des massifs.

Elle ne dépasse guère 1 m. de hauteur, mais s'étend considérablement en largeur, et les branches, en rampant sur le sol, s'y enracinent d'elles-mêmes, formant un véritable tapis de verdure. M. Carrière cite un arbre de cette espèce, planté en 1838 au château de Balaine (Allier), et qui n'atteignait après dix-sept ans de plantation, que 0^m,50 de hauteur sur 2 m. de diamètre.

4. Abies religiosa, Lindley. — *Pinus religiosa,* Lambert, Pinet, 2ᵉ édit., pl. 78. — *Antoine.* Conif.

pl. 28, fig. 2. — *Picea religiosa, Loudon,* Arbor, f. 2257.
— Encyclop., f. 1965-1967.

Arbre de 30 à 40 m. de hauteur, et dont le tronc mesure 2 m. de diamètre. Feuillage d'un vert sombre. Jeunes rameaux fauves, glabres, opposés. Feuilles alternes, linéaires, étalées sur deux rangs, mesurant $0^m,002$ sur $0^m,020$ à $0^m,040$, pointues, souvent arquées, glauques en dessous. Fruit sessile, ovale-oblong, mesurant $0^m,05$ sur $0^m,10$ ou $0^m,15$, dressé, d'un violet brunâtre, résineux. Ecailles réniformes, longues de $0^m,03$ à $0^m,04$, rétrécies en un onglet, et à bords découpés à la base, rongés ou denticulés latéralement, épaissis et entiers au sommet. Bractées saillantes, irrégulièrement incisées-dentées, terminées par une pointe, repliées en dehors. Graine triquètre, aiguë, à teste dilaté d'un côté en forme de doloire.

« Il est, dit Loudon, facile à le distinguer des autres espèces de Pin d'argent, par la petitesse de ses cônes, qui, par leur forme, ont une grande ressemblance avec ceux du Cèdre du Liban, quoiqu'ils soient beaucoup plus petits. »

Dans nos cultures, l'*A.* religiosa forme un arbre droit et élancé, dont le port rappelle celui de l'*A. pectinata,* mais qui n'a pu jusqu'ici supporter le froid sous le climat de Paris.

Habite au Mexique les régions froides d'Orizaba et d'Anganguco, à une altitude de 2,000 à 3,000 m.

Introduit en 1839 de graines envoyées par Hartweg à la Société d'horticulture.

VARIÉTÉS

A. glaucescens, *Abies glaucescens*, ROEZL.

Feuilles plus glauques. Fruit à écailles plus longues. Bractées larges, concaves, frangées à la base.

A Bourg-Argental, chez M. Adrien Sénéclauze.

A. Lindleyana. — *Abies Lindleyana*, ROEZL.

Arbre à feuillage d'un vert foncé, et à tronc lisse d'un roux brunâtre. Branches verticillées, étalées. Rameaux jeunes, glabres; feuilles éparses, étalées sur deux rangs, inégales, longues de $0^m,015$ à $0^m,035$, étroites, pointues, blanches, avec un reflet bleuâtre en dessous.

A Bourg-Argental, chez M. Adrien Sénéclauze.

A. hirtella. — *Picea hirtella*, *Loudon*, Encyclop. of trees, pag. 1030. — *Abies hirtella*, LINDLEY. — Pin chevelu.

Arbre de 6 à 8 m., à branches verticillées, étalées. Rameaux anguleux, pulvérulents, et velus dans leur jeunesse. Feuilles éparses, étalées sur deux rangs, longues de $0^m,02$ ou $0^m,03$, linéaires, aiguës, blanchâtres en dessous, à bords roulés en dessous.

Habite au Mexique les montagnes de la Guarda, à une altitude de 2,800 m.

5. Abies Nordmanniana, Spach. — *Pinus Nordmanniana, Stev.* Bull. Soc. nat. Mos. 1838, pl. 2. — *Antoine*, Conifères, pl. 28, fig. 2. — *Picea Nordmanniana, Loudon,* Encyclop. of tres, f. 1950. — *Abies Leioclada*, Stev. — *Abies picea leptoclada*, Lindley.

Arbre de 25 à 35 m. à feuillage d'un vert foncé, qui prend le matin et le soir une teinte argentée. Branches verticillées, étalées et très-épaisses, celles du bas horizontales, les supérieures formant avec le sommet un angle plus aigu. Feuilles éparses, redressées en dessus, linéaires, bifides au sommet, longues de $0^m,03$, luisantes, parcourues par deux lignes glauques en dessous. Fruit dressé, conique, long de $0^m,12$ à $0^m,15$ sur $0^m,05$ de largeur, et entièrement couvert de résine. Bractées adhérentes dans le jeune âge, puis libres, linéaires, aiguës, courbées en dehors. Ecailles inférieures courtes, presque réniformes, denticulées latéralement, les supérieures en forme de coupe, étroites à la base, et dilatées au sommet sur une largeur de $0^m,04$. Graine obtusément triquètre, à teste lisse dilaté en une aile oblique. Embryon à 7 cotylédons.

C'est un arbre magnifique, formant une pyramide bien régulière, dont la base s'élargit considérablement. Les cônes ne sont disposés qu'au sommet de l'arbre. Les graines mûrissent à la fin de septembre; elles tombent avec les écailles, et se détachent de l'axe qui persiste pendant plusieurs années. Son bois est d'une bonne qualité, et, l'arbre parfaitement rustique pousse dans presque tous les terrains et à toutes les expositions. Le plus bel échantillon que je connaisse, est dans mes pépinières ; il a été planté en 1856, et il mesure aujourd'hui plus de 14 m. de hauteur ; les branches couvrent à la base un espace de 4ᵐ,50 de diamètre, et le tronc a 0ᵐ,80 de circonférence. Il a fructifié abondamment en 1869, ce qui prouve que l'observation de M. Steven, disant qu'il ne donne pas de graines avant l'âge de quarante ou soixante ans, est inexacte, au moins sous notre climat.

Habite le nord de l'Asie, sur les sommets de la chaîne Adscharienne, au delà de Guriel, à une altitude de 2,600 m.

VARIÉTÉS

A. refracta.

Arbre conique, vigoureux.

A Bourg-Argental, chez M. Adrien Sénéclauze.

A. brevifolia.

Feuilles plus courtes, étalées sur deux rangs.

A. robusta.

Feuillage d'un vert glauque ; branches obliques, rameaux gros.

6. Abies pectinata, DE CANDOLLE.— *Pinus picea,* LINNÉE.— *Lambert,* Pinet., 2ᵉ éd. pl. 32. — *Antoine,* Conifères, pl. 27, fig. 1. — *Hartig,* Forstpflanz, pl. 2. —

Loiseleur, Nouv. Duhamel, t. V, pl. 82. — *Abies ar-gentea, de Chambr.* Trait. prat. arb. résin., pl. I, fig.1-2, et pl. V, fig. 1. — *Picea pectinata, Loudon,* Arbor., f. 2237-2239, Encyclop., f. 1938. — Sapin de Lorraine. — Sapin des Vosges. — Sapin de Normandie.

Arbre de 30 m., élancé, conique, d'un vert foncé. Tronc à écorce lisse, cendrée. Branches verticillées, étalées, courtes. Jeunes rameaux pubescents. Feuilles éparses, étalées sur deux rangs, linéaires, bifides au sommet, mesurant $0^m,20$ à $0^m,030$ sur $0^m,002$, canaliculées et luisantes en dessus, blanchâtres en dessous. Fruit dressé, rond, mesurant $0^m,08$ sur $0^m,03$, moins large au sommet. Bractées rétrécies à la base, denticulées, courbées en dehors, à nervure médiane aiguë. Ecailles caduques. Graines obtusément triangulaires. Embryon à 4 cotylédons.

Originaire des montagnes de l'Europe centrale, on le trouve dans les Alpes, les Vosges, les Apennins, les Pyrénées et le Caucase, où il forme de grandes forêts à une altitude de 660 à 1,300 m. Il croît aussi dans la forêt Noire, mais ne dépasse pas le 50° degré de latitude nord.

Son bois est élastique et blanchâtre, d'un grain irrégulier, puisque les fibres qui le composent sont partie blanches et molles, et partie jaunes et dures. Il se retire considérablement en séchant, comme tous les bois blancs. On l'emploie pour faire des planches et des charpentes de toutes sortes, des mâts pour de petits vaisseaux, des poutres et des radeaux. Quant à sa résine, elle sert à fabriquer la térébenthine de Strasbourg, la colophane et la poix blanche.

L'Abies pectinata préfère les terres un peu fortes et fraîches aux terrains secs et calcaires, où il est abîmé par les gelées printanières.

VARIÉTÉS

A. variegata.

Arbre petit et délicat, à feuilles panachées de jaune.

A. pyramidalis.

Branches dressées le long de la tige, ainsi que les rameaux; feuilles éparses, étalées en tous sens.

Au village du Gua, dans l'Isère.

A. stricta. — *Abies pyramidalis* ou *A. pectinata metensis* des jardiniers.

Arbre conique, à branches éparses, rapprochées, dressées le long de la tige, faibles. Rameaux épars ou disposés sur 2 rangs. Feuilles tenues.

Se trouve dans les cultures, à Grenoble, Metz et Versailles.

A. tortuosa, LOUDON. — *Abies pectinata nana.* — *Abies prostrata* des jardiniers.

Buisson nain, diffus, à branches un peu tortueuses.

A. columnaris. — *Abies pyramidata* de quelques jardiniers.

Arbre élancé, de 20 à 25 m., à branches courtes, d'égale longueur.

A. elegans.

Buisson nain ; feuilles bifides.

A. auricoma.

Feuilles panachées.

A. brevifolia.

Buisson à feuilles larges et courtes.

Se trouve à Versailles, chez M. Chrétien.

A. tenuifolia, VAN GEERT.

Variété reçue d'Allemagne sous la dénomination de *Tanne mit dem Gröszten Zapfen*, et qui ne se distingue de l'espèce que par des proportions inférieures aux siennes, et des feuilles plus étroites.

A. microphylla.

Arbrisseau nain, à branches éparses, obliques et courtes. Rameaux dilatés à la base en anneau ; bouton rougeâtre, résineux. Feuilles éparses, plus ou moins étalées sur 2 rangs, très-étroites, obtuses, longues de $0^m,008$ à $0^m,015$.

7. Abies Cephalonica, LINK. — *Abies Lascombeana, Loudon,* Arb. t. IV, 2325, avec figure. — *Pinus Cephalonica, Antoine,* Conif., pl. 27, fig. 1. — *Picea Cephalonica, Loudon,* Arbor., fig. 2335-2336. — Encyclopédie, fig. 1940-1946. — *Lawson*, *Pinet*, *Britan.*, fasc. 3 et 5. — *Picea panachaica*, HELDR. — *Abies Apollinis*, LINK. — *Abies Monte-Draco* ou *Reginæ Ameliæ* des jardiniers. — *Abies Cephalonica*, LOUDON, Arbor. t. IV, 2325, avec figure. — *Forbes*, Pinet. Wob, pl. 42. — *Koukounaria* et *Elatos* des habitants de Céphalonie.

Arbre atteignant 20 m. de hauteur, conique et à feuillage d'un vert foncé. Branches verticillées ou éparses, étalées, renflées à leur base. Rameaux rapprochés, verticillés ou épars. Feuilles éparses ou presque étalées sur 2 rangs sur les vieux arbres, linéaires, mesurant de $0^m,012$ à $0^m,020$, à nervure médiane prolongée en une pointe aiguë, raide et blanchâtre; elles sont tordues, arquées, coriaces, luisantes en dessus et marquées en dessous de 2 lignes glauques. Chatons mâles rougeâtres, pendants, disposés à la base des rameaux d'un an. Fruit sessile, dressé, en fuseau, large de $0^m,03$ sur $0^m,12$ ou $0^m,20$ de longueur, obtus, résineux, d'un rouge violacé, à bractées linéaires, s'élargissant avec l'âge, fongueuses, courbées en dehors, à nervure médiane saillante en une pointe raide, denticulée, roussâtre.

C'est un bel arbre qui, lorsqu'il n'est pas gêné par d'autres, atteint une grande taille, et étend ses branches à une grande distance.

La localité où on le rencontre en plus grande abondance, est la cime de la Montagne Noire (l'ancien Mont Enos), en Céphalonie, à environ 13 à 1,600 mètres d'altitude. Là, il forme une vaste forêt, qui, en 1793, avait plus de 36 milles anglais de circonférence; mais, pendant les troubles qui agitèrent les îles vers 1798, elle fut, à ce qu'on suppose, détruite par les paysans, qui la livrèrent aux flammes. L'incendie dura trois mois, et, quoique quelques portions de l'ancienne forêt se voient encore sur la montagne, la plus grande partie fut à tel point détruite, que la montagne n'offre plus qu'un aspect dénudé qui ne justifie guère son nom.

Cependant, il reste encore un grand nombre de ces arbres, mais il est à craindre que les chèvres, qui paissent librement au milieu de la forêt, et la récolte inhabile de la résine, ne les fassent bientôt périr. L'exploitation de la forêt serait pourtant pour le pays un sujet de richesses, puisqu'au XVIIe siècle, elle fournissait de bois les îles de Céphalonie, Zanthe et Ithaque, ainsi que l'arsenal vénitien de Corfou. Et la dureté du bois est telle, que le général Napier nous informe qu'en démolissant quelques vieilles maisons de la ville d'Argostoli, qui étaient bâties depuis cent cinquante ou trois cents ans, la charpente, qui était faite de sapin de la Montagne Noire, était aussi dure que du chêne et parfaitement conservée.

L'*A. Céphalonica* fut introduit en 1824 par des graines que Sir Napier envoya à ses amis, et d'où proviennent les plus beaux spécimens qu'on voit en Angleterre.

Dans nos cultures, c'est un arbre élégant, résistant parfaitement à nos hivers, mais qui réclame une exposition peu chaude, car il pousse avant que les gelées du printemps soient entièrement passées, gelées qui détruisent souvent ses jeunes bourgeons.

VARIÉTÉS

A. rubiginosa.

Bourgeon rougeâtre lors du développement.

A. robusta.

Arbre vigoureux ; branches et rameaux gros ; feuilles épaisses, toutes redressées. Chaton mâle axillaire, dressé, jaunâtre ou blanchâtre. Fruit dressé, roussâtre.

A Angers, chez M. André Leroy.

A. latifolia.

Feuilles larges.

A. aurea.

Jeunes bourgeons jaunâtres.

A Bourg-Argental, chez M. Adrien Sénéclauze.

8. Abies firma, SIEBOLDT et ZUCCARINI. — *Pinus firma, Antoine,* Conif., pl. 27 *bis.* — *A. Murray,* The Pines and firs of Japon, fig. 95.

Arbre élevé, à feuillage d'un vert foncé, ayant le port de l'*A. pectinata* et l'écorce lisse, d'un gris cendré.

Jeunes ramules dressés, ronds, couverts de petites pellicules pubescentes, brunâtres ; coussinet à peine saillant, obscurément anguleux, cicatrice orbiculaire. Feuilles éparses, inégales en longueur, distiques ou redressées, linéaires, longues de 0^m,03, obtuses, courbées ou rarement échancrées, coriaces, nervure médiane saillante en dessous et accompagnée de 2 lignes blanchâtres. Chaton mâle jaune, axillaire, sur les rameaux d'un an, pédonculé, dressé, cylindrique. Chaton femelle solitaire, latéral. Fruit pédonculé, dressé, rond, mesurant 0^m,07 ou 0^m,08, obtus, un peu courbé, cendré ou d'un brun livide. Bractées lancéolées, rétrécies en coin à la base, ou presque rhomboïdales, aiguës, laciniées, carénées, plus longues que les écailles, arrondies au sommet. Graines presque triangulaires, aiguës à la base, tronquées au sommet, couvertes d'écailles épidermiques. Embryon à 4 ou 5 cotylédons.

Son bois est employé dans la charpente par les Japonais, qui le connaissent sous le nom de *To-Momi*.

Habite, au Japon, les îles Sikokf, Jezo, Niphon et les Kouriles, à une altitude de 700 à 1,000 m., entre les 34° et 45° degrés de latitude nord.

VARIÉTÉS

A. vulgaris.
Habite le nord de la Chine.

Abies Jezoensis.

Arbre élancé, à feuilles échancrées; fruit plus court.

Habite au Japon les montagnes de Jamato, Jamasiro, et Simotsuki.

9. Abies bifida, Sieboldt et Zuccarini. — *Pinus bifida, Antoine*, Conif., pl. 31, fig. 2.

Arbre à rameaux arrondis, à feuillage d'un vert foncé, et dont l'écorce est couverte d'une poussière jaunâtre, cendrée, livide; ramules glabres, à coussinet peu proéminent, presque anguleux, d'un jaune plus vif. Bouton ovoïde, obtus. Feuilles alternes, presque distiques, linéaires, les inférieures longues de $0^m,040$, les supérieures de $0^m,008$ à $0^m,016$, terminées par 2 pointes en alène, piquantes, droites, canaliculées en dessus, à nervure saillante en dessous, et accompagnée de 2 lignes blanches.

Est cultivé au Japon.

10. Abies homolepis, Sieboldt et Zuccarini. — *Pinus homolepis, Antoine*, Conif., pl. 31, fig. 1. *Flora Japonica*, pl. 108.

Arbre de 8 à 10 m., ayant le port de l'*A. pectinata.* Jeunes ramules dressés, ronds, à coussinet saillant, recouvert de phyllules, glabre, d'un blanc jaunâtre. Bouton ovoïde, écailleux, très-résineux. Feuilles éparses, presque étalées sur 2 rangs, linéaires, obtuses ou bilides, longues de 0^m,025, courbées au sommet, lui-santes, canaliculées en dessus, planes et portant 2 stries blanches en dessous. Chaton femelle axillaire, sessile, dans un involucre purpurin, rond, long de 0^m,03 à 0^m,06, obtus, courbé. Bractées et écaille de même forme et d'égale longueur lors de la floraison, ungui-culées à la base, orbiculaires, latéralement crénelées et dentées, glabres, coriaces, d'un beau rouge, à ner-vures disposées en rayon.

Habite au Japon les montagnes Owari, dans l'ile Niphon, par le 35° degré de latitude nord. On le ren-contre à l'état cultivé dans les jardins de Nangasaki et d'Ohosaka, ainsi qu'aux environs de Yeddo; il forme de vastes forêts dans les îles Jezo, Karafto et Itouroup.

A. β Toknaix.

BRACTÉES INCLUSES

11. Abies balsamea. — *Pinus balsamea,* Linnée. — *Lambert,* Pinet., 2e éd. pl. 33. — *Antoine,* Conifères, pl. 26, fig. 3. — *Forbes,* Pinet., Wob. pl. 37. — *Loiseleur,* Nouv. Duhamel, t. V, pl. 38, fig. 2. — *Picea balsamea, Loudon,* Arbor. f. 2240-2241. — En-cyclop., f. 1952-1954. — *Baumier de Gilead.*

Arbre de 12 à 15 m., à feuillage d'un beau vert. Branches verticillées, étalées, courtes. Feuilles éparses presque étalées sur deux rangs, linéaires, longues de 0^m,015 à 0^m,030, aiguës, obtuses ou échancrées, glauques en dessous. Chaton mâle sur les rameaux d'un an, sessile, axillaire, long de 0^m,015. Chaton femelle cylindro-conique, terminé par une écaille étroite, herbacée, saillante. Fruit dressé, rond, mesurant 0^m,03 sur 0^m,06, tronqué, purpurin dans le jeune âge, puis violet et résineux. Bractées adhérentes à la base des écailles, lancéolées, denticulées, nervure médiane prolongée en une pointe aiguë, moins longues que les écailles, rétrécies en onglet à la base, tombant à la maturité. Graines longues de 0^m,004 à teste dilaté en une aile deux fois plus longue que la graine.

C'est cet arbre qui, en Amérique, produit le baume de Canada. Dans nos cultures, c'est un très-bel arbre durant les premières années, mais les bouts de ses rameaux sont sujets à se boursouffler, de telle sorte, que l'arbre finit par périr.

Habite le Canada, la Nouvelle-Écosse, la Nouvelle-Angleterre et les monts Alleghany, dans des situations élevées et froides.

Introduit en 1696, il fut peu répandu jusqu'à la fin du siècle dernier, puisque, dit Miller, on ne connaissait guère, en Europe, que ceux du jardin de l'évêque de Londres, à Fulham.

VARIÉTÉS

A. longifolia, Loudon. — *Abies iralensis* de quelques jardiniers.

Arbre pyramidal ayant le port du Sapin argenté d'Europe, et des feuilles plus longues que l'espèce.

Sa croissance sous le climat de Londres, dit Loudon, est plus rapide que celle du Sapin argenté, cet arbre atteignant une hauteur de 10 pieds 1/2 dans le même nombre d'années.

A. variegata.

Arbrisseau à feuilles panachées de jaune. C'est une jolie variété, mais elle est très-délicate et craint surtout les rayons d'un soleil trop ardent.

A. nana.

Arbrisseau étalé à rameaux débiles, quelquefois étalés sur deux rangs. Bouton arrondi, roux, luisant, résineux.

A. denudata.

Tronc élancé ; branches réduites à de courts rameaux.

A Suisnes, chez M. Cochet.

A. nudicaulis.

Tige très-grosse, sans rameaux.

A Angers, chez M. André Leroy.

Abies prostrata.

Buisson à branches nombreuses, étalées.

A. cærulea. — *Abies excelsa Fraseri* des jardiniers.

Arbrisseau conique, très-foncé, comme bleuâtre; branches courtes; feuilles éparses, étalées sur deux rangs, longues de 0^m,012 à 0^m,018, argentées en dessous.

12. Abies amabilis, Forbes. — *Antoine*, Conifères, pl. 25. — *Forbes*, Pinet., Wob. pl. 44. — *Picea amabilis, Loudon*, Arbor. 2247-2248. — Encyclop., f. 1960-1961.

Arbre magnifique atteignant 50 m. de hauteur avec le port de l'*A. Nordmanniana.* Branches verticillées, étalées. Ramules sur deux rangs, souvent opposées. Feuilles éparses, toutes redressées, obtuses, longues de 0^m03, striées en dessous par deux lignes blanches. Fruit dressé, mesurant 0^m,14 à 0^m,18 sur 0^m,05 ou 0^m,07, légèrement en fuseau, obtus. Bractées courtes et pointues. Écailles arrondies, ayant 0^m,03 de diamètre.

Dans son pays natal, c'est un arbre presque colossal, dépassant en hauteur tous ses voisins, et mesurant quelquefois jusqu'à 80 m., avec un tronc de 3 m. Dans nos cultures, il est complètement rustique et il est regrettable de ne pas le voir plus répandu; d'autant plus que, par sa haute taille, c'est un arbre

de futaie qui pourrait peut-être rendre de grands services à la sylviculture de nos pays.

Introduit de graines par Douglas en 1831 ; il habite
le nord-ouest de la Californie.

13. Abies grandis, LINDLEY. — *Pinus grandis,
Lambert,* Pinet., 2° éd., pl. 77.—*Antoine,* Conif. pl. 25,
fig. 1. — *Picea grandis, Loudon,* Arbor., f. 2245-2246.
— Encyclop. of trees, f. 1957-1959. — *Forbes,* Pinet.
Wob. pl. 43. — *Pinus, Picea, Abies concolor.*

Bel arbre de 60 à 70 m., à feuillage d'un vert clair ;
tronc à écorce cendrée, lisse. Branches verticillées,
étalées. Rameaux sur deux rangs débiles, glabres,
à écorce jaunâtre. Feuilles éparses, distantes, étalées
sur deux rangs, ou toutes redressées, inégales en longueur, mesurant de $0^m,04$ à $0^m,07$, étroites, obtuses,
courbées, pâles en dessous. Fruit dressé, long de $0^m,08$
à $0^m,12$ sur $0^m,04$, brunâtre, résineux. Bractées plus
larges que longues, fimbriées sur les côtés. Écailles
larges, concaves, veloutées sur la partie exposée à
l'air, caduques. Graines anguleuses, à teste tendre,
dilaté en une aile oblique, persistante.

Cet arbre encore très-rare chez nous, a été découvert sur les bords de la rivière Fraser, en Californie, où
il atteint jusqu'à 90 m. de hauteur. Son port est majestueux et élégant, rappelant celui de l'*A. pectinata*
et sa croissance est presque aussi rapide que celle du

Tsuga Douglasii. Il résiste sans fatigue à tous nos hivers et pousse avec vigueur dans les terrains frais.

Originaire de la côte ouest de l'Amérique septentrionale, la Californie et la Colombie anglaise où il se trouve à une faible altitude.

14. Abies Gordoniana. — *Picea grandis,* GORDON. — *Abies de Van Couver* des horticulteurs.

Arbre de 60 m., à feuillage d'un beau vert ; tronc à écorce brunâtre. Branches verticillées étalées. Rameaux sur deux rangs. Feuilles éparses, étalées sur deux rangs, linéaires, obtuses ou bifides, inégales en longueur, variant entre 0^m,012 et 0^m,040, luisantes en dessus, argentées en dessous. Fruit dressé, ovoïde, obtus, semblable à celui du Cedrus, mais plus gros. Bractées ovales, aiguës, crénelées sur les bords. Écailles rétrécies en onglet, larges, concaves, entières. Graines oblongues, à teste coriace, dilaté en une aile oblique, tronquée, luisante, fragile.

Habite la Californie.

15. Abies lasiocarpa, LINDLEY.

Bel arbre à feuillage vert avec des reflets blanchâtres ; tronc à écorce lisse, d'un gris cendré. Branches verticillées, régulièrement disposées, horizontales, un peu relevées à leur extrémité. Feuilles longues de 0^m,04, d'un vert clair un peu blanchâtre, presque argentées en dessous, avec les bords épaissis et verts et une nervure médiane saillante également verte. Fruits velus.

Dans nos cultures, c'est un arbre magnifique de la plus grande élégance, affectant le port de l'*Araucaria excelsa*. Garni de branches du sommet à la base, il n'a pas l'aspect dense et lourd de beaucoup de ses congénères. Sa verdure un peu argentée lui donne encore un cachet tout original qui en fera sans contredit un de nos plus beaux arbres d'ornement. Il est d'une rustiticité à toute épreuve puisque dans mes pépinières, tous les échantillons que je possédais, ont supporté sans fatigue l'hiver si rigoureux de 1871-1872. Nous ne le connaissons pas assez pour savoir s'il pourrait être une essence forestière profitable, mais nous pensons qu'on ne saurait trop le répandre comme un de nos plus beaux conifères. Il pousse avec vigueur dans les terrains silico-argileux.

Habite le nord ouest de l'Amérique septentrionale.

16. Abies Pindrow, SPACH. — *Pinus Pindrow, Royle.* — *Lambert,* Pinet., 2ᵉ édit., pl. 76. — *Antoine,* Conif., pl. 24, fig. 1. — *Picea Pindrow, Loudon.* Arb. f. 2254-2255.—Encyclop. of trees, f. 1970-1971.—*Abies Chiloensis* de quelques jardiniers.

Arbre atteignant 25 à 30 m. Tronc à écorce grisâtre, lisse. Branches nombreuses, étalées. Rameaux sur deux rangs. Bouton ovoïde, obtus. Feuilles nombreuses, sur deux rangs, linéaires, plates, de la même couleur sur les deux faces, inégales, mesurant $0^m,002$ sur $0^m,020$ à $0^m,050$, striées en dessous de deux lignes plus ou moins blanchâtres, terminées par deux dents aiguës au sommet. Chatons mâles ronds, longs de $0^m,03$ environ. Écailles trapéziformes, raides, coriaces, striées, latéralement lacérées, supérieurement entières, arrondies. Fruit dressé, ovoïde, mesurant $0^m,05$ sur $0^m,12$ à $0^m,15$, obtus, d'un pourpre intense, ou violacé. Bractées presque rondes, émargées, irrégulièrement crénelées. Graines petites, à teste brun, luisant, dilaté en une aile taillée obliquement, crénelée, courte.

Cet arbre d'un très-bel aspect, végète très-bien dans les terres fortes et fraîches, et résiste parfaitement à nos hivers ; malheureusement, comme il entre en végétation dès la fin de l'hiver, ses jeunes bourgeons sont souvent abîmés par les gelées tardives du printemps, et les individus, sous notre climat, sont petits et chétifs avec un aspect difforme.

Habite la vallée du Setledge dans l'Himalaya, à une altitude de 2,600 à 3,000 m. D'après M. Carrière, on le trouve toujours accompagnant les vignobles.

A. variegata.

Feuillage panaché de jaune.

17. Abies Webbiana, Lindley. — *Pinus spectabilis,* Lambert, Pinet., 2ᵉ éd., pl. 34. — *P. Webbiana,*

Wallich. —*Antoine*, Conif., pl. 24., fig. 1.—*Picea Web-biana*, Loudon, Arb. f. 2251-2252.—Encyclop. of trees, f. 1968-1969. — *Forbes*, Pinet., Wob. pl. 41. — *Abies Chilrowensis* des jardiniers.

Arbre de 25 à 30 m., à feuillage d'un vert gai. Branches verticillées, étalées. Rameaux gros et opposés. Bouton ovoïde, obtus, résineux, à écailles rougeâtres. Feuilles nombreuses, redressées ou plus ou moins étalées sur deux rangs, linéaires, plus ou moins bifides, longues de $0^m,03$ à $0^m,05$, canaliculées et luisantes en dessus, sillonnées de deux stries glauques en dessous, épaisses, coriaces. Chaton mâle allongé, faible, à étamines monadelphes. Chaton femelle long de $0^m,02$, pourpre. Fruit dressé, obtus, large de $0^m,04$ à $0^m,06$ sur $0^m,10$ ou $0^m,16$, purpurin, résineux. Bractées très-courtes; écailles courtes, larges, rétrécies en coin à la base, arrondies. Graine ovoïde, oblongue, anguleuse à teste crustacé, dilaté en une aile obovale. Bois rosé.

Originaire des mêmes pays que l'*A. Pindrow*, il présente, dans nos cultures, les mêmes inconvénients que lui; ses bourgeons poussent trop tôt, et cet arbre qui résiste sans souffrir à nos plus grands froids, est complètement abîmé par les gelées du printemps. Mais, dit Loudon, lorsque l'arbre commence à porter des fruits, on peut les féconder avec les fleurs mâles du Sapin argenté commun, et obtenir ainsi un produit un peu plus rustique que l'espèce mère.

Habite l'Himalaya, le Bhootan, le Sikkim, à 4,000 m. d'altitude, entre les 30° et 32° degrés de latitude nord.

Introduit en 1822.

A. affinis.

Feuilles moins glauques en dessous.

18. Abies Siberica, LEDEBOUR. — *Abies pichta, Forbes*, Pinet. Wob., pl. 37. — *Pinus Siberica, Antoine,* Conif., pl. 26, fig. 1, — *Picea pichta,* LOUDON, Encyclop. of trees, f. 1951.

Arbre de 15 à 20 m., à feuillage d'un vert pâle. Branches nombreuses, verticillées ou éparses, faibles, courtes. Rameaux opposés sur deux rangs. Feuilles serrées, plus ou moins étalées sur deux rangs, décrivant un angle aigu, linéaires, obtuses, quelques-unes bifides, longues de $0^m,012$ à $0^m,030$, canaliculées en dessous, avec une nervure médiane et large, accompagnée de deux lignes blanches en dessous, épaisses. Chatons mâles latéralement développés au sommet des rameaux d'un an, très-petits. Chatons femelles dressés, longs de $0^m,03$. Bractées allongées en une pointe, anguleuses, denticulées. Fruit dressé mesurant $0^m,03$ sur $0^m,05$ à $0^m,07$. Bractées allongées, mucronées, presque quadrangulaires, denticulées. Ecailles rétrécies en coin à la base, trapéziformes, à bords latéraux denticulés. Graine de $0^m,002$ sur $0^m,006$, à teste dilaté en une aile ovale arrondie. Embryon à 4 cotylédons.

Habite les montagnes de la Sibérie et l'Altaï, où il forme d'épaisses forêts, à une altitude de 1,500 à 1,800 m. Dans nos cultures, c'est un arbre de 12 à 15 m. qui résiste parfaitement à tous nos hivers.

A. alba. — *Picea pichta longifolia* et *Picea alba* des jardiniers.

Feuillage d'une couleur plus pâle,

17. Abies pinsapo, Boissier. — *Pinus pinsapo,* *Antoine,* Conif., pl. 26, fig. 2. — *Abies pinsapo, Boissier,* Voyage en Espagne, pl. 167-169.— *Lawson,* Pinet. britann., fasc. 3. — *Picea pinsapo,* Loudon, Encyclop. of trees, f. 1917-1948.

Arbre de 20 à 25 m., densément conique, à feuillage d'un vert foncé; branches nombreuses, étalées. Rameaux rapprochés, opposés, verticillés ou quelques-uns épars. Feuilles nombreuses, alternes, rayonnantes, en alène, longues de 0^m,002 sur 0^m,010 à 0^m,013, raides, coriaces, portant deux stries blanchâtres en dessous. Chatons mâles ovoïdes, égalant les feuilles, pourpres. Chatons femelles cylindriques, dressés, d'un brun verdâtre, et placés sur la face supérieure des branches. Fruit dressé, sessile, en fuseau, obtus, mesurant 0^m,04 sur 0^m,10 ou 0^m,14. Bractées ovales, échancrées, très-petits, soudées aux écailles. Ces dernières subtriangulaires, en forme de clous sans pointe, arrondies, tombant annuellement avec les graines. Graines à teste brunâtre, luisant, dilaté en une aile diaphane, crenulée, de la longueur de l'écaille. Embryon à 6 ou 8 cotylédons.

Sous notre climat, il forme une pyramide élargie à la base, et tellement branchue, qu'on y peut à peine introduire la main. C'est un arbre très-ornemental et très-rustique, et nous sommes étonnés qu'il n'ait pas été introduit plus tôt. Croît dans tous les terrains et à presque toutes les situations.

Habite la Sierra-Nevada et d'autres montagnes entre Ronda et Malaga, à 2,000 m. d'altitude, et la côte septentrionale d'Afrique.

Il fut découvert en 1838 par M. Boissier, mais les premiers plants ne furent vendus qu'en 1840.

VARIÉTÉS

A. variegata.
Feuillage panaché de jaune.
A. pyramidalis.
Arbre nain à branches dressées.
A. glauca.
Arbre nain à feuillage très-glauque.
A Orléans, chez M. Desfossé-Thuillier.
A. Baboriensis, COSSON.
Feuilles courtes, glauques sur les deux faces.

Habite en Algérie, les monts Babor, province de Constantine.

20. Abies Numidica, DE LANNOY, *in litteris.*

Arbre de 15 à 20 m., conique, avec un tronc de 0ᵐ,40 à écorce rugueuse, cendrée. Branches nombreuses, verticillées, étalées, très-rameuses. Bouton gros, à écailles cendrées, plus ou moins résineux. Feuilles serrées, rayonnantes, ou plus ou moins redressées, mesurant 0ᵐ,003 sur 0ᵐ,016 ou 0ᵐ,020, obtuses, à bords épais, à nervure médiane saillante en dessous, accompagnée de deux stries glauques. Fruit dressé mesurant 0ᵐ,04 ou 0ᵐ,06 sur 0ᵐ,12 ou 0ᵐ,20. Bractées linéaires, denticulées latéralement, à nervure médiane prolongée en une soie, roussâtres. Ecailles réniformes, rétrécies à la base, latéralement frangées, cendrées. Graine trigone, à teste dilaté en une aile large, arrondie-tronquée au sommet, frangée le long d'un des bords, d'un gris roux.

Originaire de la Kabylie où il croît à une altitude de 1,600 à 1,900 m.

21. Abies Cilicica. — *Pinus Cilicica*, KOTSCH. — *Pinus Tchugatskoi*, FISCH. — *Picea Cilicica*, RAUCH. — *Heuzé*, Revue horticole, 1856, pag. 81, avec figure.

Arbre atteignant 20 à 40 m. de hauteur, sur un diamètre de 0ᵐ,50; feuillage d'un vert foncé; tronc à écorce épaisse, crevassée, cendrée. Branches nombreuses, verticillées, étalées. Rameaux opposés sur deux rangs. Feuilles dressées ou presque étalées sur deux rangs, mesurant $0^m,003$ sur $0^m,030$ à $0^m,040$, obtuses, ou échancrées, luisantes en dessus, blanchâtres en dessous. Chaton mâle pédonculé, cylindrique, obtus. Fruit dressé, rond, mesurant $0^m,04$ à $0^m,05$ sur $0^m,18$ à $0^m,25$, obtus. Bractées rétrécies en onglet plat, rhomboïdales, échancrées, à nervure médiane, saillante, sous la forme d'une soie. Ecailles rétrécies en onglet, larges, latéralement arrondies, diaphanes, elliptiques ou tronquées au sommet. Graine obovale, trigone, à teste dilaté en une aile oblique, longue de $0^m,018$.

Il se distingue par sa forme pyramidale et élancée, et surtout par l'aspect particulier que présente la position de ses cônes. Dans nos cultures, il ressemble un peu à l'*A. pectinata*, et pousse avec vigueur dans les terres fortes et un peu fraîches, mais dans les sols légers, il végète trop tôt, et ses bourgeons sont détruits par les dernières gelées. Son bois est mou ; on l'emploie surtout à l'état de voliges parce que, sous l'influence de la chaleur, il est moins sujet à se contourner que celui des cèdres ou des pins.

Il fut découvert par M. Kotschy, le 26 juin 1853, dans la vallée de Gousguta, sur le mont Taurus, en Cilicie, jusqu'à 2,500 m. d'altitude.

Abies Veitchii. — *Picea Veitchii*, LINDLEY. —

Murray fils. The Pines and firs of Japon, fig. 69 à 79.

Arbre atteignant 40 m. de hauteur ; branches courtes ; rameaux nus, chargés de coussinets saillants. Ramules à écorce rougeâtre, et devenant ensuite orangée. Bouton résineux à écailles arrondies, brunâtres, lacérées sur les bords. Feuilles serrées, redressées, longues de $0^m,015$ à $0^m,018$, obtuses, canaliculées et luisantes en dessus, bords roulés en dessous.

Fruit pédonculé, dressé, droit, rond, mesurant $0^m,03$ sur $0^m,06$, aigu à la base, arrondi au sommet. Bractées rétrécies en onglet, presque rectangulaires, égales ou un peu plus longues que les écailles. Ces dernières, rétrécies en onglet assez long, en forme de croissant, duveteuses, horizontales. Graine anguleuse, à teste fauve dilaté en une aile oblique, courte, striée.

Habite au Japon les monts Fusi-Yama, à une altitude d'environ 2,000 m.

Très-nouvellement introduit chez nous, nous ne pouvons pas nous prononcer sur son compte d'une manière certaine, mais, c'est un très-bel arbre, qui, tout nous le fait espérer, sera parfaitement rustique.

21. Abies Finkonnoskiana, ROBERT NEUMANN.

Cette espèce nous est inconnue.

24. Abies Tschonoskiana, REGEL.

Graine trigone mesurant $0^m,005$ sur $0^m,007$, à teste jaunâtre, luisant.

Jardin botanique de Saint-Pétersbourg.

25. Abies aromatica, RAFINESQUE. —*Lindley et Gordon*, Journ. hort. Soc. t. V. pag. 213.

Arbre de 30 à 35 m., ressemblant à l'*A. balsamea.* Branches odorantes. Feuilles distantes, épaisses, sessiles, disposées sur 3 rangs,

« Cet arbre fournit en grande quantité un baume aromatique fin, semblable à celui du Canada par le goût et l'apparence. Les petites vésicules se développent sur le tronc et sur les branches; l'écorce qui les enveloppe est molle et facile à percer; elle est généralement d'une couleur foncée, mais moins remarquable par ce caractère que le pin blanc de notre pays. Le bois est blanc et mou. »

Habite l'Orégon.

26. Abies microphylla, RAFINESQUE. — *Lindley et Gordon*, Journ. hort. Soc., t. V. pag. 213.

Feuilles petites, distantes, ternées, sessiles. Bois blanc et dur.

Habite l'Orégon.

27. Abies mucronata, RAFINESQUE. — *Lindley et Gordon*, Journ. hort. Soc., t. V. pag. 213.

Arbre de 50 m. Branches grêles. Feuilles éparses, très-étroites, raides et obliques.

Habite l'Oregon.

A. palustris. — *Abies mucronata palustris*, RAFI-
NESQUE.

Arbre à branches pendantes, croissant dans les marais où il atteint 10 m. de hauteur.

28. Abies falcata, RAFINESQUE. — *Lindley et
Gordon*. Journ. hort. Soc., t. V., pag. 213.

Cet arbre se rencontre seulement près des bords de
la mer sur le territoire de l'Orégon.

§ III. Picea.

Rameaux creusés et sillonnés par les coussinets,
allongés, saillants, s'épaississant de bas en haut, recourbés au sommet; feuilles sessiles, tétragones.
Fruit à bractées incluses, à écailles persistantes après
la dispersion des graines. Maturation annuelle.

1. Picea Menziezii. *Pinus Menziezii*, LAMBERT,
Pinet., 2ᵉ édit., pl. 71. — *Antoine*, Conif., pl. 33, fig. 1.
—*Abies Menziezii*, LOUDON. Encyclop. of trees, f. 1934.
— *Forbes*, Pinet., Woob. pl. 32. — *Pinus*, *Picea* et
Abies Sitchesis des auteurs.

Arbre de 15 m., à branches verticillées étalées.
Feuilles serrées, comprimées latéralement et non horizontalement, à face inférieure arrondie, lisse, les trois

autres un peu plus larges, sillonnées de lignes glauques. Fruit sessile, pendant, long de 0^m,05 à 0^m,07 sur 0^m,02. Écailles ondulées et dentées sur les bords, membraneuses. Graine ovoïde, très-petite, à teste dilaté en une aile trois fois plus longue. C'est un arbre très-droit, d'une croissance rapide, et d'un feuillage argenté très-élégant; sous notre climat, il n'est fatigué par aucun hiver, et végète bien dans presque tous les terrains; malheureusement, il se dégarnit assez souvent, et ses feuilles mortes, restant après les branches, donnent à l'arbre un aspect quelquefois désagréable.

Habite le nord-ouest de l'Amérique et la partie septentrionale de la Californie.

Introduit en 1831.

P. crispa. — *Antoine*, Conif., pl. 33, fig. 2.

Fruit à écailles ondulées-crispées.

2. Picea alba, Link. — *Pinus alba*, Lambert, Pinet., 2e éd., pl. 28. — *Antoine*, Conif., pl. 34, fig. 1. — *Abies alba*, Loudon, Arb. f. 2224. — Encyclop. of trees, f. 1928. *Forbes*, Pinet. Wob., pl. 33. — Loiseleur, Nouv. Duhamel, pl. 81, fig. 2. — Sapinette blanche.

Arbre atteignant 25 m. de hauteur avec un tronc de 0^m,40. Branches nombreuses, ramules courts, rayonnants, étalés. Feuilles serrées, éparses, presque toutes redressées, tétragones, obtuses, glauques sur les quatre faces. Chaton mâle terminal, cylindro-conique. Chaton femelle ovoïde et pendant. Fruit terminal, pendant, long de 0^m,030 à 0^m,035 sur 0^m,015 de diamètre. Écailles obovales, roussâtres. Graine ovoïde à teste orangé, dilaté en une aile oblique trois fois plus longue qu'elle.

Il forme une pyramide régulière et agréable, d'une verdure bleuâtre s'harmonisant heureusement avec la teinte claire du tronc; aussi, est-il très-employé dans la plantation des parcs, où il se montre parfaitement rustique. Il vient dans presque tous les terrains, mais il prospère mieux dans les terres un peu fraîches.

Originaire de l'Amérique septentrionale, où il habite les vallées humides de la Caroline et du Canada. Il fut introduit en Europe en 1700 environ.

VARIÉTÉS

P. cærulea. — *Abies cærulea,* LINK. — *Abies, rubra violacea,* LOUDON. — Sapinette bleue.

Feuilles bleuâtres à reflets violacés.

P. nana. — *Abies alba prostrata* des jardiniers.

Buisson ne dépassant pas 2 m. de hauteur.

P. echiniformis.

Buisson nain, hémisphérique.

P. variegata.

Feuillage panaché de jaune pâle.

P. fastigiata.

Branches faibles, dressées.

P. intermedia. — *Picea alba hybrida* des jardiniers.

Arbre vigoureux, à branches dressées. Écorce orangée. Feuilles courtes, épaisses. Fruit petit, ovoïde.

A Bourg-Argental, chez M. Adrien Sénéclauze.

P. pendula.

Arbre vigoureux, à écorce orangée. Branches pendantes.

A Versailles, pépinières.

3. Picea rubra, LINK. — *Pinus rubra,* LAMBERT, Pinet., 2e éd., pl. 30. — *Antoine.* Conif., pl. 34, f. 2.— *Abies rubra,* LOUDON, *Arb.* f. 2228.—Encyclop. of trees, f. 1930. *Forbes,* Pinet.,Wob. pl. 35. — Sapinette rouge.

Arbre de 20 à 25 m., à branches obliques. Rameaux nombreux, les jeunes tomenteux et couverts d'une écorce couleur de rouille. Bouton ovoïde-obtus. Feuilles éparses, tétragones, longues de $0^m,010$ à $0^m,015$, obtuses, courbées sur le ramule ; pétiole tomenteux et roux. Fruit pendant, long de $0^m,45$ sur $0^m,02$ de largeur, aigu aux deux extrémités. Écailles arrondies, entières. Graine à teste velouté, purpurin.

« Les cônes, dit Loudon, sont plutôt plus longs et plus roux que ceux de l'*A. nigra,* et couverts de résine. Michaux dit qu'il n'est en aucune façon inférieur au Spruce noir pour la qualité de son bois, qui réunit au plus haut degré tous les avantages qui caractérisent cette espèce. »

Très-rustique sous notre climat.

Habite dans l'Amérique du Nord, la Nouvelle-Écosse et le Nouveau-Funkland. Suivant Loudon, il était cultivé en Angleterre avant 1750.

VARIÉTÉS

P. pendula.
Branches pendantes.
P. gracilis.
Branches débiles.

4. Picea nigra, LINK. — *Pinus nigra*, LAMBERT, Pinet., 2ᵉ éd., pl. 29. — *Antoine*, Conif., pl. 34, f. 3. — *Abies nigra*, LOUDON, Arbor. f. 2225-2226. — Encyclop. of trees, f. 1929. — *Forbes*, Pinet. Wob. pl. 34. — *Loiseleur*, Nouv. Duhamel, t. V., pl. 181, fig. 1. — Sapinette noire.

Arbre atteignant 25 m. de hauteur sur un tronc de 0ᵐ,50. Branches peu étalées. Feuilles tétragones, aiguës, courbées sur le rameau, glaucescentes sur chaque face. Chatons mâles cylindriques, dressés et sur des pédoncules. Chatons femelles dressés, violets. Fruit pédonculé, courbé, ovoïde, long de 0ᵐ,025 sur 0ᵐ,015 de large. Écailles arrondies, ondulées-denticulées.

16

Il dépasse rarement 10 m. de hauteur dans notre pays. Son tronc droit et conique, est couvert d'une écorce lisse et brunâtre, et ses branches s'étendent plutôt horizontalement, ne pendant pas comme celles du sapin de Norwège. Aussi, la couleur sombre de son feuillage exceptée, l'*A. nigra* n'a-t-il pas l'aspect attristé de l'arbre d'Europe.

Son bois est blanc, léger, élastique, et a la réputation d'être très-résistant; on le préfère même, aux États-Unis, à celui des autres espèces dans les constructions navales. Les jeunes pousses servent à fabriquer la bière américaine, et les Indiens en extraient une térébenthine qu'ils emploient à guérir leurs blessures et d'autres maladies.

Dans nos cultures, il résiste parfaitement à tous les hivers, et végète assez bien dans les terres fortes et fraîches; mais, dans les terrains secs et sablonneux, il est souvent attaqué par l'araignée rouge.

Originaire de l'Amérique septentrionale d'où il fut introduit en 1700, on le trouve dans les vallées humides ou marécageuses comprises entre le 55° de longitude ouest, et le 44° de latitude nord.

VARIÉTÉS

P. fastigiata.
Branches faibles et dressées.

Obtenue à Versailles par M. Briot.

P. Doumetii.

Arbre conique, compacte. Branches nombreuses, les inférieures peu étalées, les supérieures dressées. Rameaux nombreux, faibles, les jeunes tomenteux et passant du blanc au roux. Feuilles serrées, longues de $0^m,008$ à $0^m,010$, aiguës, glaucescentes, violacées sur les 4 faces.

« Cette variété est d'une beauté peu commune, dit M. Carrière. Le pied mère, planté par Mme Aglaé Adanson, au château de Balaine, près Moulins, appartenant actuellement à M. Doumet, n'a pas moins de 9 m. de hauteur ; il a un aspect dont on se ferait difficilement une idée. »

5. Picea orientalis. — *Pinus orientalis*, Lambert, Pinet., 2e éd., pl. 31, f. A. — *Antoine*, Conif., pl. 35, fig. 1. — *Abies orientalis*, Loudon. Encyclop. of trees, fig. 1924-1925.—*Joubert* et *Spach*, Plant. orient., pl. 14. — Laws, Pinet. Brit., fasc. 14.—*Picea* et *Abies Withmannia* des jardiniers.

Arbre atteignant 15 à 20 m. de hauteur sur un tronc de $0^m,50$, à feuillage d'un beau vert. Branches verticillées, étalées. Rameaux opposés sur deux rangs. Feuilles serrées, rayonnantes, tétragones-obtuses, longues de $0^m,004$ à $0^m,008$, luisantes, obliques. Fruit rond, mesurant $0^m,025$ sur $0^m,060$. Écailles lâches, celles de la base arrondies, celles du sommet allongées. Graine petite, à aile large et arrondie au sommet.

Cet arbre, un des plus élégants du genre Abies, est d'une rusticité à toute épreuve, et végète bien dans presque tous les sols, mais surtout dans les terres sableuses et fraîches. Son bois, dit Tournefort, est employé aux mêmes usages que celui de l'*A. excelsa*, d'où l'on peut conclure qu'il possède les mêmes propriétés.

Originaire des provinces situées au sud-est de la mer Noire, il fut d'abord mentionné en 1553 par Belon, qui lui donna le nom de *Belonius*; Tournefort le trouva plus haut dans les montagnes, et le décrivit sous le nom de *Pinus orientalis*; enfin Steven, l'indiqua comme poussant sur les monts Imérétiens dans la Mengrélie supérieure, entre Guriel et les monts Adschariens.

Introduit en 1837; l'un des plus beaux spécimens est en Angleterre, chez M. le comte de Powis, à Walcot, dans le Shropshire; il a été planté en 1844 à l'âge de quatre ans, et il mesurait en 1870, 18 m. de hauteur; ses branches couvraient une surface de 8 m. de diamètre, et la circonférence du tronc était de 1 m. environ.

Son apparition en France ne date guère que de 1851.
P. pygmæa, Windr.
Plante naine à feuilles raides et aiguës.

6. Picea excelsa, LINK. — *Pinus abies,* LAMBERT, Pinet., 2ᵉ éd., pl. 27. — *Antoine,* Conif., pl. 35, f. 2. — *Abies Picea,* DESFONTAINES. — *Abies excelsa,* LOUDON, Arb. f. 2212. — Encyclop. of trees, f. 1922-1923. — *Loiseleur,* Nouv. Duhamel, t. V, pl. 80. — *Abies longoniana, gigantea, Carpathica* des jardiniers. — Epicea, Pesse, sapin rouge, sapin du Nord, sapin de Norwège.

Arbre de 40 m., de forme conique. Branches verticillées, étalées. Rameaux opposés sur deux rangs, recouverts d'une écorce fauve. Feuilles nombreuses, raides, les inférieures étalées latéralement, les supérieures rayonnantes, en alène courbée en dedans, aiguës, longues de $0^m,020$ à $0^m,025$, comprimées sur les bords, moins développés que la nervure médiane, sillonnées, striées sur les 4 faces par des lignes de stomates blanchâtres. Chaton mâle terminal. Chaton femelle terminal, dressé, pourpre lors de la floraison, Fruit pendant, en fuseau allongé, mesurant de $0^m,03$ à $0^m,04$ sur $0^m,10$ ou $0^m,15$, droit ou légèrement courbé, fauve ; écailles arrondies à la base, rétrécies, tronquées et denticulées au. sommet, minces, luisantes. Graine amincie à la base, à teste brun dilaté en une aile raide, roussâtre.

Originaire de l'Europe centrale et septentrionale, depuis les bords de la mer jusqu'à 2,000 m. d'altitude, il fut connu dans l'antiquité. Virgile a chanté sa hauteur et son feuillage sombre, et Pline raconte qu'on l'employait dans les cérémonies funèbres des Romains, et que sa résine ressemblait à l'encens.

On le trouve dans la Silésie à 1,290 m., d'altitude (Wimmer), sur le Reisengebirge, et dans les Carpathes, à 1,462 m. sur les chaînes extérieures, et à 1,527 m. sur les montagnes du centre. Dans l'est de la Suisse et le nord des Alpes, d'après M. Heer, il atteint jusqu'à 1,884 m. d'altitude, et dans les Grisons de l'Oberland et le Saint-Bernard, jusqu'à 1,825 m.

Sur le Jura, il excède la limite de l'*A. pectinata*, mais M. Thurman n'en donne pas l'altitude. Il est très-rare dans les Pyrénées françaises ; mais M. Willkomm dit qu'il est abondant sur le versant sud des Pyrénées centrales de 1,299 à 1,624 m. d'altitude.

D'une rusticité à toute épreuve, il pousse dans presque tous les sols et à toutes les expositions, mais mieux cependant dans les terres argileuses et fraîches ; il y atteint de plus grandes proportions, et n'y est pas attaqué par un insecte, l'*Aphis abietis*, dont la piqûre arrête la végétation des rameaux et détermine de petites protubérances semblables à de petits cônes. Le bois, connu dans le commerce sous le nom de sapin blanc, est employé pour les mâtures, les membrures, et les perches ; ou, sous forme de bois débité en voliges, planches et madriers.

La poix de Bourgogne est extraite de la sève, et fait l'objet d'un grand commerce ; on l'exploite en enlevant avant que la sève ne soit montée, une bande d'écorce de 1 m. de long sur 0^m,04 à 0^m,06 de largeur.

Mais cette opération, outre qu'elle fait périr les arbres, retire au bois toute sa valeur. Enfin, avec les fibres des racines, on fait en Suède et en Norwège, d'excellents cordages qui, si on en juge d'après les spécimens exposés à Londres en 1862, ne le cèdent en rien aux meilleures cordes de chanvre.

Le moyen employé pour rendre ces racines assez flexibles pour les tresser, consiste à les fendre et à les faire bouillir dans de l'eau mélangée d'alcali et de sel. Les jeunes pousses servent à faire une pauvre boisson appelée bière de spruce, et la sciure mélangée au miel, forme en temps de disette la principale nourriture des populations.

VARIÉTÉS

P. integrisquammis.

Diffère de l'espèce en ce que les écailles du cône sont entières.

P. tenuifolia. — *Abies viminalis,* WAHL. — *Abies Carpathica,* LOUDON.

Feuilles plus petites et plus obliques.

P. variegata.

Feuilles panachées de jaune.

P. aurea. — *Picea elegantissima* des jardiniers.

Feuilles du dessus des rameaux, jaune pâle.

P. inflexa.

Branches étalées à la base, redressées au sommet.

P. mucronata.

Arbrisseau diffus, à feuilles très-raides et très-aiguës.

P. pyramidata.

Branches et rameaux dressés. Port remarquable.

P. pendula.

Branches et rameaux pendants, à angle très-aigu. Obtenue à Trianon.

P. eremita ou *crassifolia* des jardiniers.

Plante vigoureuse, développée en cône étroit, à rameaux courts, à feuilles grosses et pointues.

P. columnaris.

Branches très-courtes.

P. Siberica.

Arbre conique à feuilles très-fines.

P. monstrosa.

Branches rares, courtes et inégales.

P. denudata, cranstonii des jardiniers.

Arbre élancé, très-inégalement branchu.

P. intermedia.

Arbre élancé à branches faibles et très-longues.

P. nana.

Arbrisseau de 2 m., à gros rameaux.

P. conica ou *stricta.*

Arbrisseau à rameaux faibles, à feuilles fines et aiguës.

P. dumosa ou *elegans*.

Arbuste étalé, gazonnant. Tronc nul.

P. procumbens. — *Abies excelsa, expansa* des horticulteurs.

Tronc nul. Branches étalées.

P. tabulæformis.

Tronc nul. Branches étalées, disposées horizontalement ainsi que les rameaux.

Cette variété provient d'une énorme branche greffée qu'on a découverte à Trianon.

P. microphylla. — *Abies gracilis* des jardiniers.

Feuilles très-petites.

P. phylicoïdes.

Arbrisseau nain, à branches effilées, feuilles distantes, courtes.

P. concinna.

Arbrisseau à branches dressées, très-effilées.

P. attenuata.

Branches faibles, rameaux effilés ; feuilles distantes.

P. clanbrasiliana.

Buisson de 0^m,60, arrondi et dense.

P. pygmæa, pumila, parvula.

Buisson de 0^m,40, de forme conique et élégante.

P. Finedonensis.

Feuilles de l'extrémité des jeunes pousses d'un jaune pâle.

Découverte dans le Northamptonshire, à Finedon-Hall.

P. inverta.

Variété conique à branches pendantes.

P. Gregoryana.

Arbrisseau nain, étalé, d'origine anglaise.

P. media-aurea.

Plante vigoureuse dont la moitié inférieure des feuilles est jaune.

Obtenue par M. Morel, pépiniériste à Barigny (Oise).

P. densa.

Arbre vigoureux, d'un vert très-foncé. Branches nombreuses pliant sous le poids d'innombrables rameaux.

P. mutabilis.

Belle variété à boutons d'un jaune d'or.

P. fructu rubro.

Jeune fruit d'un beau rouge.

P. candelabrum.

Branches verticillées dont les extrémités sont recourbées comme celles d'un candélabre.

7. Picea obovata, LEDEBOUR. — *Pinus obovata*, ANTOINE, Conif., pl. 37, f. 2. — *Loudon*, Encyclop. of trees, f. 1926-1927.

Grand arbre ayant le port du *Picea excelsa*. Feuilles de 0^m,018 à 0^m,020, aiguës, courbées. Fruit rond mesurant 0^m,02 sur 0^m,06, arrondi à la base, aminci et obtus au sommet, rouge terne. Écailles rétrécies en coin à la base, arrondies sur les bords, entières, lisses.

Cette espèce est trop peu répandue pour que nous ayons encore pu la juger; cependant, elle paraît délicate sous le climat de Paris.

Habite la Sibérie et les monts Altaï, où on l'a trouvée à 1,750 m. d'altitude.

P. Schrenkiana. — *Abies Ajanensis* des auteurs.

Port du *Picea excelsa.* Involucres à squammes longues. Feuilles distantes, longues de 0^m,025 à 0^m,030. Fruit dressé, large de 0^m,02 sur 0^m,07 ou 0^m,08. Écailles rétrécies en coin à la base, comme tronquées au sommet.

Cette variété, introduite en 1850, est très-délicate et supporte avec peine les hivers de Paris. Habite en Sibérie la chaîne de Khulass.

8. Picea microsperma. — *Abies microsperma.* — A. MURRAY fils, The Pines and firs of Japon, fig. 129 à 136.

Arbre de 12 à 15 m., à branches faibles. Rameaux effilés, pendants. Feuilles serrées, tétragones, aiguës. Fruit pendant, rond, mesurant 0^m,02 à 0^m,03 sur

0^m,04 à 0^m,06, d'un roux foncé, à écailles oblongues, acuminées, denticulées sur les bords. Graine très-petite, longue de 0^m,002 à peine; teste dilaté en une aile de 0^m,003 sur 0^m,005.

Habite au Japon les environs de Hakodadi.

Introduit depuis 1862; il paraît être assez rustique.

9. Picea Morinda, Link. — *Pinus Smithiana,* Lambert, Pinet., 2e édit., pl. 70. — *Antoine,* Conif. pl. 36. — *Pinus Khutrow,* Royle, Himalaya, t. 84, f. 1. — *Abies Smithiana,* Forbes, Pinet., Wob, pl. 30. — *Loudon,* Arb., f. 2229. — *Abies Khutrow,* Loudon, Encyclop. of trees, f. 1931.—*Abies spinulosa,* Griffith.

Arbre atteignant rarement plus de 35 à 40 m. à branches étalées. Rameaux nombreux, faibles, pendants, recouverts d'une écorce cendrée. Feuilles très-serrées, en alène, tétragones, latéralement comprimées plus ou moins courbes, aiguës, sillonnées, raides. Chaton mâle terminal, cylindro-conique, obtus, gros, apparaissant en avril. Chaton femelle isolé, d'un rose violet lors de la floraison. Fruit un peu en fuseau, mesurant 0^m,03 ou 0^m,04 sur 0^m,08 ou 0^m,12, droit, obtus roux ou brunâtre. Écailles larges, arrondies, entières épaisses, luisantes. Graine ovoïde ou un peu aplatie anguleuse, amincie à la base; teste brun dilaté en une aile oblongue, longue de 0^m,015, roussâtre.

C'est un très-bel arbre d'un port majestueux et élégant, rappelant celui du Cedrus Deodora.

Ses branches pendantes, relevées un peu aux extrémités, et son feuillage sombre contrastant avec le vert tendre des jeunes pousses, en font un de nos plus beaux arbres de pelouse. Parfaitement rustique, d'ailleurs, il s'accommode de presque tous les terrains, mais principalement des terres sableuses et saines; car il arrive souvent que dans les terres froides, la végétation continuant assez tard, les extrémités des branches sont atteintes par les premières gelées.

Originaire de l'Himalaya, où on le rencontre à une altitude de 2,000 à 3,000 m.

Il fut introduit en 1818.

10. Picea polita. — *Abies polita*, Sieboldt et Zuccarini. Fl. jap., t. II, pl. 111. — *A. Murray fils*, The Pines and firs of Japon, fig. 149 à 158. — *Pinus polita*, Antoine, Conif., pl. 36.

Arbre dont le port a beaucoup d'analogie avec celui du *P. excelsa*. Jeunes rameaux ronds, glabres inférieurement, portant des coussinets saillants à cicatrice rhomboïdale ; couverts de soies ferrugineuses vers le sommet. Bouton rougeâtre, dans un involucre tubuleux à écailles multisériées, ovales – rhomboïdales, obtuses ou aiguës, longues de $0^m,008$ à $0^m,010$, convexes, glabres, brunes, et entourées d'un bord noir.

Feuilles éparses, sessiles, rayonnantes, en alène, tétragones, longues de 0^m,014 à 0^m,025, très-aiguës, droites ou courbées, raides, d'un vert pâle, portant en dessous plusieurs lignes de stomates. Chaton femelle terminal. Fruit elliptique, marron, mesurant 0^m,04 ou 0^m,05 sur 0^m,10 ou 0^m,12. Écailles inférieures plus courtes que les supérieures, largement obovales, rétrécies en coin à la base; arrondies, crénelées sur les bords, glabres et coriaces.

Habite l'est de la Chine et le Japon, la partie occidentale de l'île Niphon et la Corée.

11. Picea Alcokiana. — *Abies Alcokiana,* Journ. hort. Soc., 1861, avec figure. — *A. Murray fils, The Pines and firs of Japon,* fig. 116 à 128.

Arbre de 30 m. de hauteur. Branches faibles, rameaux effilés, tombants, à écorce orangée. Bouton conique, roux. Feuilles nombreuses, éparses, très-serrées, en alène, tétragones, latéralement comprimées, obtuses au sommet, longues de 0^m,15 à 0^m,20. Fruit arrondi, mesurant 0^m,02 sur 0^m,05 ou 0^m,08, d'un roux fauve, à écailles largement arrondies au sommet, légèrement crénelées sur les bords. Graine rhomboïdale, à angles obtus, teste roux dilaté en aile étroite trois fois aussi longue que la graine.

Habite au Japon les monts Fusi-Yama, à une altitude d'environ 1,800 m.

12. Picea Jezoensis. — *Abies Jezoensis*, Sie-
boldt et Zuccarini, Fl. jap., pl. 110. —*A. Murray fils,*
The Pines and firs of Japon, pl. 137 à 147. — *Pinus
Jezoensis, Antoine,* Conif., pl. 37, f. 1.

Grand arbre atteignant 40 m. de hauteur, à
tronc droit et cylindrique, recouvert d'une écorce gris
cendré, un peu rugueuse. Jeunes rameaux ronds,
scabres par la persistance des coussinets. Bouton
allongé dans un involucre cylindrique, à écailles multisériées, glabres, coriaces, d'un brun ferrugineux ;
les inférieures deltoïdes, larges, carénées, dressées,
les supérieures oblongues, recourbées en rosaces.
Feuilles éparses, sessiles, en alène, obtusément tétragones, latéralement comprimées, aiguës, spinescentes,
mesurant $0^m,018$ à $0^m,022$, striées en dessous de plusieurs lignes de stomates blancs. Chaton mâle fleuris-
sant en juin. Chàton femelle isolé, oblong, un peu
courbé, à bractées rétrécies à la base, rhomboïdales-
spatulées, aiguës, à bords crénelés, beaucoup plus
courtes que les écailles, oblongues-elliptiques, obtuses, crenelées sur les bords, glabres. [Fruits nombreux, d'une belle couleur pourpre.

Originaire du nord-est de la Chine et du Japon, on
le trouve dans les îles Jezo et Karafto, et à l'état cultivé dans les jardins autour de Yeddo.

Introduit par M. Fortune, en 1850, il fut mis au

commerce en Angleterre, en 1851, par MM. Standish et Noble.

C'est une plante très-ornementale, qui résiste assez bien au froid, mais dont la croissance est lente et délicate. Le bois est mou et léger.

13. **Picea Californica,** CARRIÈRE.

Rameaux à coussinet saillant. Feuilles éparses, serrées, en alène, élargies à la base, pointues au sommet, mesurant $0^m,001$ sur $0^m,010$, glaucescentes. Fruit ovoïde ou elliptique, mesurant $0^m,02$ sur $0^m,05$ ou $0^m,06$. Écailles épaisses au milieu, minces sur les bords, sinués, tachées de noir à leur base. Graines trigones, longues de $0^m,004$; teste jaunâtre dilaté en une aile oblique tronquée et denticulée, mince, blanchâtre.

Habite la Californie.

14. **Picea Maximowiezii,** Hort. Petropol. 1865. — *Abies Maximowiezii,* ROB. NEUMANN.

Graines très-petites, elliptiques ou trigones, presque cylindriques, mesurant $0^m,002$ sur $0^m,003$ ou $0^m,004$. Teste marron, dilaté en une aile diaphane longue de $0^m,004$. Embryon à 6 ou 9 cotylédons.

15. **Picea Japonica,** REGEL.

Graine ovoïde-obtuse, longue de $0^m,004$ à $0^m,005$.

Teste marron, dilaté en une aile ovale, arrondie, longue de $0^m,010$. Embryon à 6 ou 8 cotylédons.

Originaire du Japon.

16. Picea Engelmanni.— *Abies Engelmanni*, St-Louis-Transaction. — Gardner's Chronicle.

Arbre de 30 m. avec un tronc de $0^m,80$. Jeunes rameaux veloutés. Feuilles serrées, en alène, tétragones, aiguës, latéralement comprimées. Fruit ovoïde, obtus, un peu courbe, pendant, à écailles ovales rhomboïdales. Graine à teste dilaté en une aile ovale.

Habite la côte occidentale de l'Amérique septentrionale et les montagnes Rocheuses, jusqu'à une altitude de 3,000 m.

§ IV. Larix.

Coussinet adhérent au rameau, linéaire, non dilaté ni recourbé au sommet'; cicatrices rhomboïdales, presque triangulaires. Feuilles sessiles, annuelles, éparses sur les rameaux, très-rapprochées sur de très-courts ramules. Fruit à écailles minces au sommet, persistantes.

1. Larix Dahurica, Turczaninow. — *Pinus Larix Americana*, Pallas. Flor. Ross., t. I, pl. 1, fig. 2. — *Larix Dahurica, Trautweller*, Imag. Plant.

pl. 32. — *Pinus Dahurica, Ledebourii, Pseudo-Larix, intermedia, Sibirica, Kamtschatica*, de différents auteurs. — *Abies Gmelini, Ledebourii, Kamtschatica*, de divers auteurs. — *Larix Gmelini, Sibirica, intermedia, Archangelica, Rossica, Kamtschatica*, de divers auteurs.

Arbuste rabougri, à tronc couché, tortueux, rameux. Rameaux dressés, courts. Feuilles en alène, tétragones, étroites, obtuses, longues de 0^m,02, latéralement sillonnées, éparses sur les jeunes rameaux, caduques, comme fasciculées sur de très-courts ramules. Chaton mâle latéral, globuleux, petit. Chaton femelle écailleux à bractées colorées. Fruit ellipsoïde, petit, long de 0^m,02, à peine égal aux feuilles. Écailles larges, ovales ou orbiculaires, tronquées et profondément échancrées au sommet, concaves, glabres, luisantes, persistantes. Bractées ovales ou lancéolées ; nervure médiane prolongée en pointe plus courte que les écailles. Graine à teste dilaté latéralement en aile semi-ovale ou lancéolée. aiguë, trois ou quatre fois plus longue que la graine.

Cette espèce, qui dans sa patrie ne forme qu'un arbuste rabougri, promet de devenir sous notre climat un arbre élevé et vigoureux ; en même temps, il se montre parfaitement rustique.

Originaire de la Dahourie. Suivant Turczaninow, on le rencontre dans la Sibérie arctique jusqu'aux fleuves Boganida et Novaga, par le 50ᵉ degré de latitude nord.

2. Larix Japonica. *Abies Leptolepis*, SIEBOLDT et ZUCCARINI, Fl. jap. pl. 103. — *Larix Leptolepis*. A. MURRAY fils, The Pines and firs of Japon, fig. 172.— *Pinus Japonica* et *Leptolepis* de plusieurs auteurs.

Arbre semblable au Larix Europea, à coussinet anguleux, adhérent. Feuilles des jeunes rameaux, serrées, presque disposées en faisceaux, planes, à bords entiers, à nervure médiane saillante en dessous, accompagnée de chaque côté de stomates blancs. Chaton femelle terminal sur de très-courts ramules. Fruit ovale, arrondi, obtus. Bractées lancéolées, aiguës. entières, d'un brun livide, moitié plus courtes que les écailles, dont celles du bas sont rétrécies en un court onglet ; celles du haut sont orbiculaires, échancrées ou tronquées, à bords roulés en dehors, ondulés, cendrés, brunâtres. Graine obovoïde, presque trigone, comprimée ; teste dilaté en une aile inéquilatérale, longue de 0^m,009.

Originaire du Japon septentrional, on le trouve sur les montagnes de l'île Niphon, entre le 35e et le 41e degré de latitude nord, ainsi que sur le mont Fakone. Il est aussi très-commun dans les îles Jeso et Karafto, jusqu'au 48e degré de latitude nord. Il paraît même, au dire de M. Sieboldt, que, dans certaines parties du Japon, on le cultive en petits pots comme plante d'ornement, et qu'on le vend très-cher.

Sous notre climat, il se montre parfaitement rustique à toutes les intempéries et d'une croissance rapide. Son bois est, dit-on, très-souple et de première qualité.

Larix macrocarpa. — *Larix Japonica.* A. MURRAY fils, The Pines and firs of Japon. fig. 178 à 188.

Feuilles plus longues ; fruits plus gros, et dont les écailles ne sont pas roulées sur les bords.

3. Larix microcarpa, FORBES. — *Pinus microcarpa,* LAMBERT, Pinet., 2ᵉ édit., pl. 40. — *Antoine,* Conif. pl. 21, fig. 1. — *Forbes,* Pinet., Wob. pl. 47. — *Larix Americana,* LOUDON, Encyclop. of trees, fig. 1973. — *Abies microcarpa,* *Loiseleur,* Nouv. Duhamel, t. V, pl. 80.— *Pinus Larix rubra,* MARSHALL. .— *Pinus intermedia, du Roi.*— *Larix Fraseri, Americana rubra,* de quelques auteurs. — *Hacmack* des Anglo-Américains.

Arbre de 25 à 30 m., en cône élancé. Branches étalées ; rameaux effilés pendants, à écorce rougeàtre. Feuilles alternes sur les rameaux, serrées en faisceaux et très-courtes sur les ramules. Fruit brièvement pédonculé, dressé, mesurant 0ᵐ,010 à 0ᵐ,012 sur 0ᵐ,015 ou 0ᵐ,018 ; à écailles presque en coin, luisantes, tronquées au sommet, d'abord d'un vert violacé, puis rouge violacé et devenant orangées à la maturité.

Habite dans l'Amérique septentrionale, le Canada et

la Virginie, entre les 45ᵉ et 50ᵉ degrés de latitude nord. Chez nous, il résiste à tous les froids, mais préfère les terres fraîches. Son bois est d'une très-bonne qualité, très-élastique et tellement lourd, dit Loudon, que c'est à peine s'il flotte sur l'eau.

VARIÉTÉS

L. pendula. — *Pinus pendula, Lambert,* Pinet., 2ᵉ édit., pl. 39. — *Pinus Laricina, Wangenh.* Beitr. pl. 16, fig. 37. — *Larix pendula, Forbes,* Pinet. Wob. pl. 46.

Branches pendantes, peu rameuses, à écorce violacée.

L. prolifera.

Du centre du cône sort un bourgeon.

L. brevifolia. — *Larix occidentalis, Nuttal,* Sylv. North Amer., t. II, pl. 120.

Feuilles longues d'à peine 0ᵐ,02, épaisses, piquantes, planes. Fruit à bractées ovales-lancéolées, longues de 0ᵐ,01, foliacées, un peu tordues.

Habite l'Amérique septentrionale, l'Orégon et les montagnes Rocheuses.

4. Larix Europea, DE CANDOLLE. — *Pinus Larix,* TREW. in. nov. act. N. C. III app. pl. 13, fig. 8-28. — *Lambert,* Pinet., 2ᵉ édit., pl. 38. — *An-*

toine, Conif. pl. 21, fig. 2. — *Abies Larix*, LA-
MARCK, Illustr. pl. 785, fig. 2. — *Rich.* Conif. pl. 13.
— *Loiseleur*, Nouveau Duhamel, t. V, pl. 79, fig. 1. —
Larix Europea, Loudon, Arbor., fig. 2258-2262. —
Encycloped. of trees, fig. 1972. — *De Chambray*,
Traité prat. arbres résineux, pl. 3, fig. 16 et 17. —
Larix decidua, pyramidalis, excelsa, vulgaris, de divers
auteurs.

Arbre atteignant 30 m. de hauteur sur un tronc
de 1^m,20, conique, feuillage d'un beau vert. Écorce
d'un gris cendré. Branches étalées ; rameaux nombreux, débiles, pendants, sillonnés entre les coussinets dont la base est longuement adhérente et le
sommet seulement un peu courbé en dehors. Feuilles
éparses sur les rameaux de l'année continuant l'axe,
réunies en faisceaux écailleux à la base sur de très-
courts ramules ; longues de 0^m,002 et progressivement
plus longues sur les rameaux et les branches des
années précédentes selon leur âge. Chatons mâles petits, apparaissant en mars et avril. Fruit dressé, long
de 0^m,03 à 0^m,05, marron, à écailles planes ou ondulées, émoussées, tronquées ou échancrées au sommet.
Graine petite à teste d'un brun jaunâtre, dilaté en
une aile obtuse égalant l'écaille.

C'est non-seulement un arbre très-ornemental à
cause de son feuillage léger et gracieux, mais la qualité supérieure de son bois en fait aussi une espèce

industrielle d'une grande importance. On extrait de sa sève la térébenthine de Venise, qui est pour les habitants du vallon de Saint-Martin l'objet d'un grand commerce. On la recueille en pratiquant dans le tronc de l'arbre, à environ 1 mètre au-dessus du sol, des trous dans lesquels on introduit de petits conduits étroits, longs d'environ 0^m,50. L'extrémité est creusée en forme de cuiller, et le milieu est percé de petits trous par lesquels la térébenthine s'écoule. L'opération se continue depuis la fin de mai jusqu'au mois de septembre.

Il végète dans presque tous les sols, pourvu qu'il soit dans une situation élevée ou très-aérée, car, dans les terres basses ou les lieux abrités, il est attaqué par l'Aphis Laricis qui lui cause de grands dommages. Aussitôt que cet insecte attaque l'arbre, l'écorce du tronc et des branches se recouvre de flocons lanugineux.

Originaire de l'Europe centrale, il habite les Alpes françaises et suisses, les Apennins jusqu'à une hauteur de 1,330 m., et les Carpathes à une altitude un peu supérieure. Il est d'ailleurs très-rustique sous notre climat.

VARIÉTÉS

L. pendula.

Branches pendantes. Bractées du fruit prolongées en pointe saillante.

L. laxa.

Branches horizontales ; feuilles glaucescentes.

L. compacta ; — Larix Europea pyramidalis des horticulteurs.

Branches dressées ; rameaux nombreux, courts.

L. repens.

Arbrisseau nain à branches étalées.

L. rubra, flore rubro.

Chaton pourpre tiqueté de jaune.

L. Alba, flore alba.

Fruit blanchâtre.

L. Kellermani.

Buisson à branches courtes et grosses.

5. Larix Griffithiana, HOOKER fils et TOMS. — *Abies Griffithiana,* HOOKER.

Arbre de 12 à 15 m., à cime arrondie. Branches fortes, très-rameuses, inclinées. Rameaux plus ou moins inclinés, à écorce rousse, portant des coussinets saillants et des ramules distants. Feuilles linéaires, pointues, glaucescentes. Fruit roux, isolé, pédonculé, dressé obliquement, conique, pointu, mesurant $0^m,02$ sur $0^m,05$ ou $0^m,07$. Bractées terminées par 3 pointes saillantes et courbées en dehors.

C'est un arbre très-ornemental et très-rustique; il pousse vigoureusement dans les terrains marécageux et les expositions découvertes; mais quelquefois il fatigue un peu aux gelées de printemps, lorsqu'il est entré trop tôt en végétation.

Habite l'Himalaya, le Bhotan, le Népaul, jusqu'à 3,000 m. d'altitude.

6. Larix Lyallii, PARLATORE.

Bouton à écailles finement dentelées. Feuilles en faisceaux au nombre de 40 à 50 sur chaque ramule, en alène comprimée, latéralement courbes, longues d'environ $0^m,030$ à $0^m,035$, arquées. Chaton mâle allongé, obtus. Fruit allongé, obtus, à bractées largement elliptiques, à nervure médiane prolongée en une longue arrête. Graine petite à aile aussi longue que l'écaille.

Habite la côte occidentale de l'Amérique du nord, les Montagnes rocheuses, près des cascades de la chaîne des Galton, à environ 2,000 m. d'altitude.

7. Larix Kæmpferi, FORTUNE. — *Abies Kæmpferi*, LINDLEY, Gardner's Chronicle 1854, p. 255. —

A. Murray fils, The Pines and firs of Japon, fig. 190 à 200. — *Pseudo-Larix Kæmpferi*, GORDON.

Arbre de moyenne grandeur. Branches éparses, étalées. Rameaux gros, sillonnés ; écorce orangée ; feuilles alternes, mesurant $0^m,002$ ou $0^m,0003$ sur $0,040$, terminées en pointe, planes, d'un vert gai en dessus, blanchâtres en dessous, un peu courbées ; celles des ramules en faisceaux et moins longues, laissant une cicatrice pentagonale. Fruit dressé ou pendant d'après A. Murray et Gordon, conique, oblong, mesurant $0^m,50$ sur $0^m,07$. Bractées à squames petites, dentelées. Ecailles lâches, écartées au sommet comme celles des Cynara ; finement pétiolulées, cordiformes à la base, terminées par une pointe obtuse, souvent échancrée, longues de $0^m,03$, planes, cassantes, caduques. Graine à aile ovale lancéolée, de la longueur de l'écaille.

C'est un arbre très-rustique et très-vigoureux, d'une grande élégance. Malheureusement, il est assez rare, et sa multiplication difficile (il ne prend ni de boutures ni de greffes sur les autres Larix), n'est pas de nature à le vulgariser.

Habite le Japon où le docteur Kæmpfer le découvrit, et le nord-est de la Chine d'où il fut introduit en 1855 par M. Fortune.

§ V. Cedrus.

Coussinet linéaire, adhérent, non dilaté au sommet, à cicatrice rhomboïdale. Feuilles sessiles, alternes ou en faisceaux, persistantes. Chaton mâle terminal, allongé, rond. Loges des anthères libres à leur base. Fruit à écailles persistantes, dépolies au sommet par une verrue.

1. Cedrus Deodara, LOUDON. — *Loudon*, Arbor., fig. 2283 à 2286. — Encyclop. of trees, fig. 1975 à 1977. — *Forbes*, Pinet. Wob., pl. 48-49. — *Hooker*, In natur. hist. revue 1862, pl. 16. — *Lawson*, Pinetum Britan., fasc. 6, 7, 8 et 10. — *Pinus Deodara*, LAMBERT, Pinet. 2° édit., pl. 42, 42 bis et 42 ter. — *Antoine*, Conifères, pl. 22, fasc. 2. — *Cedrus Indica*, *Abies Deodara*, de quelques auteurs.

Arbre de 50 à 60 m. sur un tronc de 2 à 3 m. de diamètre. Flèche pendante. Branches éparses, fortes, très-rameuses, étalées. Rameaux nombreux et pendants. Feuilles éparses sur les rameaux ou réunies en faisceaux sur de courts ramules, en alène, tétragones, aiguës, piquantes, glauques. Chatons mâles nombreux, d'abord solitaires, oblongs, ovales et obtus, puis devenant cylindriques. Chatons femelles sessiles, solitaires, cylindriques, couleur de pois verts, et délicatement veloutés de bleuâtre. A mesure qu'ils mûrissent, ils se dressent isolément sur un petit pédoncule à la partie supérieure de la branche, et prennent une coloration brune. Fruit dressé, ovoïde, obtus, mesurant $0^m,06$ sur $0^m,08$ ou $0^m,12$, brunâtre. Ecailles larges, minces, entières. Graine en forme de coin, à aile obovale.

Dans son pays natal, c'est un arbre d'une grandeur énorme, formant de vastes forêts qui couvrent les versants des montagnes. Les spécimens que nous avons en France sont impuissants à nous donner une idée de la majesté imposante d'un vieux Deodar de 70 m. de hauteur. Son aspect change à mesure qu'il pousse, car, tandis que les jeunes arbres se dressent eu une masse élégante et conique, terminée par une pousse principale, les vieux sujets, chez qui cette pousse s'est flétrie, abandonnent la forme de Mélèze qu'ils avaient jusque là affectée, pour prendre le véritable caractère du Cèdre.

Le Deodar est peut-être l'arbre le plus ancien dont parle l'histoire profane; il en est fait mention dans les hymnes anciennes des Hindous, sous le nom de *Deva-daru* (Deva, divinité, et Daru, bois); il est vrai qu'on a donné ce nom à plusieurs arbres, mais il est bien reconnu aujourd'hui que le Devadaru de Shastras est bien le Cèdre de l'Himalaya.

Les qualités et la beauté de cet arbre le rendirent vite à la mode en Europe; si bien que M. Kennedy, qui

était à la tête du conseil des bois et forêts en Angleterre, craignant que, dans un temps limité, l'insuffisance
du chêne ne se fît sentir pour les besoins de la navi-
gation, crut pouvoir le remplacer par le Deodar. En
effet, ce dernier est aussi fort, aussi robuste et aussi
durable que le chêne, et de plus, à ces avantages, il
joint une croissance beaucoup plus rapide. Aussi, pour
mettre cette idée à exécution, une grande quantité de
Deodara furent importés en Angleterre.

De toutes les propriétés reconnues au Deodara, il
n'en est pas de moins contestable que la durée de son
bois dans son pays natal; il résiste à toutes les intempéries de l'Himalaya, où on l'emploie à faire les charpentes des maisons, des temples et des ponts. Ainsi,
dans un bâtiment dont le dôme était construit en briques
et mortier, où fut ensevelie la mère d'un souverain qui
régna de 1417 à 1473, on fit entrer des pièces de
Deodar dont les extrémités et les côtés étaient sur le
même plan que la maçonnerie même; et le bois, exposé
à toutes les intempéries des saisons, ne fut ni piqué
des vers, ni pourri, mais seulement dentelé à la partie
la plus faible des anneaux qui avaient le plus reçu les
atteintes du soleil et de la pluie. De plus, le bois du
Deodar, est, paraît-il, à l'abri des attaques des fourmis
blanches. On s'en sert aussi pour construire des ba-
teaux; et lorsqu'ils sont, avec le temps, pourris dans
les rainures, on rabote les vieilles planches qui sont

alors méconnaissables, et aussi saines que des neuves. Reste à savoir si ce bois, si remarquable dans son pays, pourra dans le nôtre, rendre des services aussi importants ; l'expérience seule peut nous l'apprendre, mais nous le souhaitons vivement.

Originaire des monts Himalaya, on le trouve à 1,400 milles à l'est du Liban, de même qu'à 1,400 milles à l'est de l'autre côté on rencontre le Cedrus Atlantica. Le Deodara apparaît d'abord dans l'Afghanistan où il est plus nombreux que les autres espèces de Pins et s'étend de là sans interruption vers l'est le long des monts Himalaya, à une altitude de 1,000 à 4,000 m., surtout sur les confins du Népaul. Sa limite la plus septentrionale et la plus occidentale est la même, 34° de latitude, et 68° de longitude est, à l'ouest de l'Afghanistan. Puis il s'étend vers le sud-est, le long des monts Himalaya, tant sur la chaîne principale que sur les ramifications secondaires, jusqu'à ce qu'il atteigne le Népaul, ne dépassant pas, dans l'est, le 83e ou le 85e degré de longitude.

Sous notre climat, il végète dans presque tous les sols, mais préfère cependant les terres fortes, fraîches et saines ; il résiste assez bien à nos hivers, surtout dans les lieux élevés ; enfin, sauf les années d'un froid exceptionnel, comme 1871-1872, on peut le considérer comme un arbre rustique. Les plus beaux spécimens connus en Europe sont chez lady

Rolle's, à Brighton, près Exeter ; ils mesurent plus de 20 mètres de hauteur, et ont commencé à fructifier en 1858.

VARIÉTÉS

C. viridis ou *tenuifolia.*

Feuilles menues, d'un vert foncé, luisantes. Beaucoup moins rustique que l'espèce.

C. robusta ou *gigantea.*

Rameaux gros et pendants ; feuilles atteignant $0^m,08$, plus grosses que dans l'espèce.

C. crassifolia.

Branches distantes, courtes, irrégulières, étalées. Rameaux gros, courts. Feuilles épaisses, pointues, courtes.

C. variegata.

Feuilles panachées.

C. argentea.

Feuilles blanchâtres.

C. fastigiata.

Branches dressées, à angle aigu, grosses. Feuilles inégales.

Chez M. Turel, près de Toulon.

C. compacta.

Arbrisseau nain, conique. Branches et rameaux très-nombreux et serrés.

C. tristis.

Branches distantes, courtes et pendantes.

C. flava.

Branches faibles, ainsi que les rameaux pendants. Feuilles jaunes.

2. Cedrus Libani, BARRELIER. — *Barrelier*, Icones, 499.—*Loudon*, Arbor., fig. 2267-2282.—Encyclop. of trees, fig. 1974.—*Pinus Cedrus, Lambert.* Pin., 2ᵉ édit., pl. 66, fig. 41. — *Antoine.* Conif., pl. 22, fig. 1. — *Abies Cedrus, Rich.* Conif., pl. 14 et 17. — *Loisel.*, Nouv. Duhamel, t. V.—*Cedrus Phœnicea, Rénéalm.* — *Larix Cedrus, Larix patula*, de quelques auteurs.

Arbre de 30 à 35 m., à flèche généralement inclinée. Branches éparses, énormes, étalées. Rameaux nombreux. Feuilles éparses sur les rameaux, longues de 0ᵐ,012 ; en faisceaux sur les ramules, très-courts. Chatons mâles dressés, longs de 0ᵐ,04 à 0ᵐ,05, un peu courbés. Floraison en mars-avril. Chatons femelles dressés, coniques-obtus. Fruits dressés, pédonculés, ovoïdes-obtus, longs de 0ᵐ,06 à 0ᵐ,10. Écailles rétrécies à la base, longues de 0ᵐ,008 à 0ᵐ,010, roussâtres, de même largeur que l'écaille.

Il est peu de personnes qui ne connaissent cet arbre magnifique ; dès la plus haute antiquité son bois avait une immense renommée qu'ont consacrée les anciens auteurs profanes et sacrés. Et maintenant encore, on lui attribue la propriété d'empêcher la putréfaction des corps d'animaux, et d'être lui-même incorruptible. On rapporte, à ce sujet, qu'il fut trouvé dans le temple d'Apollon, à Utique, des charpentes de bois de cèdre du Liban qui avaient plus de 2000 ans. Mais, quoi qu'il en soit, le nombre des cèdres qui, de nos jours, ont illustré le mont Liban, est très-restreint. Rauwolf dit que lorsqu'il y fit son voyage, en 1574, il n'existait que vingt-six arbres très-appauvris, dont vingt-quatre étaient disposés en forme de cercle. Et Maundrel assure que, quand il visita le Liban, en 1673, il n'y avait plus que seize de ces gros arbres, mais qu'il en vit plusieurs jeunes. Le plus gros de tous mesurait 12 m. de circonférence ; la surface couverte par ses branches était de 37 m. de diamètre et à 5 ou 7 m. du sol, il se divisait en 5 branches aussi grosses que des arbres.

Les plus anciens spécimens connus en Europe, furent plantés en Angleterre, à Chelsea, en 1683, dans un sol maigre et sablonneux où ils végétèrent très-bien ; le plus beau mesure actuellement près de 3 m. de diamètre.

En France, le plus fort sujet que je connaisse, est celui qui fut planté dans le parc de M. de Trudaine, à Montigny-Lencoup (Seine-et-Marne), en 1736, par Bernard de Jussieu, à la même époque que celui du Muséum de Paris. Il mesure environ 7 m. de circonférence. Grâce au dévouement de M. Bournet-Verron, et à l'aide d'une souscription, on a pu le conserver quand la propriété fut vendue et morcelée. On estime à 150 m. cubes la quantité de bois qu'il pourrait produire.

Sous notre climat, le Cèdre du Liban croît dans presque tous les sols et dans toutes les situations, et il peut rendre de très-grands services pour le reboisement des montagnes où il pousse admirablement.

Originaire de l'Asie-Mineure et de la Syrie, on le trouve sur le mont Liban et le Taurus, ainsi que, suivant M. de Tchihatcheff, sur le versant méridional du Boulgardagh, où il forme une vaste forêt, longue de 150 kilomètres.

Suivant Loudon, il fut introduit en Angleterre avant 1643.

VARIÉTÉS

C. glauca.

Grand arbre dont le port et la taille sont les mêmes que ceux de l'espèce, mais dont il se distingue par un feuillage argenté.

C. nana. — Cèdre Comte de Dijon.

Buisson arrondi, compact, ne dépassant pas 1 m. de hauteur.

C. nana pyramidata.

Buisson nain, conique, compacte.

C. pendula.

Moins élevé que l'espèce, cette variété en diffère par ses branches pendantes.

C. denudata.

Branches distantes, faibles ; feuilles d'un vert sombre.

C. stricta.

Arbre colonaire, à branches dressées à angle aigu ; feuilles verdâtres.

M. David, propriétaire à la Houre, près Auch, en possède un très-beau spécimen.

C. candelabrum.

Branches étalées à la base, dressées à l'extrémité.

C. fusiformis.

Fruit étroit, allongé.

C. microcarpa.

Variété à petit fruit.

C. decidua.

Buisson à branches et à rameaux courts. Feuilles caduques.

Obtenue par M. A. Sénéclauze, à Bourg-Argental.

C. viridis.

Feuilles d'un vert gai foncé, luisantes.

3. Cedrus Atlantica, Manetti.— *Cedrus Africana, Cedrus argentea* de quelques auteurs. — *Cedrus*

Libani Africana des jardiniers. — *Cedrus Atlantica* des jardiniers.— *Pinus Atlantica*, ENDLICHER. — *Abies Atlantica*, LINDLEY.

Arbre de 40 m., conique, avec un tronc de 1^m,50 de diamètre. Flèche dressée. Feuilles en alène, arrondies, aiguës, blanchâtres-argentées. Fruit pédonculé, ovoïde-obtus, mesurant 0^{m}04 sur 0^m,06. Écailles triangulaires ou en coin, denticulées sur les bords, minces. Graines à aile inéquilatérale, tronquée au sommet, blanchâtre, denticulée, de la grandeur de l'écaille.

Bien que depuis longtemps on connût l'existence de ce Cèdre sur le mont Atlas, et que M. Manetti en eût fait mention ainsi que M. Endlicher, en 1847, ce n'est que depuis 1853, à la suite des expéditions de MM. Jamin et Cosson, qu'on a sur lui des données certaines.

Voici ce qu'en dit M. Jamin, directeur de la pépinière de Biskara, dans une lettre adressée à M. Decaisne, à la date du 18 décembre 1852, au retour d'un voyage qu'il fit à Batna, Lambessa et au pic de Tongour :

« Le pic où croissent les deux espèces de Cèdres (*Cedrus Atlantica* et *Cedrus Libani*), s'élève à environ 1,800 m. au-dessus du sol sablonneux qui l'avoisine.

« Les Cèdres commencent à se montrer aux trois quarts de la pente du Tongour; ils y produisent un coup-d'œil magnifique et s'élèvent en une futaie épaisse jusqu'au sommet du pic. Il n'est pas rare d'en rencontrer de 40 m. de hauteur, dont la base mesure 1^m,50 de diamètre. Les deux espèces vivent en société, mais elles se distinguent facilement à première vue. Le Cèdre argenté (*Cedrus Atlantica*) était couvert de cônes arrivés à leur parfaite maturité ; ceux du *Cedrus Libani* étaient moins avancés, et des fleurs se montraient encore sur quelques rameaux. Le port du *Cedrus Atlantica* rappelle celui de l'*Abies pectinata* ; il est pyramidal et son feuillage est argenté, tandis que celui du *Cedrus Libani* est d'un vert sombre et que ses rameaux sont horizontaux. On évalue leur nombre à 20,000 ; les plus beaux se montrent sur le versant nord du pic. »

En 1853, M. Cosson fit à travers la plus grande partie de l'Algérie, une expédition dont les résultats furent publiés dans les Annales des sciences naturelles. Ses recherches se sont bornées à la province de Constantine et à l'est du mont Atlas, entre 36° 58′ et 34° 40′ de latitude nord et 3° 21′ et 4° 34′ de longitude est. [Il divise ce district en quatre régions : 1° celle qui est baignée par la Méditerranée ; 2° celle des hauts plateaux ; 3° la région montagneuse ; et 4° le Sahara ou désert. La région des montagnes est subdivisée en trois zones principales ; savoir : 1° la zone la plus basse ; 2° la zone mitoyenne ; 3° la zone supérieure. Cette dernière est caractérisée avant tout par les forêts de Cèdres ; sa partie supérieure, quelquefois dépourvue d'arbres, rappelle la végétation des Alpes par la présence de plantes annuelles disposées en touffes compactes. « Le Cèdre, dit M. Cosson, qui, dans la province de Constantine, forme presque exclusivement la végétation forestière des montagnes supérieures, occupe une surface de plusieurs mille hectares. On l'a trouvé sur le Djurjura ; mais dans ces montagnes abruptes, il est peu de coteaux favorables à son développement. Une forêt de Cèdres d'une certaine étendue couvre la partie supérieure de la montagne de Ain Telazit, vers Blidah. C'est surtout dans la magnifique forêt de Teniet-el-Haad que le Cèdre atteint ses dimensions les plus remarquables. »

« Les forêts de Djebel-Tongour contiennent environ 1,200 acres de cèdres et 1,500 de chênes verts et d'autres espèces. Les vastes forêts qui couvrent les nombreuses montagnes de Bellesma offrent une étendue d'environ 1,800 acres de chênes verts et 3,000 acres de cèdres, qui couvrent les sommets du côté nord, et qui dans les ravins se prolongent à une distance de six lieues. Dans l'une de ces forêts, on a coupé un cèdre qui avait 45 m. de hauteur et dont le tronc avait $6^m,25$ de circonférence à 1 m. du sol. La forêt de Teniet-el-Haad, dans la province d'Alger, que nous avons visitée, présente des cèdres de cette circonférence, et il y en a un grand nombre qui sont beaucoup plus gros. »

Malheureusement ces magnifiques forêts sont menacées d'une destruction rapide, si l'autorité ne leur assure pas une protection efficace. Les Arabes brûlent les arbres qui avoisinent leurs campements, et les troupeaux qui paissent dans la montagne en font périr encore un plus grand nombre.

Les Romains connaissaient les cèdres de l'Atlas, et il est probable que leur bois servit à faire leurs plus beaux meubles.

Le professeur Alphonse de Candolle disait en 1854 : « Le *Cedrus Atlantica* dont on a fait de très-belles tables, *Mensa Citrea* d'Afrique, était probablement l'espèce de cèdre qui existe aujourd'hui sur le mont Atlas. » Quant à ses usages actuels, ils se bornent à l'emploi qu'en font les habitants. Sa valeur gagnerait cependant à être connue, et ce bois, exporté de l'Atlas, pourrait peut-être un jour servir à l'ameublement des peuples européens.

Si j'ai beaucoup insisté sur cet arbre, c'est que je le crois appelé à rendre de grands services pour le reboisement des montagnes ; il est peu difficile sur le choix des terrains, d'une grande rusticité et d'une croissance très-rapide. C'est, après les *Sequoia sempervirens* et *gigantea*, un des conifères qui pousse avec la plus grande rapidité.

M. André Leroy, d'Angers, a publié en 1867, dans la *Belgique horticole*, le tableau comparatif d'autre part.

de la croissance du cèdre du Liban et du cèdre de
l'Atlas.

CÈDRE DU LIBAN.		CÈDRE DE L'ATLAS.	
Age.	Hauteur.	Age	Hauteur.
1 an	0^m,06 à 0^m,08	1 an	0^m,10 à 0^m,15
2 ans	0^m,12 à 0^m,15	2 ans	0^m,20 à 0^m,30
3 ans	0^m,18 à 0^m,25	3 ans	0^m,40 à 0^m,50
4 ans	0^m,30	4 ans	1 m.
5 ans	0^m,50	5 ans	1^m,75
6 ans	0^m,75	6 ans	2^m,50
7 ans	1 m.	7 ans	3 m.

Ainsi, pendant les sept premières années, la croissance du *C. Atlantica* est triple de celle du *C. Libani;*
et à partir de cet âge, elle se mesure chaque année par
mètres.

Originaire de l'Atlas et de la Kabylie, il a été introduit en Europe, en 1843.

VARIÉTÉS

C. variegata.
Feuillage panaché de jaune pâle.

C. glauca ou *nivea.*

Feuilles blanchâtres, luisantes.

Section B. — PINUS.

Chatons mâles latéraux plus ou moins nombreux à la base des nouveaux rameaux, verticillés ou disposés en épi composé. Chatons femelles terminaux, solitaires ou groupés en faisceaux. Bractées distinctes avant la floraison, disparaissant ensuite. Fruit mûrissant la deuxième ou la troisième année, à écailles coriaces ou ligneuses, épaissies au sommet en une apophyse pyramidale ou semi-pyramidale, en bouclier vertical, persistantes. Graines ailées, rarement nues. Rameaux tous verticillés. Tige de la première année portant seule des feuilles alternes, éparses, remplacées dès la seconde année et successivement par des squames lancéolées aiguës, colorées, plus ou moins diaphanes, sèches, caduques, et dans les aisselles desquelles se développent des boutons très-petits, réduits à un axe très-court, mesurant de $0^m,001$ à $0^m,003$, portant des écailles persistantes ou caduques et terminé par 2, 3, ou 5 feuilles.

Feuilles géminées, demi-rondes, ternées et quinées, triangulaires ; stomates disposés sur chaque face en nombreuses séries simples.

Le sous-genre Pinus se divise en 6 tribus :

Apophyse semi-pyramidale, à bouclier terminal. Graines non ailées. Feuilles quinées, quelquefois quaternées. Fruit ovale ou cylindrique, dressé, jamais pendant. *Cembra.*

Apophyse semi-pyramidale, à bouclier terminal. Graines ailées. Feuilles quinées. Fruit cylindrique, allongé, pendant. *Strobus.*

Apophyse pyramidale, à bouclier central. Graines ailées. Feuilles quinées. *Pseudo-Strobus.*

Apophyse pyramidale, à bouclier central. Graines ailées. Feuilles ternées. *Tæda.*

Apophyse pyramidale, à bouclier central. Graines ailées. Feuilles géminées. *Pinaster.*

Apophyse pyramidale, à bouclier central. Graines non ailées. Feuilles géminées. *Pinea.*

§ I. Cembra.

Ecailles squameuses, minces; apophyse terminale sur la face extérieure. Graine non ailée. Feuilles quinées. Fruit ovoïde ou allongé, rond, dressé.

Maturité bisannuelle.

Culture. Préfère les versants nord et les situations élevées des montagnes.

Multiplication. Les graines se conservent plusieurs années dans les fruits, en plaçant ceux-ci dans un endroit où la température s'élève peu en été. Les écailles s'écartent dans les journées chaudes d'avril et mai et les graines tombent alors. Il est donc indispensable de cueillir les fruits dans les premiers jours de mars; et de les exposer au soleil dans un endroit abrité, ou même sous châssis, ou à une température ne dépassant pas 50 degrés. Les graines doivent être semées dans le courant du même mois, soit en vases, soit en planches étroites, au levant dans un sol léger un peu calcaire; on les recouvre de 25 mill. de la même terre et on les abrite du soleil et des oiseaux. On arrose fréquemment et légèrement si la température est sèche.

Il peut arriver que les semences ne germent que la deuxième année. Il faudra donc nettoyer et arroser sans désespérer de voir lever les graines au printemps suivant. On peut hâter la germination en mettant tremper les graines pendant quarante-huit heures avant de les semer.

Si le semis a bien réussi et que les plants soient serrés, on en retire une partie, en juillet, en prenant garde d'endommager le moins possible les racines. Si la terre est sèche et dure, on arrose avant cette opération, pour laquelle il vaut mieux, si faire se peut, profiter d'un temps couvert et pluvieux. Si cette température se faisait attendre, on devrait ombrer les plants repiqués et les arroser légèrement. On aura soin d'arroser les plants qu'on aura laissés, afin de raffermir la terre autour de leurs racines. Ces plants peuvent rester toute l'année suivante dans ces conditions. On les plante au printemps avant la pousse.

1. Pinus parviflora, SIEBOLDT et ZUCCARINI. — *Pinus parviflora, Sieboldt* et *Zuccarini.* Fl. Jap. II, 27, pl. 115. — *A. Murray fils*, The Pines and firs of Japon, t. II, fig. 13 à 29. — *Goyono-Matsu* des Japonais.

Arbre de 10 à 12 m., pyramidal, à branches étalées, minces et effilées. Ramules arrondis, à écorce cendrée, les plus jeunes couverts de poils brunâtres. Bourgeons ovoïdes, obtus, formés de petites écailles lancéolées, qui s'écartent après le développement du cône. Feuilles triangulaires, fortement arquées, longues de $0^m,015$ à $0^m,030$, glauques sur les deux faces, mais bien davantage sur la partie supérieure. Chatons mâles sessiles, oblongs, placés à la partie inférieure des jeunes rameaux, longs de $0^m,010$ à $0^m,012$. Etamines nombreuses, imbriquées. Cônes dressés, elliptiques, formés d'écailles gris-brun. Ecailles larges, courtes, mesurant à peine $0^m,030$ de long, arrondies, coriaces. Graines ovales, assez semblables à celles du *P. Cembra*, mais cependant plus longues.

Son introduction parmi nous étant encore assez récente, nous ne pouvons pas savoir quelle hauteur il atteindra sous notre climat; mais il paraît très-rustique. Le plus grand spécimen que j'aie vu, a été exposé par moi à Paris en 1867 ; il mesurait alors $2^m,50$

de hauteur et commençait à produire des cônes. Au dire de M. Sieboldt, on l'emploierait au Japon dans les plantations des promenades publiques où il excéderait rarement 7 ou 8 m. d'élévation; mais, ajoute le même auteur, il n'en est pas de même sur le versant nord-est du mont Fakone, où sa taille est bien supérieure.

Habite le nord du Japon par 35° de latitude nord, et s'avance jusque dans les Kouriles vers le 46e degré; on le rencontre également sur les versants du mont Fakone et à l'état cultivé dans les jardins du Japon.

P. breviata. — *Pinus parviflora, breviata.*

Cette variété, d'une taille plus petite que l'espèce, parait être la même plante que le Fime-Gajo-Matsu des Japonais.

Pinus Koraiensis, Sieboldt et Zuccarini. *Lindley* et *Gordon.* Journ. hort. Soc., t. V, pag. 214. — *Carrière,* Man. des Pl., t. IV, pag. 346.

Arbrisseau de 3 à 4 m. de hauteur, dont le port ressemble beaucoup à celui du *P. parviflora.* Ramules brunâtres, pubescentes dans leur jeunesse, et portant de légères cicatrices. Feuilles quinées, longues de 0^m,08 à 0^m,09, filiformes, aiguës, triangulaires, à bords denticulés, marquées sur les côtés de deux raies très-glauques. Cônes dressés, presque sessiles, ovales, obtus, plus gros que ceux du *P. Cembra.* Ecailles en forme de coin, rhomboïdales, recourbées au sommet.

Graines dépourvues d'ailes, grosses, un peu comprimées.

Originaire de la Corée, on le trouve également dans
l'île Koraginsk, et à l'état cultivé au Japon. Dans nos
cultures, c'est une plante rustique, d'une croissance
très-lente, et qui, d'après M. Carrière, pourrait être
une forme du *P. Cembra*.

Les graines sont mangées par les habitants de la
Corée, de même que celle du *P. Cembra* en Sibérie.

Introduit en 1846.

3. Pinus Cembra, LINNÉE. — *Pinus sativa*. AM.
Ruth, p. 178. — *Pinus sylvestris Cembra*. CAM, Epit.,
p. 42. — *Pinus quinis*. GMEL, Lib. I, p. 179. — *Pinus
Cembra*. L. Spec. 1419. — *Loudon*, Arbor. t. IV, 2274.
— Encyclop. of trees, 1016. — *Endl.*, Synon. Conif. 141.
— *Pinus Montana*. LAMARCK, Fl. fr, t. III, pag. 651.

Arbre de 25 à 30 m., formant une pyramide très-sombre
et très-compacte. Écorce lisse et d'un vert mat dans sa
jeunesse, puis devenant raboteuse et d'un gris blanc
lorsque l'arbre est adulte. Branches verticillées, d'abord
dressées, puis étalées et relevées à leur extrémité.
Feuilles longues de 0m,06 à 0m,09, sortant ordinairement par 5, quelquefois par 4 ou 6 dans le même
fourreau, formant de gros bouquets touffus, de couleur
vert sombre lorsqu'elles sont vieilles, et d'un vert
glauque quand elles sont jeunes ; raides, triangulaires,

convexes sur le dos, finement dentées sur les bords, mais assez cependant pour en sentir les aspérités, lorsqu'on les passe entre les doigts. Chatons mâles courts, d'un brun violacé, presque rougeâtre, réunis en grappes, cylindriques, allongés, très-obtus, garnis d'une espèce de calice de bractées de couleur brune, oblongues et obtuses. Anthères à deux loges de couleur jaune soufre, avec les bords et le tour de l'œil rouge. Étamines si nombreuses que, lorsque l'arbre est en fleurs, la terre qui l'entoure semble couverte de poudre jaune. Cônes pointus, cachés au milieu des feuilles, ovales, oblongs, violets ou verdâtres, souvent moisis ou glauques. Plus tard, en vieillissant, ils prennent une forme axillaire, rarement cylindrique et atteignent ordinairement de $0^m,06$ à $0^m,09$ de long. Écailles à apophyse un peu convexe, quelquefois douces et serrées, souvent rudes avec les bords fortement reflexes quand elles sont mûres, et terminées par une bosse obtuse. Graines sans ailes, comestibles et d'un goût agréable, ovales, aiguës à la base, très-obtuses au sommet, convexes et bossues sur le dos ; cosse souvent osseuse. De 6 à 13 cotyledons.

Dans son pays natal, c'est un arbre de 40 mètres de haut, d'un aspect magnifique, à feuillage sombre et touffu, et finissant, comme le chêne par une cime arrondie d'une grande élégance. Dans nos cultures, quoiqu'il n'atteigne guère plus de 18 à 20 m., c'est un arbre très-ornemental et très-beau; sa croissance est assez lente, et sa rusticité à toute épreuve. Il pousse dans tous les sols et à toutes les expositions, cependant, il ne dédaigne pas la bonne terre, surtout lorsque le sous-sol n'est pas humide.

Dans les pays où elles sont abondantes, les graines servent non-seulement à l'alimentation du peuple, mais aussi aux desserts des riches; l'enveloppe infusée dans l'alcool donne une belle couleur rouge.

L'odeur de l'arbre est délicieuse, soit qu'on la respire en passant au milieu des forêts, soit qu'on ait à la main une branche ou un morceau de bois; et cette odeur si agréable à l'homme est, paraît-il, si nuisible aux punaises, qu'elles disparaissent complètement d'une pièce lambrissée de ce bois. Il est d'un grain très-fin et très-facile à travailler, d'une belle couleur brun-clair au centre; les bergers de la Suisse et du Tyrol le façonnent dans leurs instants de loisir, et en font ces petites figures qu'on vend aux voyageurs.

Les plus beaux échantillons que je connaisse sont en Angleterre; chez M. le Cte de Powif, à Walcot, dans le Shropshire, il y a un arbre âgé d'environ 70 ans qui mesure 18 m. d'élévation et 2^m,50 de circonférence à 1 m. du sol. Enfin, j'en connais d'autres âgés de 40 ans qui ne mesurent pas plus de 12 m.

Originaire des Alpes, à une altitude de 1,000 à 2,000 m.; on le trouve sur les montagnes du Dauphiné, sur les monts Carpathes, sur les montagnes d'Italie, d'Autriche, de Syrie, de Hongrie et de Transylvanie.

VARIÉTÉS

P. pumila. — *Pinus Cembra pumila*, PALL, ROSS. — *Pinus Cembra pygmæa*, *Loudon*, Encyclop. of trees, p. 1016.

Arbrisseau dont la taille ne dépasse pas 2 m. de hauteur.

P. pygmea.

Arbuste touffu de 0^m,30 à 0^m,40 de hauteur.

P. stricta.

Branches courtes, fastigiées.

P. viridis des horticulteurs.

Se distingue de l'espèce par ses feuilles entièrement vertes.

4. Pinus Mandschurica. — *Pinus Cembra Mandschurica*, CARRIÈRE. — *Pinus Mandschurica*, RUPPR.

Arbrisseau rabougri, atteignant 1^m,60 de hauteur sur 0^m,05 de diamètre. Branches tortues, courtes, couvertes d'une écorce d'un beau brun, ridée et portant les cicatrices des feuilles tombées ; en vieillissant, devenant noirâtre. Feuilles quinées, plus minces et plus courtes que celles du *P. Cembra*, mesurant à

19

peine 0^m,027 ou 0^m,034 de longueur, et par grappes moins serrées ; à bords complètement unis, tandis que dans le *P. Cembra*, les dentelures des feuilles sont très-accentuées. Gaine promptement caduque, composée de 2 ou 3 écailles longues, membraneuses, presque transparentes, de couleur fauve brillant, faiblement attachées. Cônes résineux, beaucoup plus petits que ceux du *P. Cembra*, et n'ayant pas leur apparence enflée, mais plutôt une forme cylindrique. Écailles en forme de coin irrégulier à la base, portant 1 ou 2 cavités profondes destinées à recevoir la graine ; cette cavité apparaît en bosse à la face extérieure et contient quelquefois 2 graines, mais dont l'une très-petite. Apophyse recourbée, rugueuse et de couleur fauve. Graines d'un brun sombre, petites, obtuses et entièrement privées d'ailes, comestibles.

C'est un arbrisseau buissonneux et rabougri qui, dans son pays natal, n'atteint jamais plus de 2 m. de hauteur ; sa végétation ne change pas quand il est cultivé avec soin sous un climat plus doux ; il semble même au contraire diminuer de taille, puisque chez nous il ne dépasse pas 0^m,15 à 0^m,20. Il représente le *P. Cembra* dans le nord-est de l'Asie, et longtemps on l'a, par erreur, regardé comme une variété de cette espèce. D'après Pallas, il occupe d'immenses contrées à l'est de la Lena, et au Kamschatka, il couvre des montagnes rocheuses et si arides, qu'il n'y croît aucune herbe. On le trouve aussi dans les vallées, mais il conserve toujours le même caractère, quoique ceux des parties montagneuses soient plus résineux et sans doute plus vigoureux. M. le professeur Regel dit que c'est la seule espèce qu'on rencontre dans le district de l'Amour, mais on n'est pas encore bien fixé sur ses véritables limites.

Le plus beau spécimen connu est à Dropmore ; Loudon le vit en 1837, il était alors planté depuis 20 ans et n'avait encore que 0^m,16 ; maintenant il mesure à peine 0,24 ; c'est assez dire combien sa croissance est lente, et qu'on ne peut en tirer aucun avantage ; cependant, Pallas rapporte que les jeunes bourgeons sont un excellent antiscorbutique, et ont un goût très-agréable. Très-rustique.

5. Pinus Shasta, CARRIÈRE.— *Pinus flexibilis,* TORREY.— *Pinus flexibilis, Wislizenus.*

Arbre de 12 à 15 m. de hauteur sur environ 0^m,30 ou 0^m,40 de diamètre. Branches horizontales, un peu contournées. Feuilles quinées, quelquefois geminées, ou ternées, raides, canaliculées sur la face intérieure, longues d'environ 0^m,05. Cônes ovales, arrondis à la base, longs de 0^m,05 à 0^m,06, larges d'environ 0^m,04. Écailles à apophyse très-saillante. Graines longues, membraneuses, très-promptement caduques, complètement dépourvues d'ailes.

Originaire du nord du Mexique, où il est très-abondant, on le trouve aussi en Californie, et principalement sur le mont Shasta, à environ 3,000 m. d'altitude. Est encore peu connu.

§ II. Strobus.

Écailles squamiformes; apophyse au sommet de la face extérieure. Graine ailée. Fruit [allongé, rond, pendant.

Usages. Les bois sont employés dans la charpente et la mâture.

Culture. Sol profond, léger ou marneux, frais, perméable à l'eau. Culture plus soignée que celle du Pin d'Écosse.

1. Pinus Peuce, Grisebach. — *Pinus Peuce, Endlicher.* — Synom. Conif.l — *Carrière*, Traité des Conif. — Revue horticole, 1864, p. 259.

« Arbre atteignant 10 à 14 m. de hauteur, quelquefois tortueux comme le *P. Pumilio;* dans les régions montagneuses, il n'excède pas 1ᵐ,50. Branches couvertes d'une écorce brunè, un peu rugueuse, marquées de cicatrices transversales, ovales, un peu déprimées. Ramules cylindriques, très-garnis de feuilles, lisses, brunâtres, très-glabres. Gaîne composée d'écailles caduques, oblongues-linéaires, subaiguës, glabres, scarieuses, inégales, d'environ 0^m,011 à 0^m,013. Feuilles d'un vert gai, raides, légèrement dressées, de 0^m,05 à 0^m,08 de longueur, très-étroites, subaiguës, canaliculées en dessus, triquètres, à carène très-proéminente en dessous, légèrement scabres sur les bords. Cônes presque sessiles à la maturité, dressés, d'un vert jaunâtre, légèrement atténués vers le sommet, obtus aux deux extrémités, de 0^m,08 à 0^m,10 de longueur sur environ 0^m,03 de diamètre ; à écailles très-larges, embrassant presque le tiers de la périphérie, arrondies, sillonnées, un peu rugueuses de la base au sommet, luisantes, étalées, amincies, membraneuses sur les bords, très-obtuses au sommet, décurrentes à la base. Apophyse transversale, lancéolée, légèrement déprimée, presque tronquée. Bractées membraneuses, adnées aux écailles. Graines entourées d'une aile rudimentaire très-courte, 0^m001 au plus, jaune-cendré, ovoïdes-oblongues ou obtuses aux deux extrémités, de 0^m,007 de longueur sur 0^m,003 à 0^m,005 de largeur. Teste ligneux, fragile ; membrane interne mince. » (GRISEBACH.)

Originaire de la Roumélie, on le trouve dans la Macédoine centrale, sur le mont Perystère, au-dessus de Bitolia ou Monastir, par 41° de latitude nord, à une altitude de 1,800 m. Il pousse dans un sol granitique où il forme, mélangé aux Juniperus, de vastes forêts.

Mais, passé 1,800 à 1,950 m., son tronc se rabougrit, et sa taille diminue de 10 m. à 1^m,50.

Est très-rustique sous notre climat.

Introduit en 1864.

2. Pinus excelsa, WALLICH.— *Pinus strobus,* HAMILTON, 1802.— Pinus Chylla, LODD, 1836.— *Pinus Dicksonii* des horticulteurs. — *Pinus strobus excelsa, Loudon,* Encyclop. of trees, f. 1915-1918. — Pinus excelsa, *Wall,* Mss. Don. in Lambert. Pinet., 2ᵉ édit., I, 40, t. 26.—*Loudon,* Arbor. t. IV, 2285, f. 2197-2202.—*Endlicher,* Synom. Conif., 145.— *Gordon.* Pinet, 222. — *Carrière,* Traité gén. des Conif., 2ᵉ éd., pag. 397. — *Pinus pendula* et *Abies pendula, Griffith,* 1847. — *Pinus Nepalensis,* DE CHAMBRAY, 1845. — *Rœsulla* ou *Rœsula,* Roi des Bois. — *Cheela, Kuel, Tschir, Kael, Leem, Piunee,* des indigènes.

Bel arbre de 30 à 40 m. de hauteur, à tige droite et élancée, couverte d'une écorce lisse, d'un gris verdâtre, douce au toucher quand elle est jeune, mais blanchissant et devenant rugueuse avec l'âge. Branches régulièrement verticillées, étalées, s'affaissant en vieillissant et devenant pendantes ; de là sans doute le nom de Pin pleureur qu'on lui a donné. Rameaux minces et allongés. Feuilles quinées, longues de 0^m,10 à 0^m,15, réunies dans une gaîne très-courte, trigonales, dentelées sur les bords, déliées, touffues,

molles, échevelées ou pendantes, sans stomates sur le dos, et ayant 3, 4 ou 5 rangs sur les côtés intérieurs. Chatons mâles s'épanouissant vers le 15 mai, pourpres, sessiles, environnés d'écailles brunes, imbriquées, courtes et obtuses, de forme conique. Chatons femelles poussant par groupes de trois ou quatre, oblongs, cylindriques, avec une queue très-courte qui s'allonge plus tard. Cônes droits, d'un rose violet avant la fécondation, devenant pendants après la fécondation ; et répandant une épaisse couleur verdâtre qui sort comme du sang et prend ensuite une teinte d'un brun pâle, longs d'environ 0^m,15 à 0^m,16, cylindriques, unis, légèrement courbés et pointus au sommet, mûrissant en septembre et octobre de la seconde année. Écailles faiblement imbriquées, allongées, ayant la forme d'un coin, avec l'apophyse légèrement épaissie au milieu, mince aux extrémités, roulée obliquement sur le bord, dentelée dans le bout assez régulièrement, avec une légère pointe, courte, large et portant une bosse au sommet. Graines de la grosseur d'un petit pois, ovales, aplaties sur les bords, noires avec quelques taches grises. Aile longue de 0^m,02, solidement attachée à la graine. Cotylédons ordinairement au nombre de 9.

Le premier auteur qui ait remarqué cette espèce, est le docteur Francis Hamilton, qui l'a rencontrée en 1802 près de Narainhetty, et qui en parle dans sa « Account of Nepaul », sous le nom de *Pinus strobus*. Il habite tous les monts Himalaya, excepté le Sikkim ; on le trouve aussi sur le Balti, dans le Thibet et dans l'Afghanistan. Son extrême limite nord est celle des monts Gilgit, par 35° 1/2 de latitude nord, et celle du sud, dans le Bhotan, à 27° de latitude. Sa plus haute altitude est de 4,000 m.

Dans nos cultures, c'est un arbre vigoureux et rustique, d'une grande élégance, qui jusqu'ici n'a servi qu'à l'ornementation des jardins, mais qui pourrait sans doute devenir une de nos essences forestières. Son bois est très-léger et employé, dans les lieux où il croît, à bâtir et à faire des travaux économiques pour lesquels on n'en saurait trouver de meilleur. Le capitaine Weeb dit que, dans le Bhotan, on le préfère à tout autre bois ; mais là ne se trouvent ni le *C. Deodara* ni le *P. longifolia*. Il est très-résineux ; et le même auteur ajoute, dans une lettre citée par Lambert, qu'une simple incision faite à l'arbre suffit pour se procurer de la térébenthine pure et limpide. Aussi est-il très-estimé dans le Beschur pour entretenir le feu sur lequel on fait fondre le fer ; dans le Kashmir, on s'en sert pour brûler la chaux, et le major Madden raconte, d'après l'autorité du capitaine Strachey, que des petits copeaux de *P. excelsa* sont apportés de Poldar à Zanzbar de Ludakk, où on les emploie comme chandelles sous le nom de Laski ou Chansing, c'est-à-dire, bois de nuit. Je ne sais si ces avantages sont réels ou si, comme cela arrive souvent, on les a surfait ; mais ce qu'on peut connaître maintenant, c'est qu'il est beaucoup plus beau et plus vigoureux que le *P. sylvestre*, et même que le *P. strobus* avec lequel il a beaucoup d'analogie, tout en n'étant pas plus difficile ni moins rustique qu'eux.

Introduit en Angleterre, en 1827, par le docteur Wallich.

P. monophylla, CARRIÈRE.

Feuilles quinées, réunies entre elles de telle sorte qu'elles n'en paraissent former qu'une. Cette modification assez constante s'est produite, dit M. Carrière, sur un individu de trois ans qui n'avait jusque-là rien présenté d'anormal.

3. Pinus Strobus, LINNÉE. — *Pinus Canadensis quinquefolia*, DUHAMEL, Arb., t. 2, p. 127. — *Pinus foliis quinis*, etc., GRON, Virg., t. 2, p. 152. — *Pinus Virginiana*, PLUK, Alm., p. 297. — *Larix Canadensis*, TOURNEFORT, Inst., p. 586. — *Pinus strobus, Lambert*, Pinet., 2e éd., t. I, p. 37, pl. 25. — *Loud.*, Encyclop. of trees, p. 1018. — Arbor., t. IV, 2280, f. 2193-2196. — *Loisel.*, Nouv. Duhamel, t. V, 249, pl. 76. — *Endlicher*, Syn. Conif., 146. — *De Chambray*, Traité prat. Arbres résineux, p. 262. — *New England Pine.* — *Apple Pine.* — *Pin du Lord.* — *Pin du Lord Weymouth.*

Arbre de 40 m. de hauteur sur $1^m,50$ de diamètre, très-droit, à écorce lisse, d'un gris verdâtre, luisante, devenant rugueuse avec l'âge, et fendillée longitudinalement. Branches verticillées, étalées, grêles, peu nombreuses. Feuilles quinées, déliées, à gaine courte et caduque, roides, d'un vert intense glauque, longues de $0^m,08$ à $0,09$. Chatons mâles réunis par 10 ou 20, paraissant vers le commencement de mai, petits. Cônes pédonculés, solitaires ou par 2 ou 3 à l'extrémité d'un court ramule, très-résineux, un peu arqués, pendants, longs de $0^m,12$ à $0^m,15$, d'un brun très-clair. Écailles longues de $0^m,04$ sur $0^m,015$ de largeur. Graines ellipsoïdes, longues de $0^m,005$ à $0^m,006$, entourées d'une aile mince, longue de $0^m,018$ sur $0^m,004$ de largeur à la partie la plus large; 6 à 10 cotylédons.

Sous notre climat, c'est un arbre rustique mais assez délicat sur le choix du terrain; il aime les lieux humides et même les endroits tourbeux où cependant l'eau n'est pas stagnante. Malheureusement, déjà plusieurs fois, ses bourgeons ont été détruits par des insectes (Scolytes) qui lui font beaucoup de mal. Il a sur les autres pins forestiers qu'on cultive dans notre pays, le grand avantage de ne pas être mangé par les lapins.

Le bois fait d'excellents mâts de vaisseaux, et c'est avec lui que sont faits la plupart de ceux qui viennent des États-Unis du Centre et du Nord. Aussi, dit Miller,

« comme ce bois est d'un grand usage dans la marine, on a fait une loi, dans la deuxième année du règne de la reine Anne, pour la conservation de ces arbres, et en encourager la culture en Amérique. On a commencé il y a plus de quarante ans, à en planter beaucoup en Angleterre. Il y en avait cependant quelques-uns de fort gros, qui avaient été plantés dans deux ou trois endroits, longtemps auparavant, particulièrement chez lord Weymouth et le chevalier Wyndham Knatchbull, en Kent. »

Habite les marécages et les ruisseaux de l'Amérique septentrionale, où il est connu, à cause de la couleur de son bois, sous le nom de Pin blanc.

Introduit en 1705.

VARIÉTÉS

P. nain. — *Pinus strobus nana* des horticulteurs. — *Pinus strobus brevifolia*, LOUDON.

Arbuste en forme de boule, atteignant au plus 1 m. de hauteur. Feuilles plus courtes que dans l'espèce.

P. umbraculifera. — *Pinus strobus tabulæformis* des horticulteurs.

Arbuste nain, très-rameux à la base, touffu, en forme de table. Feuilles courtes et inégales.

P. stricta. — *Pinus strobus stricta* ou *fastigiata.*

Branches dressées, peu feuillues.

P. nivea. — *Pinus nivea*, Booth. — *Pinus strobus alba*, Loudon, Encyclop. of trees. — *Pinus strobus argentea* des horticulteurs.

Cette variété se distingue par ses feuilles presque entièrement blanches; ce qui produit au milieu de la verdure sombre des autres conifères, un contraste du plus heureux effet. Moins vigoureux que l'espèce et ne dépassant guère 2 ou 3 m. de hauteur. Se trouve, paraît-il, en Amérique.

P. aurea. — *Pinus strobus aurea* des horticulteurs. Feuilles panachées de jaune.

4. Pinus Lambertiana, Douglas. — *Pinus Lambertiana, Dougl.*, In Linnæa Transact., t. XV, p. 500. — *Lambert*, Pinet., 2ᵉ éd., t. III, p. 157, pl. 68-69. — *De Chambray*, Traité prat. Arbres résineux, p. 346. — *Loudon*, Arbor., t. IV, 2288, f. 2203-2207. — Encyclop. of trees, p. 1019, f. 1909-1912. — *Sugar Pine* des colons californiens. — *Nat-Cleh*, dans la langue umptqua-indienne.

Arbre de haute futaie atteignant 60 ou 80 m. de hauteur, à tronc droit et élancé, presque entièrement dépourvu de branches jusqu'aux deux tiers de sa hauteur. Branches rapprochées, verticillées, dressées, — étalées ou légèrement défléchies. Feuilles quinées, de longueur médiocre, de 0ᵐ,05 à 0ᵐ,08, carénées, trigones, filiformes, assez rigides et présentant au toucher une légère dentelure. Gaînes très-courtes, caduques. Cônes allongés, cylindriques, obtus de chaque côté, légèrement arqués, longs de 0ᵐ,25 à 0ᵐ,35 à leur maturité. Écailles mesurant 0ᵐ,06 de longueur et 0ᵐ,05 dans la partie la plus large, avec un petit renflement transversal qui rappelle le rebord du bec du canard, lâches. Graines larges, un peu ovales, d'un brun foncé, longues d'environ 0ᵐ,015 sur 0ᵐ,010 de largeur. Ailes membraneuses, demi-transparentes, renfermant les semences, de couleur fuligineuse, avec une multitude de vaisseaux sinueux. Teste crustacé, facilement friable.

L'arbre, lorsqu'il a pris tout son développement, atteint une hauteur de 100 m. sur 6 m. de diamètre à la base. Il présente néanmoins rarement ces dimensions extrêmes ; et, dans les endroits mêmes où on le trouve en abondance, et où sa croissance est la plus vigoureuse, il est rare de voir un arbre qui ait plus de 3 m. de diamètre et 60 m. de haut. Le tronc ne présente généralement ni crevasses ni courbures ; c'est un cône vertical dont toutes les sections sont rigoureusement circulaires. Il est ordinairement dépourvu de branches jusqu'aux deux tiers de sa hauteur, et celles qui restent sont pendantes et forment une tête pyramidale et lâche, ayant l'aspect particulier aux *Abies*. L'écorce est lisse, d'un brun pâle du côté du midi, et blanchâtre du côté du nord.

C'est Douglas qui le premier nous a fait connaître cet arbre, qu'il découvrit dans l'Orégon, lorsqu'il collectionnait pour le compte de la Société d'horticulture de Londres.

Il publia dans un mémoire, une description qui fut lue devant la Société Linnéenne, mais un compte rendu plus complet de sa découverte, se trouve dans son journal manuscrit. Dans ces pages écrites au milieu de ses recherches, on sent toutes ses espérances et ses désillusions, on souffre avec lui des dangers qu'il affronte avec une si grande persévérance pour obtenir enfin ce Pin qu'il convoitait tant. C'est sur les bords de la rivière Multnomach, un des bras de la Colombia, qu'il recueillit ses premiers renseignements. Il rassembla un grand nombre d'exemplaires d'un Pin qu'il ne connaissait pas encore, mais qui offrait à la vue un arbre magnifique, au feuillage glauque. « Les cônes étant au sommet, dit-il, il me fut impossible de m'en procurer un seul; tous ces arbres étaient trop forts pour être coupés avec une petite hachette; je montai sur l'un d'eux, mais la cîme était trop faible pour me porter. » Enfin, soit en les abattant à coups de fusil, soit en les échangeant pour du tabac aux indigènes, il parvint, après mille fatigues, à se procurer des graines qu'il envoya en Angleterre.

Le bois est tendre, blanc, droit dans son grain, et homogène. Dans la Californie, il est estimé au-dessus de tous les autres pour les travaux intérieurs, les parquets, les portes et la charpente en général. Le suc est blanc, à demi-transparent, pulvérulent, et présente peu de ténacité. Lorsque l'arbre a été incomplètement brûlé, la résine qui en sort paraît être complètement modifiée. Elle a perdu en grande partie son goût de thérébentine, et acquis en échange une saveur douce, analogue à celle du sucre, ce qui sans doute a valu à l'arbre son nom indigène de *Sugar Pine* (Pin à sucre). On emploie quelquefois cette résine pour sucrer les aliments, mais plus souvent en médecine où elle pourrait remplacer la manne.

M. Berthelot a analysé cette substance qu'il a décrite sous le nom de *Pinite*; d'après ses expériences, elle possède la polarisation droite, et n'est pas susceptible de fermentation, même quand on la traite par l'acide sulfurique; sa composition s'écrit par la formule $C^{12}H^{12}O^{10}$. L'acétate de plomb ammoniacal précipite ce composé de ses dissolutions.

Les Indiens font rôtir les cônes sous la cendre pour en recueillir les graines qu'ils réduisent en farine et dont ils confectionnent des espèces de galettes.

Le *P. Lambertiana* est répandu dans tout le pays compris entre les montagnes Rocheuses et le Pacifique, et sur les bords de la Colombia. On le trouve aussi sur toute la côte qui s'étend entre San-Francisco et la rivière Umptqua.

Dans nos cultures, c'est un arbre très-élégant, rappelant le port du *P. strobus*, mais avec plus de régularité, et d'une grande rusticité. En général, dans sa jeunesse, il n'est pas très-vigoureux, et ne commence à pousser avec force que vers l'âge de 20 ans.

Le plus beau spécimen que je connaisse est à Castle-Martyr, auprès de Cork, chez le comte de Shannon; il mesure 12 m. de hauteur sur 1 m. de circonférence à la base, et il a été planté depuis 1845. Le terrain dans lequel il paraît pousser avec le plus de rapidité, est un sol formé d'ardoises, d'argile et de vieille pierre à sablon.

Introduit en Angleterre en 1827.

P. brevifolia. — *Pinus Lambertiana brevifolia,* Hook, l. c.

Se distingue de l'espèce par des feuilles plus courtes et plus raides.

5. Pinus monticola, Douglas. — *Pinus strobus monticola, Nutt.,* Sylv., North Amer, t. II, p. 177. — *Pinus monticola, Dougl.* — *Lambert,* Pinet., 2ᵉ éd., t. 2, pl. 87. — *Carrière,* Traité gén. des Conif., 2ᵉ édit., p. 401. — Pin des montagnes.

Arbre élancé, atteignant 25 à 30 m. de hauteur; tronc à écorce lisse, d'un gris cendré. Branches courtes, redressées, très-feuillues; feuillage compact, d'un vert argenté. Feuilles quinées, unies, courtes, mesurant

0^m,07 à 0^m,09 de longueur. Bourgeons petits, assez semblables à ceux du *P. Lambertiana*. Cônes pédonculés, courbes, cylindriques, atténués au sommet, longs de 0^m,18 à 0^m,20 sur 0^m,03 de largeur. Écailles à apophyse à peine épaissie au centre, et s'amincissant sur les bords, couvertes de résine. Graines petites, portant une aile longue de 0^m,03.

Cette espèce est encore peu répandue, mais elle mérite à tous les points de vue d'être généralement cultivée ; elle est très-rustique et se contente d'un assez mauvais terrain, pourvu que la situation soit un peu aérée. Le bois est blanc, souple et d'un grain très-fin.

Originaire du nord-ouest de l'Amérique septentrionale, le *P. monticola* croît sur les montagnes de la Californie dans un sol pauvre et granitique.

Découvert par Douglas et introduit en 1831.

6. Pinus Ayacahuite, Ehrenberg. — *Pinus Ayacahuite, C. Ehrenberg.* — *Loudon*, Encyclop. of trees, p. 1023. — *Endlicher*, Syn. Conif., p. 149. — *Carrière*, Traité gén. des Conif., 2ᵉ éd., p. 402. — *Gordon*, Pinet., 216.

Grand arbre de 30 à 40 m. de hauteur, à écorce lisse, d'un vert pâle ou cendré. Branches subdressées, puis étalées ou réfléchies. Feuilles quinées, longues de 0^m,08 à 0^m,10, ténues, blanchâtres lorsqu'elles sont jeunes. Cônes pendants, courbés, longs de plus de

0^m,20 sur 0^m,08 de diamètre à la base, plus longs les uns que les autres. Écailles larges, longues de 0^m,05, ouvertes, avec leurs pointes plus ou moins inclinées en bas, sillonnées d'un grand nombre de raies longitudinales d'un vert pâle et d'un jaune brun. Graines petites, presque ovales, ailées. Ailes longues de 0^m,025 et larges de 0^m,010, brunes, et sillonnées sur le dos de raies longitudinales.

Originaire du Mexique où il habite les montagnes à environ 2,500 m. d'altitude, par 16 ou 18° de latitude nord.

Introduit par Hartweg en 1840.

N'est pas assez rustique sous le climat de Paris pour supporter l'hiver.

7. Pinus strobiformis, Wislizenus. — *Wislizenus*, Mem. of a tour in Northen, Mexico, 1846-1847. — *Carrière*, Traité gén. des Conif., 2° éd., p. 405.

Arbre de 35 à 40 m., à feuilles quinées, à peu près semblables à celles du *P. strobus*. N'est pas encore introduit chez nous.

Originaire du Mexique.

8. Pinus Veitchii, Roezl. — *Pinus Veitchii, Roezl.*, Catal. Conif., Mexico, 1857, p. 32. — *Carrière*, Traité gén. des Conif., 2° éd., p. 405. — *Pinus Buonapartea, Gord.*, Pinet., p. 218.

Arbre de 40 m. et plus de hauteur, à tronc droit, très-garni de branches longues et minces. Feuilles quinées, ou quelquefois par 7 ou 8, glauques, longues de 0^m,10 à 0^m,12. Cônes longs de 0^m,25 à 0^m,30.

Habite au Mexique la Sierra Madre à environ 2,500 m. d'altitude.

Introduit vers 1860.

Ne supporte pas l'hiver sous le climat de Paris.

9. Pinus Loudoniana, Gordon. — *Pinus popocatepelti,* Roezl., Catal. Conif., Mexico, 1857, p. 33. — *Pinus Loudoniana, Gord.,* Pinet., p. 230. — *Car-rière,* Traité des Conif., 2e édit., p. 407. — *Pinus Aya-cahuite Colorado, Ehrenb.* ex *Gord.,* l. c.

Arbre de 35 à 40 m., à feuillage glauque. Branches nombreuses. Cônes ayant, d'après M. Roezl, une grande ressemblance avec l'*Ananas*.

Croit sur la région orientale du Popocatepelt à 2,800 m. d'altitude.

N'est pas très-connu dans les cultures, mais ne doit pas supporter l'hiver.

10. Pinus Loudoniana Don Pedri, Car-rière. — *Pinus Don Pedri, Roezl,* Catal. Conif., Mexico, 1857, p. 31. — *Carrière,* Traité des Conif., 2e édit., p. 407.

Arbre de 35 à 40 m. de hauteur. Feuilles quinées,

ténues, glaucescentes, longues de 0^m,12. Cônes droits ou recourbés, longs de 0^m,25 à 0^m,40 sur 0^m,10 de diamètre.

Se rapproche beaucoup du *P. Loudoniana*.

11. Pinus Hamata, ROEZL.

Arbre atteignant 40 ou 50 m. de hauteur, à branches tombantes. Feuilles quinées, raides, longues de 0^m,10 à 0^m,12, glaucescentes. Cônes placés à·l'extrémité des branches, en forme de fuseaux, droits ou un peu recourbés, longs de 0^m,20 à 0^m,25. Écailles lâches, à extrémité renversée, et repliée en forme de hameçon.

§ III. Pseudo-Strobus.

Écailles en forme de clou; apophyse centrale pyramidale, graine ailée. Feuilles quinées.

1. Pinus Leiophylla, SCHIEDE et DEPPE. — *Pinus Leiophylla, Schiede* et *Deppe*, in Linnœa, t. V, p. 354, t. XII, p. 490. — *Loudon*, Arbor., t. IV, 2273, f. 2186-2187. — Encyclop. of trees, p. 1011, f. 1891-1893. — *Endlicher*, Syn. Conif., p. 155. — *Knight*, Syn. Conif., p. 33. — *Ocote-Chino* des Mexicains.

Arbre de 20 à 30 m. Branches étalées, un peu relevées au sommet. Feuilles quinées, très-fines, strictement appliquées sur les branches, et formant d'épaisses touffes aux extrémités des rameaux, longues de 0^m,12 à 0^m,15. Cônes ovoïdes, pédonculés, longs de 0^m,05 à 0^m,06 sur 0^m,03 de largeur. Graines soyeuses, longues de 0^m,008 à 0^m,015.

Habite au Mexique les régions froides comprises entre Cruz-Blanca et Jalacinga, à environ 2,300 m. d'altitude.

Introduit en 1800 suivant Loudon ou suivant M. Carrière en 1839.

Très-délicat dans nos cultures, ne pouvant pas supporter l'hiver sous le climat de Paris et gelant fréquemment même dans le midi de la France.

2. Pinus Hartwegii, Lindley. — *Pinus Hartwegii, Lindley*, Botan., Reg., 1839. — *Spach.*, Hist. vég., p. 402. — *Loudon*, Encyclop. of trees, f. 1875-1876. — *Gordon*, Pinet., p. 226. — *Pallo Blanco*.

Arbre de 15 à 20 m., à branches grosses et irrégulières. Bourgeons gros, arrondis, à écailles rougeâtres. Feuilles par 4, étroites, membraneuses, allongées, mesurant environ 0^m,20 de longueur. Cônes agrégés, pendants, oblongs, obtus, longs de 0^m,12 sur 0^m,04 de large. Écailles transverses au sommet, déprimées au milieu, bossuées et carénées. Graines arrondies, en forme de coins, quatre fois plus courtes que l'aile testacée. Aile longue de 0^m,020 environ.

Habite au Mexique le mont Campanario, commençant à paraître à 3,000 m. d'altitude.

Introduit par Hartweg en 1839.

Ne supporte pas l'hiver sous le climat de Paris.

3. Pinus oocarpa, Schiede. — *Pinus oocarpa, Schiede,* In Linnœa, t. XII, p. 491. — *Gord.,* Pinet., p. 234. — *Loudon,* Encyclop. of trees, f. 1894-1898. — — *Endl.,* Syn. Conif., p. 33.

Arbre de 12 à 15 m., à branches étalées, un peu pendantes. Feuilles quinées, aiguës, luisantes, réunies dans une gaine longue de $0^m,025$. Cônes pédonculés, ordinairement solitaires, ovoïdes, élargis à la base, pointus au sommet, mesurant $0^m,08$ ou $0^m,10$ de long sur $0^m,05$ ou $0^m,07$ de diamètre. Écailles brunâtres, dures, luisantes, à 4 ou plusieurs angles.

Habite les régions chaudes du Mexique.

Introduit en 1839.

Gèle sous le climat de Paris.

4. Pinus oocarpoïdes, Bentham. — *Pinus oocarpa,* variété *oocarpoïdes, Endl.* Syn. Conif., p. 152. *Gord.* Pinet, p. 235. *Pinus oocarpoïdes, Loudon.* Encyclop. of trees, p. 1013.

Arbre de 15 à 20 m. à branches grêles et étalées. Cônes plus petits que ceux du *P. oocarpa.*

Habite le Mexique, dans la province de la Vera-Paz, à environ 1,500 m. d'altitude.

Très-sensible au froid.

5. Pinus Russelliana, Lindley. — *Pinus Russelliana, Lindl.* Bot. Reg., 1839. — *Endl.* Syn. Conif. p. 152. — *Loudon*, Encyclop. of trees, p. 1003, f. 1879-1880. — *Gord.* Pinet., p. 238.

Arbre de 20 à 25 m. de hauteur, à branches très-grosses, étalées et relevées au sommet. Feuilles quinées, lisses, tombantes, longues de $0^m,20$ et réunies dans une gaîne mesurant $0^m,027$ de longueur. Cônes allongés, horizontaux, verticillés, étroits, sessiles, longs de $0^m,18$ à $0^m,20$, larges de $0^m,04$ ou $0^m,05$ à la base, et se terminant en pointe au sommet. Graines oblongues, quatre fois plus courtes que l'aile. Ailes brunâtres, larges.

Habite au Mexique, sur la route de San Pedro à San Pablo, près Real del Monte.

Introduit par Hartweg en 1839.

Gèle à Paris.

6. Pinus Devoniana, Lindley. — *Pinus Devoniana, Lindley.* Bot. Reg., 1839. — *Loudon.* Encyclop. of trees, p. 1001, f. 1877-1878. — *Endl.* Syn. Conif. p. 153. *Gordon.* Pinet., p. 221.

Arbre de 20 à 25 m., à branches grosses, irrégulières, étalées ; écorce jaunâtre, fendillée et d'apparence subéreuse. Feuilles quinées, très-longues, denticulées, mesurant de $0^m,25$ à $0^m,30$ de longueur. Cônes pendants, solitaires, courbés, obtus, longs de $0^m,15$ à $0^m,25$ sur $0^m,04$ ou $0^m,05$ de largeur. Ecailles rhomboïdales, arrondies au sommet, obtuses, unies, avec une ligne transversale légèrement saillante, d'un gris perle, et portant en leur milieu une bosse très-prononcée. Graines obovales, longues de $0^m,005$ sur $0^m,004$ de large. Ailes noirâtres cinq fois plus longues que les graines.

Originaire du Mexique, il habite dans ce pays le mont Ocotillo, entre Real del monte et Régla.

Introduit par Hartweg en 1839.

Pas plus que les espèces précédentes venant du même climat, ce pin ne peut supporter nos hivers du centre de la France.

7. Pinus macrophylla, LINDLEY. — *Pinus macrophylla, Lindley.* Bot. Reg., 1839. — *Loudon,* Encyclop. of trees, p. 1006, f. 1883-1886. — *Endl.* Syn. Conif., p. 153. — *Pinus Leroyi. Rœzl,* ex-Gordon, l. c.

Arbre de 8 à 10 m. de hauteur, à feuilles quinées, très-longues. Cônes droits, horizontaux, allongés, solitaires. Écailles rugueuses, rhomboïdales. Graines subrhomboïdales, rugueuses, quatre fois plus courtes que les ailes.

Habite au Mexique le mont Ocotillo, d'où il fut introduit par Hartweg en 1839.

Ne passe pas l'hiver sous notre climat.

8. Pinus Apulcensis, LINDLEY. — *Pinus Apulcensis, Lindley*. Bot. Reg., 1839. *Loudon*. Encyclop. of trees, p. 1014, f. 1899-1900. — *Endl.* Syn. Conif., p. 153. — *Gord.* Pinet., p. 216. — *Knight.* Syn. Conif., p. 33. — *Pinus Acapulcensis. G. Don.* In Sweet's Hort. Brit. 3ᵉ édit.

Arbre atteignant 15 ou 18 m. de hauteur, à branches grêles et irrégulières, nombreuses et souvent défléchies, puis relevées au sommet. Feuilles quinées, minces et courtes. Cônes pendants, verticillés, ovoïdes, aigus. Écailles rhomboïdales, pyramidales, droites, quelquefois prolongées et contractées au milieu.

Habite au Mexique les ravins qui avoisinent Acapulco.

Introduit par Hartweg en 1839.

Gèle facilement à Paris.

9. Pinus Montezumæ, LAMBERT. — *Pinus occidentalis. Kunth.* In Humb et Bonpl. — *Deppe*, in Linnæa Schlecht. 5, p. 76. — *Pinus Montezumæ, Lambert,* Pinet., pl. 22. *Loud.* — Encyclop. of trees, p. 1004, f. 1881-1884. — *Knight.* Syn. Conif., p. 33. — *Endl.* Syn. Conif. p. 154.

Arbre de 15 à 18 m. de hauteur. Branches grosses, irrégulièrement étalées, redressées au sommet. Feuilles généralement quinées, quelquefois, mais rarement ternées ou quaternées, d'un vert glauque, légèrement denticulées, mesurant de 0ᵐ,10 à 0ᵐ,30 de longueur. Chatons mâles cylindriques, longs de 0ᵐ,027 et portant à leur base un grand nombre d'écailles imbriquées, ovales. Cônes pédonculés oblongs, tuberculés, longs de 0ᵐ,15 à 0ᵐ,16, d'un brun brillant, épaissis à la base, un peu atténués au sommet. Écailles très-épaisses, tétragonales. Graines très-petites.

Habite le Mexique où on le rencontre par 19° de latitude nord et 100° de longitude ouest, sur le Ciltaltepelt ou pic d'Orizaba, jusqu'à 3,000 m. d'altitude.

Introduit en 1839.

Sous le climat de Paris il est peu vigoureux, et souvent atteint par la gelée ; cependant, il résiste relativement bien quand les hivers ne sont pas très-rigoureux.

10. Pinus Lindleyana, GORDON. — *Pinus Montezumæ Lindleyi, Loudon.* Encyclop. of trees p. 1004, f. 1882-1883. *Pinus Lindleyana, Gord.* Journ. Hort. Soc. t. V, p. 215. — *Carrière.* Traité gén. Conif., 2ᵉ éd., p. 415.

Arbre de 15 à 20 m. à branches nombreuses, étalées, pendantes, relevées au sommet. Cônes longs d'environ 0^m,15 sur 0^m,05 de largeur à la base, à écailles aplaties ou légèrement tuberculées au sommet.

Originaire du Mexique, il habite les montagnes de la Sumate ; a beaucoup d'analogie avec l'espèce précédente, dont quelques auteurs l'ont regardé comme une variété.

11. Pinus rudis, ENDLICHER. — *Pinus rudis, Endlicher.*— *Carrière.* Traité gén. Conif., 2ᵉ éd., p. 417.
Originaire du Mexique.
Ne supporte pas l'hiver sous notre climat.

12. Pinus Ehrenbergii, ENDLICHER. Feuilles quinées, raides, longues de 0^m,08. Cônes oblongs, ovales, longs de 0^m,05 à 0^m,06.
N'est pas plus rustique que l'espèce précédente dont il habite le pays.

13. Pinus occidentalis, SWARTZ. — *Pinus foliis quinis. Plum* Cat. 17. *Larix Americana*, Tournefort, Inst., p. 586. *Pinus occidentalis. Swartz.* Prodr. p. 103. *Lamb.* Pinet., 2ᵉ éd. pl. 22 *bis, Loudon.* Encyclop. of trees, p. 1015, f. 1901. *Endl.* Syn. Conif. p. 154. *Ocote* des Mexicains.
Arbre de 10 à 15 m. à branches grêles et étalées. Feuilles quinées, minces, longues de 0^m,15 à 0^m,16, d'un vert pâle, gaines persistantes. Cônes pédon-

culés, moitié moins longs que les feuilles, sur 0^m,03 à 0^m,04 de largeur, coniques, un peu courbés. Écailles épaissies au sommet, d'un gris cendré.

Habite à Saint-Domingue les montagnes du quartier de Sainte-Suzanne, où il neige quelquefois.

Importé des Antilles en 1820, il est maintenant presque inconnu dans les cultures, où il passe d'ailleurs difficilement l'hiver.

14. Pinus tenuifolia, Bentham. — *Pinus tenuifolia. Benth.* Plant. Hartweg, 92, n° 620. *Endl*, Syn. Conif., p. 155. — *Carrière*, Traité gén. conif., 2ᵉ éd., p. 418.

Arbre de 20 à 30 m., à branches verticillées, étalées, redressées au sommet. Feuilles quinées, ténues, luisantes, à peine denticulées, longues de 0^m,15 à 0^m,25, gaînes persistantes. Cônes ovoïdes, obtus à la base, acuminés au sommet, horizontaux ou presque pendants, longs de 0^m,04 à 0^m,08 sur 0^m,03 ou 0^m,015 de diamètre.

Originaire du Guatemala, d'où il fut introduit vers 1840, on le trouve sur les montagnes escarpées des Canales, près du bourg de Chinanta et sur le sommet de la chaîne de Coacas, près de Salama.

Gèle presque tous les ans sous le climat de Paris.

15. Pinus pseudo-strobus, Lindley. — *Pi-*

nus pseudo-strobus. Lindl. Bot. reg. 1840. — *Endl.* Syn, Conif. p. 156. *Loudon.* Encyclop. of trees, p. 1008, f. 1887-1888. *Faux strobus.*

Arbre atteignant dans son pays natal 20 à 25 m. de hauteur, et dont le tronc est recouvert d'une écorce lisse. Branches minces, écartées, étalées, redressées au sommet. Feuilles quinées, très-minces, glaucescentes, longues de 0^m,12 à 0^m,18. Cônes ovoïdes, verticillés, horizontaux, légèrement courbés, longs de 0^m,10 à 0^m,15 sur 0^m,05 de diamètre. Écailles rhomboïdales au sommet, pyramidales, dressées, avec une ligne transversale saillante. Graines ovales; ailes noirâtres, membraneuses, mesurant environ 0^m,03 de longueur.

Habite au Mexique les montagnes voisines d'Anganguco, à environ 2,500 m. d'altitude.

Introduit en Angleterre en 1839.

Il ne peut pas non plus supporter les hivers du centre de la France.

16. Pinus filifolia, Lindley. — *Pinus filifolia, Lindl.* Bot. Reg. 1840. *Knight.* Syn. Conif. p. 33. *Loudon.* Encyclop. of trees, p. 1008, f. 1889-1890. — *Endl.* Syn. Conif., p. 155.— *Gordon.* Pinet., p. 223.

Arbre de 15 à 20 m., selon M. Carrière, à branches raides et épaisses. Bourgeons portant des écailles linéaires, très-acuminées. Feuilles quinées, très-longues, mesurant 0^m,25 ou 0^m,30, triangulaires; gaînes longues, unies, persistantes. Cônes allongés, obtus, mesurant 0^m,15 à 0^m,20 de longueur. Écailles en forme de losange, déprimées, brunâtres.

Originaire du Guatemala, on le rencontre surtout près du volcan del Fuego.

Introduit en 1840.

Gèle très-facilement.

17. Pinus Orizabæ, GORDON.— *Pinus Orizabæ*, *Gord.* Journ. Hort. Soc., t. I., p. 235. — *Endl.* Syn. Conif., p. 156. — *Gordon.* Pinet., p. 235.

Arbre d'environ 10 m. à branches minces et étalées. Feuilles minces, très-aiguës, d'une couleur vert-clair, longues d'environ 0^m,15 ou 0^m,20. Gaînes persistantes. Cônes pédonculés, pendants, réunis par 4 ou 5, ovoïdes-obtus, longs de 0^m,08, à 0^m,10.

Originaire du Mexique, il habite la montagne d'Orizaba; c'est là qu'il fut découvert par Hartweg, qui en envoya des graines en Angleterre en 1847. A une grande ressemblance avec le *pseudo-strobus* et n'est pas plus rustique que lui.

18. Pinus Grenvilleæ, GORDON. — *Pinus Grenvilleæ*, *Gord.* Journ. Hort. Soc., t. II, p. 77. — *Gordon*, Pinet., p. 225. — *Carrière*, Traité gén. Conif., 2e éd., p. 420.

Arbre de 18 à 25 mètres, à branches très-grosses,

irrégulièrement alternées. Feuilles quinées, très-minces, d'un vert foncé, mesurant jusqu'à 0^m,30 ou 0^m,35 de longueur.Cônes sessiles, pendants, solitaires, droits, régulièrement coniques, longs d'environ 0^m,40 sur 0^m,07 de largeur.

Habite au Mexique le mont Cerro de San-Juan.

Introduit en 1847.

Gèle très-facilement sous notre climat.

19. Pinus Gordoniana, HARTWEG. — *Pinus Gordoniana, Hartw.* Journ. Hort. Soc., t. II, p. 79. — *Knight,* Syn. Conif., p. 33. — *Gord.,* Pinet., p. 224. — *Carr.,* Traité Conif., 2ᵉ éd., p. 420.— *Ocote Hembra* des Mexicains.

Arbre pouvant atteindre dans son pays 20 ou 25 m. de hauteur. Branches peu nombreuses; feuilles quinées, nombreuses, minces, longues de 0^m,20 à 0^m,30. Cônes pédonculés, réfléchis, solitaires ou rarement verticillés, un peu courbés. Écailles larges, celles de la base plus petites que celles du sommet. Graines petites à ailes étroites.

Originaire du Mexiqne où il habite le Cerro de San-Juan ; connu par les indigènes sous le nom de *Pin femelle,* par opposition sans doute à l'espèce précédente qu'ils appellent *Pin mâle.*

Introduit en 1847.

Gèle à Paris.

20. Pinus aristata, Engelmann. — *Pinus aristata, Engel.* Saint-Louis transact., t. II, pl. 5-6. — *Carrière.* Traité gén. Conif., 2° éd., p. 424.

« Arbre d'environ 12 ou 15 m. de hauteur. Rameaux étalés et tourmentés, à écorce lisse, gris cendré. Feuilles quinées, longues d'environ 0^m,05 à 0^m,06, d'un vert clair. Gaînes écailleuses, courtes, caduques. Cônes longs d'environ 0^m,08, larges de 0^m,04, droits, atténués aux deux bouts, qui sont arrondis, très-obtus. Écailles très-minces, longuement dressées sur l'axe, très-régulières et de même largeur dans toute la partie qui est recouverte... » (Carrière).

Habite plusieurs régions des montagnes Rocheuses, à 2,500 m. d'altitude. Introduit en 1861 par le docteur Parry, il paraît être très-rustique, mais il ne m'est pas encore assez connu pour pouvoir le juger complètement.

M. Carrière cite encore les *Pinus Wincesteriana, Torreyana* et *Balfouriana ;* ce sont des plantes peu rustiques comme presque toutes celles qui constituent la tribu des *Pseudo-Strobus,* et d'ailleurs bien peu connues.

J'ai évité de donner beaucoup d'importance à la description de cette tribu parce que, en général, elle n'est composée que d'arbres trop délicats pour affronter nos hivers du centre ; mais je n'ai cependant pas voulu les laisser complètement de côté, pensant que peut-être, ils pourraient rendre quelques services en Algérie ou dans le midi de la France, soit même comme arbustes d'ornements cultivés en pots et en orangerie.

§ IV. Tœda.

Écailles en forme de clous ; apophyse pyramidale ; bouclier central ; graines ailées ; feuilles ternées.

1. Pinus Gerardiana, WALLICH. — *Pinus Gerardiana, Wall.*—*Lambert*, Pinet., 2ᵉ éd., pl. 79.—*Loudon.* Encyclop. of trees, p. 998, f. 1869-1871. — *Endl.* Syn. Conif., p. 159. — *Gord.* Pinet., p. 195. — *Carrière*, Traité gén. Conif., 2ᵉ éd., p. 133.—*Pinus neosa*, GOVAN. — *Pinus Chilghoza*, ELPHINSTONE.

Petit arbre de 10 à 15 m. de hauteur, formant une pyramide large et touffue. Feuilles ternées, longues de 0ᵐ,10 à 0ᵐ,15, grosses, raides, d'un vert bleuâtre, et terminées par une pointe courte d'un vert foncé. Gaines caduques, imbriquées, longues de 0ᵐ,02. Cônes gros, allongés, coniques, longs de 0ᵐ,20 sur près de 0ᵐ13 de de largeur. Écailles épaisses, rugueuses, recourbées au sommet. Graines longues de 0ᵐ,018 à 0ᵐ,020, larges de 0ᵐ,006, cylindriques, comestibles, pointues aux deux extrémités, d'un brun sombre. Ailes courtes.

Dans son pays natal, le Thibet, c'est un bel arbre vigoureux, et doublement précieux aux habitants qui mangent ses graines et se servent de son bois qui, paraît-il, est très-bon. Sous notre climat, sa croissance est lente ; cependant, il végète bien dans les terres sableuses, et résiste vaillamment au froid. Sa reproduction de graines est assez difficile, aussi, le multiplie-t-on généralement de greffes.

Originaire du Népaul, on le rencontre sur le versant septentrional de l'Himalaya, à 2 ou 3,000 m. d'altitude. Découvert par M. Gérard, capitaine de l'infanterie du Bengale, et introduit en 1820 par le Dr Wallich. qui lui donna le nom de *P. Gerardiana*.

2. Pinus Sabiniana, DOUGLAS. — *Pinus Sabiniana, Dougl.* — *Lambert*, Pinet., 2e éd., pl. 80. — *Loudon.* Arbor., t. IV, p. 2246, f. 2138-2143. — Encyclop. of trees, p. 982, f. 1834-1838. — *Carrière*, Traité gén. Conif., 2e éd., p. 435. — *Endl.* Syn. Conif., p. 159. — *Lawson.* Pinet. Brit. fasc. II. — *Gord.* Pinet., p. 208. — *Nut pine*, pin à noix.

Arbre élargi, atteignant environ 30 à 35 m. de haut : tronc droit, recouvert d'une écorce gris-cendré peu épaisse. Branches écartées, dénudées, ne portant que quelques touffes de feuilles aux extrémités. Bourgeons longs de 0^m,027, convexes sur les côtés, et dépourvus de résine. Feuilles ternées, persistantes pendant deux ans, glauques, longues de 0^m,20 à 0^m,25, peu touffues, entrelacées, un peu tombantes. Gaînes longues de

0^m,027 à 0^m,040, d'un brun clair dans leur jeunesse, mais raccourcis, ridés et grisâtres quand'ils vieillissent. Chatons mâles apparaissant en février ou mars dans leur pays natal, au mois de mai en Europe, dressés, alternes et formant grappe autour des jeunes pousses. Chatons femelles dressés. Cônes très-résineux, subverticillés, longs de 0^m,20 à 0^m,25 sur 0^m,15 ou 0^m,16 de diamètre, inégalement développés sur les deux faces, d'abord dressés, puis pendants, disposés par groupes de 3 ou 9 autour du tronc, d'un brun clair pendant leur jeunesse, puis devenant d'un brun fauve avec l'âge, persistant sur l'arbre pendant plusieurs années. Écailles spatulées, dures et fortes, d'un brun roux, longues de 0^{m}05, et portant une pointe aigue et recourbée, trés-forte et très-solide; apophyse saillante, pyramidale. Graines comestibles, rappelant la saveur des noix, grosses, oblongues, mesurant 0^m,027, à cosse épaisse, brune. Ailes courtes, jaunes; 10 à 12 cotylédons.

Dans sa patrie, c'est un arbre de 40 ou 50 m. au plus, d'un port assez irrégulier et qui individuellement n'a rien de bien remarquable; mais pris en masse, lorsque sur les montagnes il forme de vastes forêts, son feuillage d'un bleu sombre tout à fait original, produit un très-heureux effet. Ses cônes sont recherchés par les Indiens Digger, qui lui ont valu son nom de pin Digger, et qui se nourrissent de ses graines. Son bois très-tourmenté et très-résineux n'a aucune valeur.

C'est Douglas qui l'a découvert pour la première fois en 1826 et dédié à M. Sabine, secrétaire de la Société d'Horticulture de Londres.

On le rencontre sur les montagnes peu élevées de la Californie, et sur la chaine de New-Albion jusqu'à 500 m. au-dessous de la limite des neiges éternelles, vers le 40me degré de latitude nord.

Il est parfaitement rustique sous notre climat et végète bien dans presque tous les sols, mais surtout dans les terres grasses ou argileuses.

3. Pinus Bungeana, ZUCCARINI. — *Pinus Bungeana, Zucc.* Mss. — *Endl.* Syn. Conif., p. 166. — *Gordon*, Pinetum, p. 190. — *Carrière*, Traité gén. Conif., 2e éd., p. 434. — *Pinus excorticata* de quelques horticulteurs.

Arbre élevé, à cime arrondie, ayant un aspect général assez singulier. Tronc droit, dépourvu de branches jusqu'à une certaine hauteur, et recouvert d'une écorce d'un gris presque blanc qui se détache chaque année comme celle du platane. Feuilles ternées, d'un vert terne, grosses, raides, longues de 0^m,05 à 0^m,08, rétrécies au sommet en une pointe très-vive. Gaînes très-courtes, caduques. « Chatons mâles très-courtement ovoïdes, coniques, très-rapprochés, bientôt distants par l'allongement rapide du bourgeon. Boutons gemmaires très-petits, coniques, aigus, composés d'écailles violettes. » (CARRIÈRE). Cônes longs de $0^m,05$ environ, petits, arrondis ; écailles brunes, lâches, épaissies et comme ridées. Graines comestibles ? arrondies, longues de $0^m,008$.

Sous notre climat, c'est un arbre vigoureux et très-rustique, s'accommodant bien de sols très-médiocres, mais surtout des terres légèrement sablonneuses.

Originaire des plaines stériles de la Chine septentrionale.

Introduit en 1860.

4. Pinus Coulteri, DON. — *Pinus Coulteri, Don,* in Linn. Transact. t. 17, p. 440. — *Lambert,* Pinet., p. 3, pl. 83. — *Loudon,* Arbor., t. IV, p. 2250, f. 2144-2147. — *Endl.* Syn. Conif., p. 460. — *Pinus macrocarpa,* LINDLEY Bot. reg. 1840. — *Knight* Syn. Conif., p. 30. — *Pinus sabina Coulteri. Loud.* Encyclop. of trees, p. 985, f. 1839-1841.

Arbre atteignant 25 à 30 m. de hauteur, à branches verticillées, étalées, se redressant un peu vers leur milieu, et portant des feuilles seulement à leurs extrémités. Bourgeons gros, obtus, couverts d'écailles d'un brun roux. Feuilles ternées, disposées à l'extrémité des branches, longues de $0^m,20$ à $0^m,30$, d'un vert clair, marquées de lignes blanchâtres. Gaines fripées. Chatons mâles, jaunâtres, cylindriques, obtus, longs de 0^m,015 à 0^m,025 sur 0^m,007 de largeur, s'épanouissant vers le milieu de mai. Cônes très-résineux, généralement réunis ou rarement solitaires, longs de 0^m,25 à 0^m,30, larges de 0^m,12 à 0^m,15 et solidement attachés par de gros et forts pédoncules. Écailles en forme de coins allongés, épaissies à l'extrémité, serrées et recourbées, longues de 0^m,06 à 0^m,08, sur 0^m,03 ou 0^m,04. Graines oblongues, rétrécies et arrondies aux extrémités, mesurant de 0^m,012 à 0^m,015 de longueur sur 0^m,008 ou 0^m,009 de large. Ailes d'un brun brillant, entourant presque entièrement les graines.

Dans notre pays, c'est un bel arbre, végétant dans presque tous les terrains, mais aimant de préférence les terres un peu fortes; sa croissance est rapide et sa rusticité à toute épreuve.

Originaire de la Californie; on le rencontre, en compagnie du *P. Lambertiana*, sur les montagnes de Sainte-Lucie, par 36° de latitude nord, à une altitude de 1,000 à 1,300 m.

Introduit en 1832.

5. Pinus Jeffreyi, BALFOUR. —*Pinus Jeffreyana, Van Houtte.* — *Pinus Jeffreyi, Balfour,* In Circular by Edin. Oreg. botan. assoc. — *Gordon,* Pinetum, p. 198. *Murray,* In Edim. New Phil. Jour. — *Carrière,* Traité gén. Conif., 2e éd., p. 439.

Arbre atteignant 50 m. de hauteur sur 3 de circonférence, à branches étalées et fortes, un peu relevées à leur extrémité. Feuilles ternées, longues de 0^m,20 à 0^m,25, d'un vert glauque, subtriangulaires, arrondies sur la face extérieure, dentelées sur les bords. Gaînes brunes, persistantes, longues d'environ 0^m,03, couvertes d'écailles séparées à la base. Écorce grisâtre sur les jeunes rameaux, brune sur les vieilles branches. Cônes larges, ovoïdes, inégalement développés sur les deux faces, longs de 0^m,18 à 0^m,20, sur 0^m,24 à 0^m,27 de circonférence à la partie la plus large. Écailles longues de 0^m,04, à apophyse pyramidale, à protubérance pointue, forte et légèrement courbée. Graines ailées, ovales, d'un brun sombre, longues de 0^m,010 à 0^m,015, sur 0^m,007 ou 0^m,008 de large. Ailes blanchâtres, minces, courtes, marquées de stries foncées, mesurant à peine 0^m,027 de longueur.

Originaire du nord de la Californie où il fut découvert par Jeffrey dans la vallée de Shasta. Très-rustique sous notre climat, il prospère bien dans les sols pauvres et silicieux.

Introduit en 1854.

6. Pinus insignis, DOUGLAS. — *Pinus Californica* des horticulteurs. — *Pinus Montereyensis*, RAUCH. — *Pinus insignis*, DOUGL. — *Loudon*, Arbor., t. IV, p. 2265, f. 2170-2172. — Encyclop., of trees, p. 988,

f. 1847-1848. — *Laws*, Pinet., Britan. — *Endl.*, Syn.
Conif., p. 163. — *Carrière*, Traité gén. Conif., 2ᵉ éd.,
p. 440.

Arbre atteignant 20 à 30 m. de hauteur, à branches
nombreuses couvertes d'un beau feuillage vert pré.
Feuilles ternées ou quelquefois par quatre dans une
gaine, triangulaires, très-minces, entrelacées, à bords
finement dentelés, longues de 0ᵐ,10 à 0ᵐ,15, d'un vert
foncé, avec de 7 à 9 rangs de stomates sur le dos et
2 ou 3 sur le côté inférieur. Gaines courtes, mesurant
au plus 0ᵐ,009. Chatons mâles très-nombreux, courts
et petits, de couleur fauve avec une teinte pourpre au
sommet. Anthères biloculaires, courtes, à crête dentelée sur le bord. Cônes, réunis par grappes de deux ou
trois, pendants, coniques, d'un fauve pâle, longs d'environ 0ᵐ,08 à 0ᵐ,12 sur 0ᵐ,05 à 0ᵐ,08 de largeur.
Écailles très-développées et très-fortes surtout sur le
côté extérieur du cône, luisantes, d'un roux foncé, disposées en spirales, celles du côté intérieur peu convexes et presque unies. Sur les écailles les plus rapprochées de la base, l'apophyse est tournée en arrière,
et à mesure qu'on avance vers le sommet, les apophyses
se tournent en avant. Graines petites, d'un brun sombre, avec une aile relativement longue.

Dans nos cultures, c'est un des plus beaux pins et
des plus élégants, avec cette verdure fraîche et herbacée qui le distingue de tous les autres conifères. Il

pourrait peut-être, sur les côtes sablonneuses du sud de la France, rendre d'utiles services à l'exploitation forestière ; son bois n'a pas grande valeur à vrai dire, mais il contient une résine abondante qu'on pourrait sans doute recueillir. Il se plaît surtout dans les sables du bord de la mer, exposé à tous les vents, mais il craint le froid et, quoiqu'assez rustique, il gèle quelquefois sous le climat de Paris.

Originaire de la Californie, où Coulter l'a rencontré par 36° de latitude nord, sur la côte de la mer.

Introduit en 1833.

P. macrocarpa. — *Pinus insignis macrocarpa*, HART-WEG. — *Pinus radiata*, DON, In Linnœa Transact., t. XVII, p. 442. — *Lamb.*, Pinet., t. III, p. 133, pl. 56. — *Loudon*, Arbor., t. IV, p. 2270, f. 2182. — Encyclop. of trees, 990, f. 1851 : — *Carrière*, Traité gén. Conif., 2ᵉ éd., p. 337.

Arbre atteignant une hauteur de 25 à 30 m., presque complètement semblable à l'espèce par son aspect général ; la seule différence sérieuse, c'est que les cônes du *P. radiata* sont plus larges que ceux de l'espèce, que les écailles du côté extérieur y sont plus développées, et que les graines en sont plus grandes.

Habite avec l'espèce la Californie, aux environs de Monterey, par 36° de latitude, auprès du rivage de la mer.

7. Pinus tuberculata, Don. — *Pinus Califor-nica,* Hartweg, Journ. hort. soc., t. II, p. 189. —*Pinus tuberculata, Don,* In Linnœa Transact., t. XVII, p. 442. —*Lamb.,* Pinet., t. III, p. 131, pl. 35. —*Loudon,* Arbor., t. IV, p. 2270, f. 2181. — Encyclop. of trees, p. 990, f. 1850. — *Laws.,* Pinet., Britan., fasc. 9.

Arbre de 8 à 10 m. de haut, à tronc droit, à branches peu nombreuses, s'écartant irrégulièrement. Boutons coniques, de moyenne grandeur, entourés d'écailles imbriquées. Feuilles ternées, d'un beau vert clair, longues de $0^m,10$ à $0^m,12$, raides, fortes, arrondies sur le dos, dentelées sur les bords, carénées en dessous. Cônes sessiles, rassemblés par grappes de trois, poussant sur le tronc principal, d'abord à angle droit avec ce tronc, puis pendants quand ils sont vieux, coniques, courbés sur la face extérieure, rudes, non résineux, longs de $0^m,12$ à $0^m,15$, de couleur fauve dans leur jeunesse, puis plus sombres. Écailles en forme de coin, quadrangulaires au sommet, celles du côté extérieur surtout auprès de la base, très-proéminentes, fortement tuberculées, mais cela seulement sur les jeunes arbres. Graines petites, au nombre de 2 dans chaque écaille. Ailes d'un brun clair avec des stries plus sombres de différentes grandeurs.

C'est un arbre droit et effilé, assez beau dans sa jeunesse, avec un feuillage riant. Les cônes persistent longtemps, même après leur maturité, si bien que l'arbre paraît couvert de fruits de tous les âges. Sa taille dépasse rarement 10 à 15 m., quoiqu'en aient dit certains auteurs qui lui donnaient jusqu'à 33 m. de hauteur.

Sous notre climat, il est assez rustique; mais il gèle cependant encore quelquefois. Son bois n'a pas grande valeur à notre avis, bien que les colons de Californie le trouvent propre à remplir leurs besoins journaliers.

Habite les montagnes du bord de la mer, dans la baie de Humboldt, et les rochers de la côte au nord de Monterey.

Introduit en 1846.

8. Pinus muricata, DON. — *Pinus muricata,* DON, In Linnœa Transact., t. XVII, p. 441. — *Lamb.,* Pinet., p. 3. — *Loudon,* Arbor., t. IV, p. 2269, f. 2180. — Encyclop., of trees, p. 989, f. 1849. — *Knight.,* Syn. Conif., p. 26. — *Carrière,* Traité gén. Conif., 2ᵉ éd., p. 363. — *Obispo* des Californiens.

Arbre dépassant rarement 12 à 15 m. de hauteur, à branches grosses et irrégulières. Feuilles ternées, fortes et un peu contournées. Cônes ovoïdes, longs de 0ᵐ,05 sur 0ᵐ,03, obtus, pressés, inégalement développés sur les deux faces. Écailles en forme de coin, aplaties au sommet, mucronées; celles de la base externe allongées, comprimées, recourbées. Graines d'un brun sombre; ailes longues de 0ᵐ,012.

Dans son pays natal, c'est un arbre atteignant 10 ou 12 m. de hauteur, mais qui semble devoir rester nain sous notre climat. Sa rusticité est à toute épreuve.

Originaire de la Californie; on le rencontre surtout aux environs de Saint-Louis, à une altitude d'environ 1,000 m.

Introduit en 1846.

9. Pinus ponderosa, Douglas. — *Pinus ponderosa*, Dougl., Mss. ex. *Loudon*, Arbor., t. IV, p. 2243, f. 2132-2137. — Encyclop. of trees, p. 981, f. 1830-1833. — *Forb.*, Pinet., Wob., p. 44, pl. 15. — *Endl.*, Syn. Conif., p. 163. — *Gord.*, Pinet, p. 205. — *Pinus Beardsleyi* des horticulteurs. — *Pinus Craigiana* des horticulteurs.

Grand arbre dépassant 30 m. en hauteur, à branches grosses, peu nombreuses, peu ramifiées et peu feuillues. Feuilles ternées, longues de 0^m,12 à 0,25, épaisses et presque tordues, d'un vert glauque. Gaines persistantes, courtes. Cônes longs de 0^m,08 à 0^m,10 sur 0^m,05 environ de largeur, ovoïdes, arrondis au sommet, courbés; écailles brunes, à protubérance légèrement saillante et portant à son centre une pointe aiguë tournée en dehors. Graines d'un brun sombre, longues d'environ 0^m,007 sur 0^m,005; ailes d'un brun jaunâtre, longues de près de 0^m,020.

C'est un bel arbre de 25 à 30 m. de hauteur, d'un aspect triste et élégant, d'une croissance rapide et d'une rusticité à toute épreuve. Son bois, suivant Loudon, est si pesant, qu'il enfonce presque dans l'eau.

Originaire de la côte nord-ouest de l'Amérique septentrionale; il habite les hauteurs voisines du fleuve Spokan-Flathead et les montagnes Rocheuses.

Découvert par Douglas en 1826.

P. tortuosa. — *Pinus ponderosa tortuosa.*

Branches distantes, verticillées, très-tortueuses. Feuilles ternées, très-grosses, d'un vert glaucescent.

10. Pinus Parryana, Gordon. — *Pinus Parryana, Gord.,* Pinet., p. 202.

Arbre élevé, assez semblable au *P. Benthamiana.* « Branches horizontalement étalées, relativement grêles. Feuilles ternées, grosses, étroites, légèrement tourmentées, longues de 0^m,015 ou 0^m,020, subtrigones, très-aiguës, finement serrulées, atténuées de la base au sommet. Gaines assez courtes, écailleuses, tourmentées, de couleur brune. Cônes réunis autour des branches, très-rarement solitaires, rappelant ceux du *P. Pinaster,* non résineux, déclinés, régulièrement coniques, élargis à la base, atténués au sommet, longs d'environ 0^m,12, larges de 0^m,04, sessiles, à écailles rhomboïdales, nombreuses, unies, ligneuses, dures; celles du milieu des cônes plus larges, à apophyse légèrement saillante, mucronée. Graines au-dessous de la moyenne, presque rondes, à aile étroite, presque linéaire, arrondie-échancrée au sommet, de couleur grisâtre, assez épaisse. » CARRIÈRE, *Traité général des Conifères*.

Sous notre climat, c'est un arbre vigoureux et élégant, pouvant braver nos plus grands froids ; encore peu répandu en France, nous ne le connaissons pas assez pour nous prononcer en dernier ressort sur son mérite ; mais tout fait croire que les bonnes espérances qu'il a fait naître seront pleinement satisfaites.

Originaire de la Haute-Californie.

11. Pinus rigida, MILLER. — *Pinus Fraseri*, LODD., Cat., éd. 1836. — *Loudon*, Encyclop., p. 979. — *Pinus Loddigesii*, LOUDON, Arbor., t. IV, p. 2269.—*Pinus rigida, Miller*, Dict., n° 10. — *Du Roi*, Harbk., p. 60. — *Loudon*, Arbor., t. IV, p. 2259, f. 2123-2126.— Encyclop. of trees, p. 997, f. 1820-1823. — *Endl.*, Syn. Conif., p. 164.— *Mich.*, N., Amer. Sylv., p. 3, pl. 150. — *Gord.*, Pinet., p. 207. — *Pinus tœda rigida* β. *Ait.*, Hort. Kew., t. III, p. 368. — *Pinus tœda* α. *Poiret*, Dict., t. V, p. 340. — *Pinus Canadensis trifoliata, Duhamel*, Arb. et arbris., t. II, p. 126. — *Pin hérissé*.

Arbre souvent tortueux et irrégulier, variant, suivant les sols où il croît et les expositions où il se trouve, de 4 à 5 m. de hauteur jusqu'à 20 ou 25. Branches nombreuses, diffuses, étalées. Feuilles ternées, longues de $0^m,09$ à $0^m,10$, d'un vert foncé. Bourgeons pointus.

bruns et couverts de résine sur les jeunes arbres;
Gaines soyeuses, longues de 0^m,012, persistantes,
d'abord blanchâtres, puis devenant plus sombres. Chatons mâles allongés; crête des anthères dilatée, arrondie. Cônes disposés par paquets autour des branches,
ovales, arrondis, obtus, longs de 0^m,05 à 0^m,10. Écailles
raides, en forme de pyramide quadrangulaire déprimée,
se terminant par une pointe tournée en dehors. Graines
petites, brunes, portant une aile 6 ou 7 fois plus longue
qu'elles.

« Le *Pinus rigida*, dit Miller, naît spontanément en
Virginie et dans d'autres parties de l'Amérique septentrionale, où il s'élève à une grande hauteur; et, autant
que nous pouvons en juger par les progrès des arbres
qui sont à présent ici, ils paraissent devoir venir
très-grands en Angleterre. »

Dans nos cultures, c'est un arbre à cime élargie, à
branches longues, très-rustique et très-ornemental.

Originaire de l'Amérique septentrionale, il habite les
États du Maine et de Virginie.

Introduit en 1750 environ.

12. Pinus tæda, Linnée. — *Pinus Virginiana
tenuifolia*, Pluk., Alm., p. 297. — *Pinus foliis ternis*,
Gronow., Virg., 152.— *Pinus tæda, Lin.,* Sp., pl. 1419.
— *Michx.*, N. Amer. Syl. p. 155. — *Loudon*, Arbor.,
t. IV, p. 2337, f. 2118-2122. — Encyclop. of trees,

p. 976, f. 1816-1819. — *Endl.*, Syn. Conif., p. 164. — *Carrière*, Traité gén. Conif., 2ᵉ éd., p. 344. — *Gord.*, Pinet., p. 210.

Arbre atteignant 25 ou 30 m. de hauteur dans son pays natal, à cime très-étendue. Écorce jaunâtre ou gris-cendré, douce au toucher, puis se crevassant à mesure qu'elle vieillit. Boutons courts, cylindriques-coniques, d'un brun rouge, très-résineux. Feuilles ternées, d'un vert clair, longues de 0ᵐ,12 à 0ᵐ,15, à 3 faces, rigides, à bords finement dentelés. Gaînes brunes, minces, longues de près de 0ᵐ,027. Chatons mâles longs de 0ᵐ,03, recourbés et entrelacés. Anthères à crête large, à bords légèrement dentelés. Cônes sessiles, allongés, cylindrico-coniques, légèrement recourbés au sommet, longs de 0ᵐ,09 à 0ᵐ,15. Écailles longues et étroites, à bords sinueux ; apophyse rhomboïdale. Graines petites ; ailes longues de 0ᵐ,027 à 0ᵐ,030.

Dans nos cultures, c'est un arbre vigoureux et parfaitement rustique, d'un feuillage gai et agréable. Son bois n'a pas grande valeur même dans son pays natal, la grande quantité d'aubier qu'il contient le rendant impropre à beaucoup d'usages. Néanmoins, il paraît qu'on en peut tirer une assez grande quantité de térébenthine. Il pousse avec rapidité dans les sols arides et sablonneux où aucun autre arbre ne pourrait végéter.

Originaire de la Floride et de la Virginie.

Introduit en 1713.

13. Pinus serotina, Michaux. — *Pinus sero-*
tina, Mich., Fl. Amer. Bor., t. II, p. 205. — *Lambert,*
Pinet., 2º éd., t. III, 141. — *Loudon*, Arbor., t. IV, p. 2242,
f. 2127-2130. — Encyclop. of trees, 979, f. 1824-1827.
— *Endl.*, Syn. Conif., p. 163. — *Carrière*, Traité gén.
Conif., p. 341. — *Pinus tæda alopecuroïdea*, Ait., Hort.
Kew., 2e éd., t. V, p. 317.

Arbre branchu, souvent tortueux, dépassant rarement 10 ou 15 m. de hauteur sur 0^m,40 à 0^m,50 de
diamètre. Bourgeons coniques, d'un brun sombre,
très-résineux. Feuilles ternées, longues de 0^m,12 à
0^m,15 et quelquefois plus, étalées. Gaînes persistantes.
Chatons mâles dressés, étroits, longs de 0^m,014 environ. Cônes ovoïdes, longs de 0^m,06 sur près de 0^m,05
de diamètre, ordinairement disposés par deux opposés
l'un à l'autre, obtus, arrondis au sommet. Écailles
longues de 0^m,025, déprimées au sommet, et terminées
par une pointe déliée. Graines très-petites ; ailes de
près de 0^m,02 de longueur.

Habite, à la Caroline, les rives des étangs et les
parties marécageuses.

Introduit en 1713.

Très-rustique sous notre climat.

14. Pinus Australis, Michaux. — *Pinus Ame-*
ricana palustris des horticulteurs anglais. — *Duhamel,*
Arb. et Arbust., t. II, p. 126. — *Pinus palustris*, Wild.

Sp., pl. IV, p. 499. — *Mill.*, Dict., p. 14, t. V, p. 635. — *Du Roi*, Harbk, éd. Pott. t. II, p. 66. — *Pinus Australis*, *Mich.*, Arb., t. I, p. 62. — N. Amer. Sylv., t. III, p. 133. — *Loudon*, Arbor., t. IV, p. 2255, f. 2156-2160. — Encyclop. of trees, p. 987, f. 1842-1845. — *Endl.*, Syn. Conif., p. 165.— *Gordon*, Pinet., p. 187. — *Carrière*, Traité gén. Conif., 2ᵉ éd., p. 345. — *Yellow Pine, Pitch Pine, Broom Pine* des Américains.

Arbre pouvant atteindre dans son pays natal 20 ou 25 m. de hauteur, mais n'arrivant jamais à cette dimension dans notre pays. Tronc dénudé, à branches éparses, peu nombreuses. Boutons très-petits et presque enterrés sous les feuilles. Feuilles ternées, longues de 0ᵐ,20 à 0ᵐ,25, réunies en grand nombre en touffes aux extrémités des branches. Gaines blanchâtres, membraneuses, lacérées, longues de 0ᵐ,03 à 0ᵐ,05. Chatons mâles violets, cylindriques, longs, divergents. Cônes longs de 0ᵐ,15 à 0,20, cylindriques, marquetés de petits tubercules, terminés par un petit mucron. Écailles gris-roux, longues de 0ᵐ,04 sur 0ᵐ,03 de largeur. Graines ovales, blanchâtres, lisses d'un côté, sillonnées de l'autre, longues de 0ᵐ,013 environ. Ailes cartilagineuses, longues d'environ 0ᵐ,030, d'un beau brun marron.

Dans le pays où il croît, cet arbre est d'une assez grande utilité, mais dans nos contrées, même sous les climats où il ne gèle pas, il ne présente aucun avantage soit au point de vue de l'ornementation, soit à celui de l'exploitation forestière. Durant sa jeunesse, ses longues feuilles disposées en touffes lui donnent un aspect singulier, mais elles tombent à mesure que l'arbre s'élève et il n'offre plus alors que des branches tortueuses et dénudées. Végète bien dans les terres sableuses et fraîches, mais supporte mal les hivers du centre de la France.

Originaire de la Caroline et de la Floride où il habite les côtes voisines de la mer.

Introduit en 1730.

P. excelsa. — *Pinus Australis excelsa*, LOUDON. — *Pinus palustris excelsa*, BOOTH.

Cette variété a été obtenue, suivant Loudon, dans les pépinières Flœtbeck, en 1830, de graines venant de la côte nord-ouest de l'Amérique septentrionale. Feuilles plus courtes que dans l'espèce.

15. Pinus Benthamiana, HARTWEG. — *Pinus Benthamiana, Hartweg,* Journ. hort. Soc., t. II, p. 189. — *Knight,* Syn. Conif., p. 30. — *Carrière,* Traité gén. Conif., 1re éd., p. 350, — *Gord.,* Pinet., p. 188.

Grand arbre atteignant dans son pays natal jusqu'à 60 m. et plus de hauteur, sur 1 m. de diamètre. Branches nombreuses, étalées, à écorce jaunâtre, lisse. Feuilles ternées, très-longues, d'un vert foncé très-brillant. Cônes longs de 0^m,08 à 0^m,10 sur 0^m,04 à 0^m,05 de diamètre, cylindrico-coniques, un peu courbés. Écailles d'un jaune roux, inégales sur les deux faces du cône, celles de la partie convexe plus grandes que les autres. Graines longues de 0^m,005 sur 0^m,005 de largeur, un peu comprimées.

C'est un arbre magnifique, parfaitement garni de branches, d'un feuillage agréable et d'une végétation robuste, même sous notre climat. Son bois est résineux et très-estimé en Amérique.

Habite les montagnes de la Californie, où, suivant M. Carrière, on le rencontre mélangé au *P. Lambertiana*.

Introduit en 1849.

16. Pinus patula, Schiede et Deppe. — *Pinus patula, Schiede* et *Deppe*, in Linnœa, t. XII, p. 488. — *Lambert*, Pinet., 2e éd., t. III, p. 143, t. 61. — *Loudon*, Arbor., t. IV, p. 2266, f. 2175-2176. — Encyclop. of trees, p. 992, f. 1855-1856. — *Endl.* Syn. Conif., p. 157. — *Carrière*, Traité gén. Conif., 2e éd., p. 329.

Arbre de 20 à 25 m., à branches étalées, à écorce gris cendré. Feuilles ternées, très-minces, étalées, portant 2 cannelures, longues de 0^m,10 à 0^m,15, d'un vert brillant. Gaînes cylindriques longues de près de 0^m,027. Cônes unis, groupés autour des branches, longs de 0^m,10 environ. Écailles dilatées au sommet, plates, d'un jaune pâle. Graines petites; ailes larges.

C'est un arbre élégant qui, malheureusement, ne peut suppporter les froids de nos hivers.

Habite les régions froides du Mexique, à Malpayo de la Joya.

Introduit d'abord vers 1820, et de nouveau par Hartweg, en 1839.

VARIÉTÉS

P. stricta. — *Pinus patula stricta*, *Benth.*, Plant., Hartw., nº 442. — *Loudon*, Encyclop. of trees, p. 993. — *Carrière*, Traité gén. Conif., 2ᵉ éd., p. 428.

Cônes plus petits que ceux de l'espèce; feuilles plus raides.

P. macrocarpa.—*Pinus patula macrocarpa*, SCHIEDE. — CARRIÈRE.

Fruits plus gros que ceux de l'espèce.

17. Pinus teocote, SCHIEDE et DEPPE. — *Pinus teocote, Schiede* et *Deppe*, in Schlecht. Linnœa, t. V, p. 76. — *Loudon*, Arbor., t. IV, 2266, f. 2173-2174. — Encyclop. of trees, p. 991, f. 1852-1854. — *Lambert*, Pinet., 2ᵉ éd., t. III, p. 145, t. 62. — *Carrière*, Traité gén. Conif., 2ᵉ éd., p. 426, — *Ocote*, *Teocote* des Mexicains.

Arbre de 18 à 20 m. sur environ 1 m. de diamètre. Branches étalées, diffuses; rameaux feuillus, grêles. Feuilles ternées, érigées, raides, comprimées, aiguës, d'un vert clair, bicanaliculées en dessus, légèrement convexes en dessous, longues de 0ᵐ,10 à 0ᵐ,15. Gaines persistantes, cylindriques, longues de 0ᵐ,027. Cônes ovoïdes, lisses, longs de 0ᵐ,05 à 0ᵐ,08 sur 0ᵐ,03 de large, ordinairement réunis en verticilles. Écailles gris cendré, dilatées au sommet, à protubérance centrale déprimée. Graines brunes, trapéziformes; ailes membraneuses, longues d'environ 0ᵐ,025.

Habite au Mexique les montagnes d'Orizaba.

Introduit en 1839.

Ne supporte pas les hivers du climat de Paris.

18. Pinus longifolia, Roxburg. — *Pinus longifolia*, Roxb. — *Lambert*, Pinet., 2ᵉ éd., t. I, p. 32, t. 22. *Royle*, Illust., p. 353. — *Loudon*, Arbor., t. IV, 2252, f. 2148-2152. — Encyclop. of trees, p. 996, f. 1865-1868. — *Endl.* Syn. Conif. p. 158. — *Spach.* Hist. Vég. phan. t. XI, p. 390. — *Loisel*, Nouv. Duhamel, p. 247. — *Carrière*, Traité gén. Conif., 2ᵉ éd., p. 332.

Arbre de 30 à 35 m. de hauteur, à écorce épaisse, gris cendré, s'exfoliant. Branches peu nombreuses, éparses, étalées, irrégulières. Feuilles ternées, très-longues et très-minces, d'un vert clair, luisantes, pendantes, longues de 0ᵐ,25 à 0ᵐ,30. Gaines persistantes, blanches, soyeuses, longues de 0ᵐ,020. Cônes ovoïdes-oblongs, roux foncé, mesurant 0ᵐ,15 à 0ᵐ,18 de longueur. Écailles élevées au sommet, très-épaisses, recourbées, longues de 0ᵐ,040; apophyse saillante, pyramidale, un peu réfléchie. Graines inégalement développées, droites d'un côté, longues de 0^m,013, sur 0^m,006 de largeur. Ailes en forme de doloir, minces, longues de 0^m,025 environ sur 0^m,008 ou 0^m,010 de largeur. Cotylédons au nombre de 12, forts, trigones.

C'est un bel arbre, d'un port gracieux et d'un feuillage élégant, mais qui ne peut supporter l'hiver dans le centre de la France. On pourrait sans doute l'utiliser dans le Midi, comme arbre d'ornement aussi bien qu'au point de vue de l'exploitation forestière, car son bois est très-estimé dans son pays natal.

Habite les montagnes du Népaul à 2,500 m. d'altitude environ ; on le rencontre aussi dans les régions basses et chaudes, mais il n'y atteint jamais la même hauteur que dans l'Himalaya.

Introduit en 1801.

19. Pinus Sinensis, LAMBERT. — *Pinus Sinensis*, LAMBERT, Pinet., 2e édit., t. I, pl. 29. — *Endl.*, Syn. Conif., p. 158. — *Loudon*, Arbor., t. IV, p. 2264, f. 2167-2169. — Encyclop. of trees, 9995, f. 1872-1874. — *Forb.* Pinet. Wob., p. 39, pl. 12. — *Carrière*, Traité gén. Conif., 2e éd., p. 331. — *Pinus Nepalensis*, FORBES. — *Pinus Keseya*, ROYLE. — *Pinus Cavendishiana* des horticulteurs.

Arbre atteignant 10 ou 12 m. de hauteur, à tige élancée. Branches étalées, dressées, portant de petits tubercules. Feuilles par 2 et 3, longues de 0^m,12 à 0^m,15, dressées, minces, d'un vert foncé. Gaines brunâtres, membraneuses, raides, longues de près de 0^m,013. Chatons mâles nombreux, verticillés, longs de 0^m,012 à 0^m,015. Cônes courtement pédonculés, ovoïdes, brunâtres, mesurant 0^m,06 à 0^m,07 de long. Écailles épaisses, ligneuses, aplaties. Graines très-petites.

Originaire de la Chine et du Népaul, cet arbre ne peut supporter nos hivers.

Introduit en 1829, ou même avant cette époque.

20. Pinus Canariensis, Chr. Smith. — *Pinus Canariensis,* Chr. Smith, in Buch. Fl. Can., p. 32-34. — *Loudon,* Arbor., t. IV, p. 2261, f. 2162-2166. — Encyclop. of trees, 994, f. 1861-1864. — *Forb.* Pinet. Wob. p. 57, t. 21. — *Lambert,* Pinet., 2e éd., t. III, p. 153, pl. 66. — *Knight.,* Syn. Conif., p. 30. — *Carrière,* Traité gén. Conif., 2e éd., p. 348.

Arbre de 20 à 25 m., souvent tortueux dans nos cultures. Tronc à écorce spongieuse, épaisse et fendillée. Boutons secs, écailleux, blanchâtres, sans résine. Feuilles ternées, très-minces, longues de 0^m,18 à 0^m,20, étalées, rudes. Gaines longues de 0^m,015 à 0^m,020, blanchâtres, membraneuses, déchirées sur le bord, brunâtres à la base. Cônes oblongs, sessiles, tuberculés, longs de 0^m,10 à 0^m,15 sur 0^m,05 de largeur.

Écailles longues de 0^m,05, larges de 0^m,03, terminées en une proéminence irrégulièrement pyramidale, au sommet de laquelle est une pointe émoussée. Graines inéquilatérales, longues de 0^m,015 sur 0^m,006 de largeur, aiguës aux deux extrémités, d'un brun blanchâtre. Ailes presque noires, trois fois longues comme les graines.

Habite les grandes Canaries, et Ténériffe, sur les montagnes à 2 ou 2,500 m. au-dessus du niveau de la mer.

Introduit en 1759 suivant Loudon, et suivant Carrière, en 1815.

Ne peut passer l'hiver sous le climat de Paris.

§ V. Pinaster.

Écailles en forme de clou; apophyse pyramidale, bouclier central. Graine ailée. Feuilles binées.

Usages. Le bois est employé comme charpente, bardeaux, échalas; on en retire la poix et la térébenthine. En Suisse, le bois du *P. Mugho* sert à faire des torches, car il est très-résineux. On l'utilise aussi dans les bâtiments.

Culture. Le Pin de Genève et du Midi étend ses branches et se dégarnit. Le Pin d'Écosse les a moins longues et les conserve plus longtemps.

Toutes ces espèces viennent dans les sables stériles

dépourvus de toute végétation, mais le Pin d'Ecosse est remarquable par la rusticité et la supériorité de son bois. La meilleure saison pour transplanter est vers la fin d'octobre ou les premiers jours d'avril, avant qu'ils n'aient commencé à pousser. Miller conseille de planter des sujets de quatre ans à 4 pieds en tous sens, après avoir coupé les genêts et les bruyères qu'on étale au pied des plants pour entretenir l'humidité. Je préfère les plants de deux ans.

La sixième année de plantation, on coupe les branches des verticilles inférieurs, en septembre, et on continue ainsi tous les deux ans; douze ou quatorze ans après, on éclaircit en ayant soin de commencer par le milieu de la plantation sans toucher à la bordure destinée à abriter les arbres du centre. On coupe ras terre, sans arracher les souches, car les racines ne repoussent jamais.

Mais le meilleur mode de plantation dans les sols peu profonds, quoiqu'il soit plus cher, est la culture en ados. Je l'ai expérimenté, et si la première dépense en est plus grande, les arbres y poussent aussi avec une plus grande vigueur. On creuse un fossé large de 1 m. environ, de toute la profondeur de la terre végétale, qu'on rejette sur l'un des bords; on laisse un espace large de 2 m. et on creuse un second fossé semblable au premier en rejetant la terre dans l'intervalle des deux fossés. On voit qu'ainsi on a augmenté considérablement l'épaisseur de terre dans cette partie. On plante les plants, et ils poussent avec rapidité.

1. Pinus Pinaster, Solander. — *Pinus Maritima altera*, Duhamel, Arb. et Arbust., n° 4, pl. 29. — *Pinus sylvestris* γ, Lin. *Syst. Reich.* 4, p. 172. — *Pinus Pinaster, Soland*, in Ait. Hort. Kew., 1re éd., t. III, p. 367. — *Lambert*, Pinet, 2e éd., l. 17, pl. 9-10. — *Loudon*, Arbor., t. IV, 2213, f. 2100-2101. — Encyclop. of trees, 961, f. 1781-1782. — Endl. Syn. Conif., p. 168. — *Pinus Massoniana*, Lambert, 2e éd., p. 118. — *Pinus Syrtica*, Thore, Prom. sur les côtes de Gascogne. — Pin des Landes, Pin de Bordeaux, Pin maritime.

Arbre atteignant 20 ou 25 m. de hauteur, à cime conique, à branches étalées et feuillues seulement à leurs extrémités. Écorce épaisse, noirâtre. Feuilles binées, grosses, épaisses, d'un vert brillant, longues de 0^m,18 à 0^m,20. Gaînes longues de 0^m,020, imbriquées, un peu raides, d'un vert pâle, blanchâtres d'abord, puis devenant noires. Cônes réunis par groupes de 2 ou 3, quelquefois jusqu'à 8, rarement solitaires, beaucoup plus courts que les feuilles, portés sur de gros pédoncules, d'un brun luisant, longs de 0^m,10 à 0^m,12 sur 0^m,05 à 0^m,06 de largeur. Écailles serrées, luisantes, d'un jaune roux, longues de 0^m,025 à 0^m,035 sur 0^m,015 à 0^m,020 dans la partie la plus large, se terminant en une pyramide presque régulière à base rhombe, et au sommet par une pyramide plus petite d'un gris cendré, avec une pointe aiguë, surtout dans la partie supérieure du cône. Graines oblongues, mesurant, sans les ailes, près de $0^m,012$ sur $0^m,007$ de largeur. Ailes lancéolées, d'un roux pâle, longues de $0^m,015$.

Sur le bord de la mer, c'est un arbre vigoureux, d'une croissance rapide, et capable de rendre les plus grands services. C'est ainsi que dans les Landes du golfe de Gascogne, qui sont composées d'un sable si fin et si mouvant, qu'il envahissait chaque jour, M. Bremontier fixa cette surface mouvante en y plantant des Pinaster.

Et maintenant, ces longues plaines stériles sont couvertes de forêts de pins, dons les habitants retirent la térébenthine et le noir de fumée. Mais sur les lieux élevés et dans l'intérieur des terres, la végétation du Pin de Bordeaux se modifie complètement; sur les montagnes, il s'étend tout en largeur, ne croissant que très-lentement en hauteur, et il est toujours beaucoup moins vigoureux. Les racines descendent perpendiculairement en terre; aussi, aime-t-il de préférence les sols profonds et sablonneux.

Dans les plantations, on l'emploie surtout pour abriter les jeunes Pins d'Écosse, dont la croissance est moins rapide; on s'en sert aussi dans les jardins comme arbre d'ornement à cause de son feuillage élé-

gant et agréable, mais il supporte difficilement la transplantation.

Son bois n'a pas grande valeur, cependant, on l'emploie à différents usages; mais le principal produit
qu'on en retire en Guienne, est l'extraction de la
résine.

Originaire du district Méditerranéen de l'Europe, on
le trouve en Espagne, en Portugal, en Algérie, où il
est connu sous le nom de Pin d'Édough, dans le sud
de la France, en Italie et en Grèce. On le rencontre
aussi en Corse sous le nom de Pin de Corte, et, suivant M. Carrière, dans l'Inde, en Chine et au Japon.

VARIÉTÉS

P. Hamiltonii. — *Pinus Pinaster Hamiltonii, Lindl.*
et *Gord.*, Journ. Hort. Soc. t. V, p. 217.

Variété peu distincte de l'espèce.

P. Lemoniana. — *Pinus Pinaster Lemoniana, Endl.,*
Syn. Conif., p. 169. — *Gord.* Pinet, p. 178. — *Loudon,*
Encyclop. of trees, p. 963, f. 1783-1784. — *Pinus
Lemoniana, Bentham*, in Hort. Transact., p. 500,
II° série. *Carrière*, Traité gén. Conif., 1re éd., p. 368.

Arbre petit et rabougri, avec un tronc en zig-zag et
des branches serrées et touffues. Il porte un grand
nombre de cônes réunis aux extrémités des branches.

P. major. — *Pinus Pinaster major*, *Duhamel*. Arbor., t. 2, p. 133, pl. 28. — *Pinus Pinaster altissima*, *Lamb.* — Pin de Corte.

Arbre élevé, à branches grosses, étalées, assurgentes.

Habite les environs de Corte où il atteint de grandes dimensions.

P. minor. — *Pinus Pinaster minor*, *Loud.* Encyclop. of trees, p. 963. — *Pinus escarena*, *Risso.* Hist. nat. Eur. mér. t. II, p. 459.

Une des plus belles variétés du *P. Pinaster*. Elle en diffère par un feuillage d'un vert plus pâle, et des cônes plus courts et plus ovales. A été trouvée sur les montagnes des environs de Nice par M. Risso.

2. Pinus pungens, MICHAUX. — *Pinus pungens*, *Mich.* fil. Arbr., for. t. I, p. 65, pl. 5. — *Endl.* Syn. Conif., 166. — *Loud.* Arbor., t. IV, f. 2077-2080. — Encyclop. of trees, p. 971, f. 1803-1805. — *Carrière*, Traité gén., Conif., 2e éd., p. 359.

Arbre de 12 à 15 m. de hauteur, tortueux et buissonneux. Branches nombreuses, diffuses. Feuilles binées, épaisses, courtes, longues de $0^m,06$ à $0^m,07$. Gaînes courtes. Chatons mâles violacés, cylindro-coniques. Cônes sessiles, d'un brun jaunâtre, brillants, ordinairement par groupes de 3 ou 4, horizontaux, persistant pendant plusieurs années. Ecailles ligneuses, munies d'un fort crochet en forme d'alène. Graines rudes, brunes. Cotylédons au nombre de 6 ou 8.

Arbre très-rustique dans nos cultures, originaire du Nord de la Californie, où il habite les montagnes élevées. Introduit en 1804.

3. Pinus Inops, SOLANDER. — *Pinus Virginiana*, MILL. Dict. n. 9, t. V, p. 624. — *Du Roi.* Harbk, éd. Pot., p. 47. — *Pinus Inops, Soland.*, ex *Ait. Hort. Kew.*, 1re éd., t. III, p. 367. — *Loud.* Arbor., t. IV, 2192, f. 2068-2071. — Encyclop., of trees, p. 970, f. 1801-1802. — *Endl.* Syn. Conif., p. 167. — *Carrière*, Traité gén., Conif., 2e éd., p. 361. — Pin pauvre, Pin chétif.

Arbre atteignant de 12 à 15 m. de hauteur, ordinairement tortueux. Branches nombreuses, irrégulières, étalées. Rameaux grêles, à écorce violacée. Bourgeons résineux, cylindriques, émoussés à l'extrémité, brunâtres et entourés de 3 petits bourgeons. Feuilles binées, ou quelquefois ternées dans les jeunes arbres, raides, tordues, longues de 0m,08 à 0m,10, d'un vert gai. Gaines à 3 ou 4 tours. Cônes souvent pendants, longs de 0m,05 à 0m,07, par groupes de 2 ou 3, rarement solitaires, sur un court pédoncule. Ecailles ligneuses, d'un brun jaunâtre, portant chacune une pointe aiguë et ligneuse, généralement droite. Graines petites ; 6 ou 8 cotylédons.

Dans nos cultures, c'est un arbre tortueux et chétif, perdant promptement ses branches, et ne vivant pas longtemps.

.Habite les sols sablonneux et pauvres de l'Amérique septentrionale, depuis les bords de la baie d'Hudson jusqu'à la Caroline.

Introduit en 1739. Très-rustique sous notre climat.

4. Pinus mitis, Michaux. — *Pinus echinata*, Mill. Dict. n° 12, t. V, p. 625. — *Du Roi*. Obs. Bot. 44. — *Pinus variabilis*, Pursh. Fl. Bor. Amér., p. 643. — *Pinus mitis*, *Mich*. Fl. Bor. Amér., t. II, p. 204. — *Loud*. Arbor., t. IV, 2195, f. 2072-2076. — Encyclop. of trees, p. 974, f. 1809-1813. — *Endl*. Syn. Conif., p. 167. — *Carrière*. Tr. gén. Conif., 1re éd., p. 361. — *Pinus lutea*, Loddiges. — *New-York Pine, Yellow Pine*. des Américains.

Arbre atteignant de 15 à 20 m. de hauteur, avec un tronc d'un diamètre constant de $0^m,40$ à $0^m,50$. Bourgeons à peine résineux. Feuilles binées, fines, flexibles, longues de $0^m,07$ à $0^m,10$, creusées sur la face supérieure, d'un vert sombre. Quelquefois, selon Loudon, par une exhubérance de végétation, on trouve 3 feuilles dans la même gaîne ; mais cela, ajoute-t-il, n'a lieu que sur les jeunes rameaux, et jamais sur les vieilles branches. Gaines longues de $0^m,013$, blanchâtres, lacérées, puis s'assombrissant. Cônes ovoïdes-oblongs,

longs de 0^m,05 à 0^m,06 sur 0^m,02 ou 0^m,03 de largeur. Ecailles à surface extérieure un peu proéminente, et terminée par un très-petit mucron recourbé en dehors. Graines petites. Ailes longues de 0^m,020 à 0^m,025.

Sous notre climat, c'est un arbre parfaitement rustique, mais qui reste, en général, chétif et rabougri. Dans son pays natal au contraire, il est plein de vigueur, et fort recherché pour la valeur de son bois, qui sert à toutes sortes d'usages.

Originaire des sols pauvres de la nouvelle Angleerre, de New-Jersey, de Maryland, etc...

Introduit en 1739.

5. Pinus contorta, Douglas. — *Pinus contorta*, Dougl. ex *Loud*. Encyclop. of trees, p. 975, f. 1814-1815. — *Endl.* Syn. Conif., p. 168. — *Carrière*, Traité gén. Conif., 2e éd., p. 164, — *Gord*. Pinet., p. 165.

« Bourgeons bruns et résineux, arrondis, portant une pointe émoussée. Feuilles binées, longues de 0^m,05 ; gaine très-courte, imbriquée, noire. Cônes longs de 0^m,05 à 0^m,07 sur 0^m,02 à 0^m,03 de largeur ; écailles ayant un côté déprimé, terminé en une pointe émoussée portant un mucron caduque. Les rameaux sont régulièrement et complètement couverts de feuilles, de la même façon que ceux du *P. pumilio*, avec lequel le spécimen envoyé par Douglas à l'Horticultural Society's Herbarium, a une grande ressemblance. Ce pin a été trouvé par Douglas dans le nord-ouest de l'Amérique, dans les terrains marécageux du bord de la mer, et en grande quantité, près des caps Désappointement et Lookout. » (Loudon, Encyclop. of trees.)

6. Pinus pumilio, Hœnke. — *Pinaster pumilio, Clus.* Pannon, 15. — *Pinus Sudeticus ou Carpathicus,* Ungrisch, Magaz. t. III, p. 38.—*Pinus sylvestris montana* γ. Ait. Hort. Kew., 1ʳᵉ éd., t. III, p. 366.—*Pinus Tartarica* Mill. Mss. in Herb. Banks. — *Pinus pumilio, Hœnke,* Rise in das Riesengeb, 68. — *Lamb.* Pinet., 2ᵉ éd. t. I, p. 5, pl. 2. — *Loud.* Encyclop. of trees 955, f. 1764-1765. — *Forb,* Pinet., Wob., t. 1. — *Endl.* Syn. Conif., p. 171. — *Carrière,* Traité gén. Conif., 2ᵉ éd., p. 369. *Pinus Carpatica.* — *Pinus Mughus.*

Arbrisseau de 5 à 6 m. de hauteur, buissonneux, presque rampant. Branches nombreuses, rampantes, se relevant un peu à l'extrémité. Feuilles binées, courtes, raides, un peu tordues, densément distribuées sur les rameaux, longues de 0ᵐ,03 à 0ᵐ,05. Gaînes longues de 0ᵐ,005 à 0ᵐ,010, lacérées, blanches, laineuses. Cônes droits dans leur jeunesse, longs de 0ᵐ,03 à 0ᵐ,04 sur 0ᵐ,02 de largeur environ, sur un court pédoncule, rougeâtres ou pourpre foncé, devenant bruns en mûrissant. Ecailles à apophyse élevée, déprimée au sommet. Graines petites.

C'est un arbuste original ayant plutôt l'aspect d'un

massif de verdure que d'un arbre; sa taille peu élevée permet de l'employer avec avantage pour orner les rocailles et les collines, en même temps que sa rusticité fait qu'il peut supporter tous les terrains et toutes les expositions. Il jouit en outre de la faculté de repousser sur souches, et peut être cultivé en taillis.

Originaire des hautes régions de l'Europe Centrale, des monts Carpathes et aussi des Pyrénées, où on le rencontre surtout dans les sols calcaires.

Introduit en 1779.

VARIÉTÉS.

P. uncinata. — *Pinus uncinata,* RAMOND in D. C. Fl. Fr. t. III, p. 726. — *Endl.* Syn. Conif., p. 170. —*Desf.* Hist. Arbr., t. II, p. 610. — *Pinus mugho,* POIR. Dict., t. V, p. 336. –*Loisel.* Nouv. Duham., t. V, p. 223, pl. 68. —*Loud.* Arbor., t. IV, 2187, f. 2059-2060, Encyclop. of trees, 956, f. 1766-1767.—*Knight.* Syn. Conif., p. 26.

Arbrisseau de 5 à 6 m. peu différent de l'espèce et comme elle, rampant et buissonneux; parfaitement rustique.

P. rotundata. — *Pinus montana,* DU ROI, obs. Bot., p. 42.—*Pinus pumilio rotundata* des horticulteurs. — *Pinus mugho rotundata, Gord.* Pinet., p. 173.

Arbrisseau de 3 à 4 m. de hauteur, assez variable dans sa forme. Commun en Styrie.

P. rostrata.—Pinus mugho nana, Loud. Encyclop. of trees, p. 956.—*Pinus mugho rostrata*, Ant. Conif., p. 13.

Arbrisseau complètement nain, buissonneux. Feuilles raides, un peu courbées et serrées, souvent, au dire de M. Schouver, au nombre de 3 dans chaque gaine.

7. Pinus sylvestris, Linné. — *Pinus sylvestris vulgaris genevensis*, J. Bauh. Hist., t. 12, p. 253.—*Pinus sylvestris*, L. Spec., 1418. — *Loud.* Arbor., t. IV, 2133, f. 2013-2014, Encyclop. of trees, p. 951, f. 1759-1760. — *De Chambray*, Tr. des arb. résin., p. 142.— *Endl.* Syn. Conif., p. 171.—*Knight*, Syn. Conif., p. 26.—*Pinus sylvestris Haguenensis. — Pinus rigensis*. Pin d'Ecosse, Pin de Haguenau, Pin de Riga, Pin Sylvestre.

Arbre de 25 à 30 m. de hauteur, à branches verticillées, à écorce mince, rougeâtre. Feuilles binées, raides, longues de $0^m,05$ à $0^m,08$, d'un vert bleuâtre. Cònes petits, généralement réunis par 2 ou 3, longs de $0^m,04$ à $0^m,05$ environ, pointus au sommet, un peu courbés. Ecailles larges, épaisses, terminées en une pointe quadrangulaire, souvent recourbée. Graines petites, irrégulières, longues de 0^m003 à $0^m,005$; ailes minces, presque transparentes, peu adhérentes à la graine.

C'est plutôt un arbre forestier qu'un arbre d'ornement; sa croissance rapide, sa facilité à s'accommoder des plus mauvais terrains, et la valeur de son bois en font une essence précieuse, pour les pays pauvres dont le sol resterait stérile. Le bois est vendu dans le commerce sous le nom de *Sapin rouge*, et fort estimé, à cause de sa belle couleur et de sa longue durée. On ne saurait trop engager les propriétaires de sables inféconds, à y planter de ces Pins ; la dépense serait minime, et au bout de vingt-cinq ou trente ans, ces terres qui jusque là étaient restées improductives, pourraient facilement rapporter 10,000 francs de l'hectare, tout en s'étant beaucoup améliorées, et ayant dans l'intervalle, payé le prix du terrain et les frais de plantation.

Le Pin d'Ecosse, croît dans presque tous les sols, même les plus mauvais, où à peine le genêt et la bruyère peuvent pousser, mais il préfère les terrains sablonneux et meubles où l'humidité et la chaleur pénètrent facilement ; dans les parties humides, il grandit avec une plus grande rapidité, mais le bois est blanc, mou, et de peu de valeur.

Originaire du centre et du nord de l'Europe, où il s'avance jusque vers le 70e degré de latitude boréale.

VARIÉTÉS.

P. Rubra. — *Pinus sylvestris rigensis* des horticulteurs. — Pin de Russie, Pin de Riga.

Diffère de l'espèce par une écorce plus unie et plus rouge, et par un tronc plus élancé. Branches courtes

Originaire du nord de l'Europe, de la Livonie et de la Lithuanie.

P. argentea. — Pinus sylvestris argentea.

Arbre buissonneux et diffus, à branches horizontales, à feuilles glauques, d'un gris argenté.

P. nana. — Pinus sylvestris nana, CARRIÈRE. Traité gén. Conif., 2ᵉ éd., p. 373.

Buisson de quelques centimètres, à branches nombreuses et à forme compacte.

P. panaché. — Pinus sylvestris variegata des horticulteurs.

Plante peu vigoureuse, différant de l'espèce par son feuillage panaché de jaune. Perd cette panachure sous l'influence des rayons solaires.

P. monophylla.

Feuilles courtes, soudées ensemble dans une même gaine et dans toute leur longueur de façon qu'elles semblent n'en former qu'une.

Il est encore quelques autres variétés peu importantes qui pourront être utilisées dans la décoration des petits jardins.

8. Pinus Banksiana, LAMBERT, *Pinus Hudsonica,* LAMB. Encyclop., t. V, p. 339. — *Pinus rupestris,* MICH. N. Amer. Syl., t. III, p. 118. — *Pinus sylvestris divaricata,* AIT. Hort. Kew., 3ᵉ éd., p. 366. — *Pinus Banksiana, Lambert,* Pinet., 2ᵉ éd. t. I, pl. 3. — *Endl.*

Syn. Conif., p. 177.—*Loud.* Arbor., t IV, 2190, f. 2064-2067. — Encyclop. of trees, 969, f. 1797-1799. — *Carrière*, Traité gén. Conif., 2ᵉ éd., p. 381.

Arbre de 10 à 15 m., rappelant un peu le pin d'Ecosse par son port, mais d'un feuillage plus clair. Branches irrégulières, courtes, étalées. Bourgeons cylindriques, longs de 0ᵐ,015 à 0ᵐ,020, émoussés au sommet, brunâtres, couverts de résine blanche, et généralement sans petits bourgeons latéraux.

Feuilles binées, courtes, épaisses, longues de 0ᵐ,02 à 0ᵐ,04. Cônes sessiles, longs de 0ᵐ,05 à 0ᵐ,06, d'un jaune grisâtre, généralement disposés par deux, très-recourbés, persistant pendant plusieurs années. Ecailles terminées par une protubérance arrondie, munie d'une pointe émoussée. Graines très-petites.

Dans son pays natal, c'est un arbre tortueux, presque rampant, d'une végétation lente et rabougrie, et sous notre climat il parait conserver les mêmes caractères. Sa rusticité est à toute épreuve, mais je ne pense pas qu'on en puisse tirer beaucoup d'avantages.

Originaire des parties les plus froides et les plus septentrionales de l'Amérique du Nord où il forme l'extrême limite des Pins.

Habite les Etats du Maine, la Nouvelle-Écosse et le Labrador.

Introduit en 1785, selon M. Carrière, et en 1735, d'après Loudon.

9. Pinus densiflora, SIEBOLDT et ZUCCARINI. —

Pinus densiflora, Sieb. et *Zucc.* Fl. Jap., t. II, pl. 112.—
Endl. Syn. Conif., p. 172.—*Carrière*, Tr. gén. Conif.,
2ᵉ éd., p. 376. — *Me-Matsu* des Japonais.

Arbre de 12 à 15 m., à tronc droit, cylindrique, à
écorce lisse, brun cendré. Feuilles binées, raides,
ténues, longues de 0ᵐ,08 à 0ᵐ,10. Cônes brièvement
pédonculés, ovoïdes, longs de 0ᵐ,04 à 0ᵐ,05. Ecailles
épaissies. Graines elliptiques, petites.

Habite presque toutes les provinces du Japon où il
tient la place de notre Pin Sylvestre. Très-rustique sous
notre climat.

Introduit en 1862.

10. Pinus Massoniana, SIEBOLDT et ZUCCARINI.

Pinus Massoniana, Lambert, Pinet., 2ʳ éd., l. 16, pl. 8.—
Endl. Syn. Conif., p. 174. — *Loisel.* Nouv. Duham. t. V,
p. 243.—*Carrière*, Traité gén. Conif., 2ᵉ éd., p. 378. —
Wo-Matsu des Japonais.

« Grand arbre atteignant de 15 à 20 m. et plus, de
hauteur. Branches étalées, souvent assurgentes. Rameaux scabres par les coussinets saillants-décurrents.
Bourgeons verticillés, ovoïdes aigus. Gaines persistantes, soyeuses, brunâtres. Feuilles géminées, longues
de 0ᵐ,08 à 0ᵐ,15, raides, ou le plus souvent tombantes, brusquement aiguës, serrulées, convexes en
dessous, concaves en dessus, glauques sur les deux

faces. Chatons mâles sessiles, cylindriques, d'environ 0^m,03. Chatons femelles terminaux, solitaires ou subfasciculés. Cônes longs d'environ 0^m,05, arrondis à la base, sensiblement atténués vers le sommet, portés sur un pédoncule court, réfléchis, à écailles ligneuses, oblongues, légèrement épaissies supérieurement, obliquement rhomboïdales au sommet, aréolées, de couleur brun marron. Graines subrhomboïdales, à aile membraneuse, cultriforme, d'un blanc roussâtre, légèrement striée, trois fois plus longue que la graine. Cotylédons 6, courts, oblongs, obtus. » CARRIÈRE, *Tr. gén. Conif.*, 2e éd., p. 488.

Dans nos cultures, c'est une plante rustique, qui, comme la précédente, est encore peu répandue.

Habite le Japon et la Chine, où on le rencontre à l'état sauvage ou à l'état cultivé.

Introduit en 1862.

VARIÉTÉS.

P. monophylla. — *Pinus Massoniana monophylla*, CARRIÈRE, *Traité gén. Conif.*, 2e éd., p. 489.

Diffère de l'espèce par ses feuilles soudées qui semblent n'en former qu'une.

P. panaché.

Plus petite que l'espèce, dont elle se distingue par ses feuilles panachées de blanc.

Pinus Laricio, POIRET. — *Pinus ε maritima*, AIT. Hort. Kew., 1re éd., t. III, p. 366. — *Pinus Laricio, Poir.* Dict., t. V, p. 339. — *Loisel*, Nouv. Duham., t. V, pl. 6 et 71. — *Lambert*, Pinet., 2e éd., t. 9, pl. 4. — *Loud.* Arbor., t. IV, 2206, f. 2081-2084. Encyclop. of trees, 936, f. 1768-1771. — *Endl.* Syn. Conif., p. 178. — *Carrière.* Traité gén. Conif., 2e éd., p. 384. — *Pinus Corsicana.* — *Pinus Poiretiana* des horticulteurs. — *Pinastro, pino chiappino* des Italiens.

Arbre atteignant 30 à 40 m. de hauteur, à forme pyramidale et presque entièrement garni de branches. Écorce épaisse, rugueuse, fendillée. Feuilles binées, longues de 0^m,10 à 0^m,15, d'un vert foncé, un peu contournées. Chatons mâles, presque sessiles, allongés ; anthères terminées par une petite crête arrondie. Cônes généralement disposés par paires, quelquefois, mais rarement, par 3 ou 4, coniques, variant en longueur de 0^m,06 à 0^m,08 sur 0^m,03 environ de diamètre, légèrement courbés. Écailles elliptiques, convexes sur le dos, anguleuses, très-légèrement pointues, pressées, et couvertes de résine blanche. Graines grisâtres ou noires, ovales, longues d'environ 0^m,006 à 0^m007.

Essence forestière d'une grande valeur en même temps qu'un arbre d'ornement d'un certain mérite. Sa croissance est peut-être plus rapide que celle du Pin d'Ecosse, et son bois est sans aucun doute bien supérieur. En France, on l'emploie surtout à faire des mâts de navire, et même on en a construit des vaisseaux tout entiers. Il se travaille facilement, et rivalise de souplesse et de solidité avec les meilleurs bois rouges du Nord.

Originaire de l'Europe Australe et Orientale, il habite la Grèce, l'Espagne, la Corse et l'Italie, le Harz en Allemagne et le Caucase en Russie. Très-rustique sous notre climat.

VARIÉTÉS.

P. Pallasiana. — *Pinus Laricio Pallasiana, Loud.* Encyclop. of trees, 959, f. 1774-1777. — *Pinus Pallasiana, Lambert,* Pinet., 2° éd. l. 11, pl. 5. — *Carrière,* Tr. gén. Conif., 2ᶜ éd., p. 389.—*Pinus Caramanica* des horticulteurs. — Pin de Caramanie.

S'élève moins que l'espèce, mais s'étend davantage en largeur.

Habite les montagnes calcaires de la Tauride, d'où il fut introduit en 1798.

P. stricta. — *Pinus Laricio Calabrica* des horticulteurs. — Pin de Calabre.

Arbre élancé, à branches courtes, ayant l'aspect d'une colonne.

Habite Mont-Sila en Calabre.

Introduit en 1820.

P. contorta.

Variété buissonneuse assez jolie. Feuilles contournées.

P. pyramidata.

Branches plus ou moins fastigiées.

12. Pinus Saltzmanni, Dunal.—*Pinus Mont-
peliensis*, Saltzmann. — *Pinus Pyrenaica* de quelques
jardiniers. — *Pinus Saltzmanni, Dun.* Mém. Académ.
Montpell. —*Carrière*, Traité gén. Conif., 2ᵉ éd., p. 390.

Arbre de 15 à 20 m., à branches nombreuses et
très-rameuses, feuilles binées, droites, minces, longues
de 0ᵐ,12 à 0ᵐ,15, d'un vert clair. Gaines persistantes,
longues de 0ᵐ,008 à 0ᵐ,015. Cônes obtus, légèrement
courbés, longs de 0ᵐ,07 à 0ᵐ,09, d'un jaune roux.
Ecailles luisantes, à apophyse dilatée. Graines ovales,
longues de 0ᵐ,005 à 0ᵐ,006.

Dans nos cultures, c'est un arbre d'un port noble et
élégant, à branches régulières et bien garnies, d'une
végétation vigoureuse et d'une grande rusticité.

Originaire du midi de la France et du versant espa-
gnol des Pyrénées.

13. Pinus rubra, Michaux. — *Pinus Laricio
γ rubra, Spach.* Hist. Vég. phan, t. XI, p. 385 —*Pinus
rubra, Mich.* fils. Arbr. for., 1. 45, pl. 1. — *Forb.*
Pinet. *Wob.*, p. 19. —*De Chambr.* Tr. prat. Arb, résin.,

p. 344. — *Pinus resinosa, Soland.* in Ait. Hort. Kew.,
1re éd., t. III, p. 367. — *Lambert,* Pinet. 1re éd., l. 20, pl. 14.
— *Loud.* Arbor., t. IV. 2210, f. 2094-2097. — Encyclop.
of trees, 972, f. 1807-1808. — *Endl.* Syn. Conif., p. 178.
— *Carrière,* Traité gén. Conif., 2e éd., p. 401.

Arbre de 20 à 25 m. de hauteur, sur 0^m,50 à 0^m,60
de diamètre. Feuilles binées, longues de 0^m,12 à 0^m,15,
droites, raides, rassemblées en paquets aux extrémités
des branches. Bourgeons ovoïdes, d'un brun rougeâtre,
très-résineux, longs de 0^m,030 à 0^m,035 et munis
d'une longue pointe comme ceux du *P. Laricio.* Cônes
longs de 0^m,05 à 0^m,06, ovoïdes-coniques, arrondis à
la base, d'un rouge brun, sessiles, ou portées par un
très-court pédoncule. Ecailles dilatées au milieu, dé-
sarmées, longues de 0^m,025 environ, sur près de 0^m,015
de largeur. Graines petites; ailes longues de 0^m,025.

Dans nos cultures, il a l'aspect général du *P. Laricio,* mais il s'en distingue par des feuilles plus minces
et moins contournées, et une verdure moins sombre.
Son bois, d'après Michaux, est excellent, d'un grain
fin et serré, et très-prisé aux États-Unis pour les constructions navales.

Originaire de l'Amérique septentrionale, du Canada
et de la Nouvelle-Ecosse, où on le rencontre surtout
dans les terrains secs et sablonneux.

Introduit en 1756. Très-rustique sous notre climat.

14. Pinus Austriaca, Höss. — *Pinus nigricans* ou *nigrescens* des horticulteurs. — *Pinus Laricio, Austriaca, Loud.* Encyclop. of trees, 958, f. 1772-1773. — *Pinus Austriaca, Höss.* Anleit., p. 6. — *Loud.* Arbor., t. IV, 2205. — *De Chambr.* Tr. pr. Arbr. résin., p. 327.—*Carrière*, Tr. gén. Conif., 2ᵉ éd., p. 387.—Pin noir d'Autriche.

Arbre atteignant 25 à 30 m. de hauteur, à branches nombreuses et rapprochées, à écorce noire et fendillée, très-épaisse. Feuilles binées, longues de 0ᵐ,08 à 0ᵐ,12, quelquefois un peu tordues, dressées dans leur jeunesse, puis étalées, épaisses, convexes en dessous, luisantes, d'un vert sombre presque noir. Gaînes d'abord d'un gris cendré clair, puis rougeâtres, et enfin noires. Cônes longs de 0ᵐ,05 à 0ᵐ,07, sur 0ᵐ,03 à 0ᵐ,04 de largeur, coniques, horizontaux ou à peu près, arrondis à la base, d'un jaune brun brillant. Graines ressemblant beaucoup à celles du *P. Laricio*.

Arbre forestier d'une grande valeur, à bois résineux et très-dur, malheureusement rendu difficile à travailler par la grande quantité de nœuds qui s'y trouvent. Dans les jardins, on l'emploie aussi comme plante d'ornement, pour donner à certaines parties un aspect sombre et sévère. Il est très-rustique et prospère dans presque tous les sols, mais il préfère cependant les terrains secs et calcaires, où il pousse très-vigoureusement.

Habite les montagnes calcaires de la basse Autriche,

la Moravie, la Gallicie, le Banat et la Transylvanie.

P. panaché. — Pinus Austriaca variegata, LAWSON. Feuillage panaché de blanc.

15. Pinus Brutia, TENORE, *Pinus Brutia, Ten.* Fio. Nap. Prod., p. 69.—Syn., 2e éd., p. 66.—*Loud.* Arbor., t. IV. 2234, f. 2114-2116.—Encyclop. of trees, 9685-1794-1796. — *Endl.* Syn. Conif., p. 181.—*Carrière*, Traité gén. Conif., 2c éd., p. 396.

Arbre de 20 à 25 m. de hauteur, à branches nombreuses. Feuilles binées, rarement par trois, très-longues, minces, glabres, ondées, longues de 0^m,18 à 0^m,20, d'un vert brillant, canaliculées en dessus, convexes en dessous, terminées par un petit mucron conique. Graines persistantes, longues de 0,^{m}012 à 0^m,015, membraneuses, brun cendré. Cônes sessiles, généralement en grappes, ovoïdes, lisses, tronqués au sommet, longs de 0^m,07 à 0^m,10, sur 0^m,04 à 0^m,05 de largeur. Ecailles luisantes, d'un rouge brun; apophyse élevée au centre ou rarement plane.

Habite les montagnes de la Calabre à une altitude de 1200 à 1500 m. d'altitude.

Introduit en 1812. Très-rustique.

16. Pinus Pyrenaïca, LAPEYROUSE. — *Pinaster Hispanica, Rozas di San Clemente. — Pinus Pyrenaïca, Lapeyr.* Sup. Flor. Pyrén. — *Ant.* Conif.,

3, t. 3, f. 4. — *Loud.* Arbor., t. IV, 2209, f. 2090-2093. — Encyclop. of trees, 961, f. 1778-1780. — *Pinus Hispanica*, Cook. Sketches in Spain, t. II, p. 337. — *Pinus Penicillus*, *Lapeyr.* Hist. des Pl. Pyr., p. 63. — *Pinus Halepensis major*, Ann. d'Hort. de Paris. — Pin Nazaron des Espagnols.

Arbre atteignant 20 à 25 m. de hauteur dans son pays natal. Feuilles binées, longues, disposées en touffes aux extrémités des rameaux, longues de $0^m,10$ à $0^m,12$, droites, raides. Graines membraneuses, écailleuses. Cônes fortement pédonculés, pendants, longs de 0,08 à $0^m,10$ sur $0^m,04$ ou $0^m,05$ de largeur, légèrement courbés. Graines ovoïdes, longues de $0^m,008$ à $0^m,009$, à aile rousse, longue de $0^m,025$.

Il ressemble beaucoup au *P. Halepensis* dont il se distingue cependant par une forme plus élancée et une taille plus élevée, ainsi que par ses feuilles disposées en touffes, qui lui ont valu le nom de Pin pinceau. Dans nos cultures, il s'est montré très-rustique, mais sa croissance paraît lente et peu vigoureuse, et je doute qu'il y atteigne jamais plus de 8 à 9 m. de hauteur.

Habite diverses parties du sud de la France, les Pyrénées espagnoles et quelques régions de l'Asie.

17. Pinus Halepensis, Aiton. — *Pinus maritima prima, Mathiolus.* — *Pinus alepica.* — *Pinus Hierosolymitana, Duhamel,* Arb. et Arbust., t. II, p. 126. — *Pinus*

Halepensis, MILL. Dict., t. 8.—*Desf.* Hist. des Arbr., t. II, p. 611. — *Lambert*, Pinet., 2e éd., t. 7. — Nouv. Duham., t. V, p. 238.—*Loudon*, Encyclop. of trees, 967, f. 1790-1793. — *Carrière*, Traité gén. Conif., 2e éd., p. 293. —Pin de Jérusalem.

Arbre dépassant rarement 10 ou 15 m. de hauteur, souvent buissonneux et diffus. Feuilles binées, quelquefois ternées et même quaternées, minces, longues de 0m,10 à 0m,15, d'un vert foncé, glauques quand elles sont jeunes. Gaines soyeuses, presque nulles sur les vieilles feuilles. Cônes pédonculés, longs de 0m,08 à 0m,10, pendants, solitaires, ou par deux, pyramidaux, unis, arrondis à la base. Ecailles longues de 0m,03 à 0m,04. Graines ovales, allongées, noirâtres, longues de 0m,005 à 0m,007. Ailes roussâtres.

Dans nos cultures, c'est un arbre buissonneux et diffus qui ne peut résister aux froids.

Habite le sud de l'Europe, la Syrie et la Barbarie, dans les terrains chauds, secs et sablonneux.

VARIÉTÉS.

P. Pithyuza. — *Pinus Halepensis Pithyuza, Stev.* ex Gord. Pinet., p. 166. — *Pinus Pithyuza, Carrière,* Traité gén. Conif., 2e éd., p. 395. — *Pinus Halepensis minor, Loud.* Encyclop. of trees, 970.

Arbre buissonneux, dépassant rarement 8 à 10 m.

de hauteur. Cônes petits, un peu courbés. Gèle à Paris.

Originaire des montagnes de l'Attique.

P. abasica. — *Pinus Halepensis abasica.* — *Pinus abasica, Carrière,* Traité gén. Conif., 2ᵉ éd., p. 352.

Arbre tortueux, à branches diffuses et rapprochées. Feuilles binées, minces, longues de 0ᵐ,02 à 0ᵐ,03. Gaînes membraneuses, courtes.

Comme la précédente variété, c'est un arbre tortueux, d'une croissance peu rapide, poussant dans les plus mauvais sols, où aucun autre pin ne pourrait vivre. Malheureusement, il ne peut supporter nos hivers du centre de la France.

§ VI. Pinea.

Ecailles en forme de clou; apophyse pyramidale, bouclier central. Graine non ailée. Feuilles binées ou solitaires.

Usages. — Les amandes balsamiques sont nourrissantes et employées dans la consomption, la toux, l'enrouement et les longues convalescences.

Pinus Pinea, Linné. — *Pinus sativa, Bauh.* Pinet., p. 491.—*Pinus domestica, Mathiolus,* Comm. p. 87. — *Pinus Pinea,* L. Spec. p. 491.—*Ait.* Hort. Kew., 1ʳᵉ éd., p.368.—*Du Roi,* Harbk., éd. Pott., t. II, p. 52. — *Loud.* Arbor., t. IV, 2224. — Encyclop. of trees, 965,

T. 1787-1789. — *Desfon.* Hist. des Arbr., t. II, p. 611. — *Endl.* Syn. Conif.,p. 182. — *Knight*, Syn. Conif., p. 27. — *Carrière*, Traité gén. Conif., 2ᵉ éd., p. 402. — *Pinus Pinea Chinensis.* — *Pinus Pinea Americana* des horti-culteurs. — Pin Pignon, Pin Pinier, Pin de Pierre. — *Geneissbere Pichte* des Allemands. — *Stone Pine* des Anglais.

Arbre atteignant 12 à 15 m. de hauteur, à tronc droit, dépourvu de branches presque jusqu'au sommet. Ecorce gris cendré, épaisse, fendillée. Feuilles binées, longues de 0ᵐ,10 à 0ᵐ,15, étalées, nombreuses. Gaines longues de 0,013, puis se déchirant, et se raccourcissant de moitié. Cônes ovoïdes-obtus, de couleur bois pâle, longs de 0ᵐ,10 à 0ᵐ,15 sur 0ᵐ,08 ou 0ᵐ,10 de largeur. Ecailles larges, ligneuses, longues de 0ᵐ,050 à 0ᵐ,055 sur 0ᵐ,02 à 0ᵐ,03 de largeur; apophyse épaissie, luisante, pyramidale. Graines ellipsoïdes, comestibles, longues de 0ᵐ,020 à 0ᵐ,022 sur 0ᵐ,005 à 0ᵐ,007 de largeur.

Dans le sud de l'Europe c'est un grand arbre élancé, n'ayant qu'à son sommet de grandes branches étalées qui lui donnent l'aspect d'un vaste parasol. Mais dans nos pays, sa taille est toujours moins élevée, parce que dans sa jeunesse il a souvent à souffrir du froid. Il en existe un magnifique spécimen au château de la Piscine, près Montpellier. Bien que les ouragans l'aient plusieurs fois maltraité, il mesure encore 32 m. de

hauteur, et sa tête forme un dôme de verdure de plus
de 25 m. de diamètre.

Dans nos cultures, sa croissance est très-lente, et il
gèle quelquefois dans sa jeunesse; mais il végète assez
bien dans les lieux abrités, planté dans un sol profond,
sec et sablonneux.

Habite la région méditerranéenne, et quelques régions de l'Asie. Est cultivé en Chine, au Chili et dans
beaucoup d'autres pays où la valeur comestible de ses
semences l'ont fait rechercher.

VARIÉTÉS.

P. à coque tendre. — *Pinus Pinea fragilis, Loisel.,*
Nouv. Duham., t. V, p. 242.—*Pinus fragilis* des horticulteurs.

Cette variété diffère de l'espèce par ses graines dont
l'enveloppe est tellement mince, qu'on l'écrase facilement entre les doigts.

P. Cretica. — *Pinus Pinea Cretica, Loudon,* Encyclop. of trees, 965.

Diffère de l'espèce par des feuilles plus fines et des
cônes plus gros.

2. Pinus cembroïdes, GORDON. — *Pinus cem-*
broïdes, Gord., Journ. hort. soc., t. I, p. 236. — *Car-*
rière, Traité gén. Conif., 2ᵉ éd., p. 404.—*Gord.,* Pinet.,

p. 192. — *Pinus edulis*, Wisliz, in Mem. of a tour. in Northen, Mexico, 1846-47, p. 88. — *Carrière*, Revue hortic., 1854, p. 227. — *Pinus fertilis*, Rœzl., ex Gord., Pinet., suppl., p. 76.

Arbre de 10 à 12 m. de hauteur, souvent tortueux, à écorce gris cendré, à branches verticillées, étalées. « Feuilles binées, plus rarement par 3, longues de $0^m,02$ à $0^m,05$, roides, carénées, très-légèrement striées, concaves et glauques en dessus, convexes et vertes en dessous. Cônes sessiles, dressés, d'environ $0^m,03$ à $0^m,04$ de diamètre. Graines aptères, d'environ $0^m,012$ de longueur et larges de $0^m,008$. Testa très-mince, renfermant une amande d'un goût assez agréable lorsqu'elle est légèrement cuite. » Carrière, *Rev. hortic.*, 1854, p. 227.

Habite au Mexique les montagnes d'Orizaba, à 300 m. d'altitude environ.

Introduit en 1848.

Ne peut pas supporter l'hiver de notre climat.

3. Pinus Llaveana, Schiede. — *Pinus cembroïdes*, Zucc. Flora, 1832. — *Endl.*, Syn. Conif., p. 182. — *Pinus Llaveana, Schiede et Deppe*, in Linnœa, t. XII, p. 488. — *Loud.*, Encyclop. of trees, p. 993, f. 1857-1860. — *Endl.*, Syn. Conif., p. 182. — *Carrière*, Traité gén. Conif., 2ᵉ éd., p. 405.

Arbre de 8 à 10 m., à branches nombreuses, disposées en verticilles réguliers, recouvertes d'une écorce lisse, d'un gris cendré. Feuilles généralement ternées souvent par deux et quelquefois par quatre, variant en longueur de 0^m,05 à 0^m,08, plates sur la face supérieure, triquètres, étroites, légèrement contournées et disposées sur les branches en touffes épaisses d'un vert glauque. Gaînes courtes, caduques. Cônes petits, composés d'un très-petit nombre d'écailles, arrondies, obtuses, longues de 0^m,012 à 0^m,015, quillées à la partie inférieure, fortement concaves, avec deux cases profondes pour recevoir les graines. Graines comestibles, sans ailes, en forme d'œuf renversé, longues de 0^m,015 environ sur 0^m,008 ou 0^m,010 de large, d'un gris sombre ou brunâtre.

Dans nos cultures, dans le centre de la France, c'est un arbre buissonneux et touffu, s'élevant peu et supportant difficilement l'hiver. Dans le Midi, au contraire, le climat paraît mieux lui convenir, et il en existe auprès de Nice, chez M. le comte de Pierlas, un assez bel échantillon.

Originaire du Mexique, dans les forêts comprises entre Zimapan et Real del Oro ; on le cultive dans son pays pour récolter ses graines, de la même façon que le Pin Pignon en Italie.

Introduit en 1830.

Gèle souvent sous le climat de Paris.

1. Pinus Fremontiana, ENDLICHER. — *Pinus monophylla*, TORR. et FREM., in Rep. of the Explor. exped. to the Rocky mountains, 1842; and North.-Californ., 1844. — *Pinus Fremontiana, Gord.*, Jour. hort. soc., t. IV, p. 294. — *Endl.*, Syn. Conif., p. 183. — *Carrière*, Traité gén. Conif. 2ᵉ éd., p. 406.

Arbre de 8 à 10 m. au plus, à branches très-rapprochées, verticillées. Feuilles ternées ou par deux en apparence solitaires à cause de la soudure qui les relie, longues de $0^m,05$ à $0,06$, roides, d'un vert pâle glaucescent, terminées par une pointe aiguë. Gaines courtes, caduques. Cônes ovoïdes, nombreux, d'un brun luisant. Écailles épaisses, à apophyse pyramidale, brusquement tronquée. Graines comestibles et très-agréables au goût, dépourvues d'ailes, oblongues, arrondies aux deux bouts.

Dans son pays natal, la grande quantité de cônes que donne cette espèce, et la qualité de ses semences, en font un arbre précieux pour les indigènes, et je pense qu'on pourrait avantageusement le cultiver, au même titre, sous notre climat.

Originaire de la Californie, où on le rencontre en grande quantité sur les deux versants de la Sierra-Nevada.

Introduit en 1847; il s'est montré complètement rustique, même dans les hivers rigoureux que nous avons eu à souffrir.

ORDRE III. — PODOCARPÉES.

Arbres élevés, peu d'arbrisseaux. Bois dur. Feuilles persistantes pendant plusieurs années, tantôt éparses, linéaires ou ovales, sans nervure ou à une seule nervure, planes, portant des stomates en dessous, ou rarement sur les deux faces, sessiles, ou adhérentes par leur base sur une plus ou moins grande étendue, ou pétiolées; tantôt opposées, presque en alène, ou en forme d'écailles se recouvrant, et quelquefois de deux formes. Bouton nu ou écailleux. Dioïque ou monoïque.

Étamines pressées autour d'un axe commun, formant des chatons terminaux. Écailles portant les ovules disposés en épis lâches, ou très-souvent courts, à une ou deux fleurs et le plus souvent isolés par avortement.

Chatons mâles tantôt terminant les rameaux, ovoïdes, courts; tantôt sortant dans les aisselles des feuilles ou du bouton terminal, solitaires, ou réunis plusieurs ensemble, épais et cylindriques ou filiformes. Étamines nues, insérées tout autour d'un axe, se touchant. Filet très-court, dilaté supérieurement en un connectif écailleux, rarement atrophié ou douteux. Anthères à deux loges, ovoïdes ou globuleuses, apposées, s'ouvrant longitudinalement ou transversalement en dedans. Pollen globuleux.

Chatons femelles tantôt isolés au sommet des rameaux, tantôt presque isolés en un épi court, ou disposés par plusieurs en un épi lâche. Rachis ou axe de l'épi nu, épaissi ou soudé avec des bractées formant un réceptacle charnu ou fruit. Écailles portant les ovules nues ou munies d'une bractée à la base, quelquefois rétrécies à la base en un très-menu support, presque en forme de cymbale.

Ovule unique inséré par une base large sur le milieu ou un peu au-dessous du sommet de l'écaille, renversé ou pendant, libre, ou adhérent à l'écaille, formé de deux téguments, dont, tantôt l'extérieur enveloppant entièrement l'intérieur, ou lâche, court, et l'intérieur plus long et saillant.

Graine tantôt dressée dans une écaille, à tégument extérieur lâche, charnu, enveloppant en une sorte de disque ou capsule, le tégument intérieur osseux; tantôt adhérente à une écaille charnue, à tégument extérieur succoso-charnu, souvent confluent avec une écaille allongée en un sommet chalaziforme, renfermant le tégument intérieur d'une manière profonde.

Embryon antitrope au sommet d'un albumen farineux à deux cotylédons semi-cylindriques, à radicule obtuse regardant le sommet de la graine.

L'ordre des Podocarpées se divise en quatre classes.

I. **Podocarpus.** — Graine renversée, adhérente à l'écaille ; tégument extérieur enveloppant l'intérieur osseux.

II. **Dacrydium.** — Graine dressée avec le temps sur l'écaille ; tégument extérieur charnu, court, en forme de disque, tégument intérieur osseux, saillant.

III. **Saxe-Gothea.** — Graine dressée ; tégument membraneux, écailleux, hyalin, court ; l'intérieur plus long, l'extérieur saillant.

IV. **Michocachris.** — Graine dressée, tégument membraneux, écailleux, hyalin.

I. **Podocarpus.** — L'Héritier.

Dioïque ou rarement monoïque. Chaton mâle terminal ou axillaire, isolé ou réuni en faisceaux sur un pédoncule commun, en épis lâches, ou en grappes, nu, entouré à la base de bractées imbriquées, en cylindre épais ou filiforme. Plusieurs étamines à anthères biloculaires dépassées par un connectif écailleux, quelquefois très-petit ou douteux, à loges opposées s'ouvrant en dehors.

Fleurs femelles en épis, rarement lâches, souvent raccourcis, à une ou deux fleurs, à bractées soudées avec l'axe charnu, libres seulement au sommet, ou étalées sur un rachis charnu, épaissi, sans bractée, et présentant alors un réceptacle charnu à la semence.

Écaille sans bractée ou solitaire dans l'aisselle des bractées, en forme de cymbale, portant un ovule au-dessous du sommet. Ovule unique, sessile, renversé, adhérent dans toute sa longueur avec l'écaille. Tégument extérieur en forme de fiole, renfermant le tégument intérieur charnu.

Graine renversée; tégument extérieur charnu, drupacé, allongé en un apicule court, très-souvent entièrement conné, et allongé avec le squamme au sommet en un apicule très-court, l'intérieur osseux.

Arbres ou rarement arbrisseaux, à feuilles très-rarement opposées et alors sans nervure, largement ovales, très-souvent éparses, linéaires, à une nervure, quelquefois imbriquées, à 5 faces, ou établies sur deux rangs, sans nervure et de deux formes comme dans les Cupressinées, portant des stomates en dessous ou rarement sur les deux faces. Bouton écailleux.

Originaires de la partie extra-tropicale de l'hémisphère austral, communs au Japon, plus rares dans les régions tropicales de l'Asie et de l'Amérique, les Podocarpées ne passent pas l'hiver en plein air sous notre climat.

Monoïque ou dioïque; réceptacle charnu, formé du rachis d'un épi court, uniflore, conné avec des bractées, quelquefois libre au sommet. Feuilles opposées, à plusieurs nervures, portant des stomates sur chaque face ou seulement en dessous..... Nageia.

Dioïque. Réceptacle charnu, formé d'un épi court, très-souvent uniflore, à rachis soudé avec des bractées charnues, seulement libres au sommet. Feuilles insérées par cinq, tournées de tous côtés, linéaires ou oblongues, à une nervure, portant des stomates seulement sur la face inférieure..... Eupodocarpus.

Dioïque. Réceptacle charnu, nul. Fleurs en épis; bractées souvent toutes disparues excepté la supérieure. Feuilles insérées par cinq, souvent sur deux rangs, linéaires, à une nervure portant des stomates sur la face inférieure..... Stachycarpus.

Dioïque. Réceptacle charnu, formé d'un rachis sans bractées, uniflore, la seconde fleur réduite à un rudiment foliacé..... Dacrycarpus.

Nageia.

Podocarpus Nageia, R. BROWN. — *Cupressus Bambusacea*, OTOLANZAN, Kiwa-i, t. IV, p. 2. — *Podocarpus Nageia*, R. Br. ex-Mirb. in Mem., Mus, t. XIII, p. 75-76.— *Sieb. et Zucc*, Fl. Jap. Fam. nat. t. II, p. 109. — *Endl. Syn. Conif.*, p. 207. — *Carrière*, Traité gén. Conif., 2ᵉ éd., p. 437.—*Nageia Japonica, Gœrtn.* Carpol. t. I, p. 191, § 39. — Na ou Nagi des Japonais.

Arbre de 15 à 25 m. à cime étalée, à écorce brune, charnue, molle. Rameaux minces, alternativement opposés, pendants. Feuilles longues de $0^m,08$ environ sur $0^m,03$ de large, elliptiques, d'un vert sombre, de la même couleur sur les deux faces, et, suivant Kœmpfer, ressemblant à celles du Laurier Alexandrin.

Chatons mâles cylindriques-obtus, disposés par 3 ou 4, blanchâtres, courts, velus, longs de $0^m,03$ environ sur $0^m,007$ ou $0^m,008$ de diamètre.

Fruits solitaires, sphériques, de la grosseur d'une cerise, atro-pourpres, et recouverts d'une poussière bleuâtre semblable à celle qu'on voit sur les prunes sauvages. Noyau dur, mince.

Originaire du Japon où il habite l'île de Niphon, et les provinces de Katsuga et de Jamata.

Introduit vers 1840.

Gèle sous notre climat.

Variété panachée.

Feuillage panaché de jaune pâle.

Ii existe encore quelques autres espèces, telles que *Nageia cuspidata, Nageia latifolia, Nageia ovata, Nageia Blumei;* mais elles sont peu répandues dans les cultures, et leur sensibilité fait qu'elles ne peuvent, sous notre climat, être cultivées qu'en serre froide ou tempérée. Peut-être, quelques espèces japonaises, plus résistantes, pourraient-elles passer en plein air dans le midi de la France?

Eupodocarpus.

Podocarpus Chilina, RICHARD. — *Podocarpus Chilina, Rich.* In ann. Mus. t. XVI, p. 297.—*Endl.* Syn. Conif., p. 212. — *Carrière*, Traité gén. Conif., 2ᵉ éd., p. 448.—Manigui des Indigènes.

Arbre de 12 à 15 m., très-rameux. Feuilles alternes, longues de 0ᵐ,08 à 0ᵐ,10, sur 0ᵐ,006 à 0ᵐ,008 de largeur, étalées, droites, sessiles, luisantes, d'un vert-gai ; portant sur la face supérieure une nervure saillante. Fruits solitaires ou quelquefois réunis par deux, noirâtres, ovoïdes, lisses, longs de 0ᵐ,005 environ.

Dans les cultures, il peut résister en plein air tant que le froid ne dépasse pas 10 à 12 degrés centigrades.

Habite les montagnes du Chili, où on le trouve en grande abondance.

Introduit en 1853.

Podocarpus nubigæna, LINDLEY. — *Podocarpus nubicola* de quelques horticulteurs.

Podocarpus nubigæna, Lindley, in. Paxt. Flow. Gard. 1851-52, t. II, p. 162 f. 218. — Journ. hort. Soc, t. VI, p. 264. — Cl. *Gay.* Fl. Chil., t. V, p. 404. — *Carrière,* Traité gén. Conif., 2ᵉ éd., p. 450.

Arbre de taille variable, suivant les conditions dans

lesquelles il se trouve. « Feuilles linéaires, longuement ovales-elliptiques ou subfalquées, longues de 0^m,02 à 0^m,04, larges de 0^m,003 à 0^m,005, planes, épaisses, sessiles ou atténuées à la base en un court pétiole élargi, acuminées en une pointe courte, aiguës, parcourues au milieu par une nervure saillante, vertes en dessus, marquées en dessous, de chaque côté de la nervure, d'une large bande glauque. Fruits oblongs, légèrement courbés vers le sommet, portés sur des pédoncules courts, axillaires, épaissis vers le sommet qui est obliquement bilobé. » *Carrière*, Traité gén. des Conif., 2ª éd., p. 651.

Habite les parties froides des Andes du Chili et de Patagonie.

Introduit en 1851.

Gèle sous le climat de Paris, quoi qu'il soit, d'ailleurs, assez rustique.

Podocarpus Totara, DON. — *Podocarpus totara, Don*, in *Lambert*, Pinet, 2ª édit., t. II. — *Endl.*, Syn. Conif., p. 212. — *Knight.* Syn. Conif., p. 47. — *Carrière*, Traité gén. Conif., 2ª éd., p. 451.—*Podocarpus Spinulosa* de quelques horticulteurs.

Arbre de 20 à 30 m. de hauteur, à écorce fibreuse, d'un gris-brun. Son bois est, paraît-il, d'une grande valeur, et très-estimé dans la Nouvelle-Zélande. Le docteur Lindley ajoute même que la possession de quelques-uns de ces arbres fut souvent la cause de guerres sanglantes entre les naturels.

Dans nos cultures, sans être parfaitement rustique, il peut supporter jusqu'à 8 ou 9 degrés de froid sans souffrir.

Originaire du nord de la Nouvelle-Zélande.

Podocarpus Chinensis, WALLICH. — *Podocarpus Maki, Sieb.* et *Zucc.* Fl. Jap. — *Podocarpus macrophylla*, B. Maki. *Endl.*, l. c., p. 216. — *Podocarpus Chinensis, Wall.* List. nᵒ 605. — *Endl.* Syn. Conif., p. 215. — *Carrière*, Traité gén. Conif., 2ᵉ éd., p. 457.

Arbre dioïque, ou plutôt arbrisseau, à branches dressées. Feuilles alternes, longues de 0ᵐ,05 à 0ᵐ,08, sur 0ᵐ,004 ou 0ᵐ,006 de largeur, épaisses, vertes en dessus, d'un vert glauque en dessous, portant une nervure médiane saillante. Fruits subsphériques, oblongs, obtus, arrondis au sommet.

Dans nos cultures, il résiste quelquefois lorsque l'hiver est très-doux.

Originaire de la Chine et du Japon.

VARIÉTÉS

P. Argentea.
Feuillage panaché de blanc.
P. Aurea.
Feuilles panachées de jaune d'or.

Ces deux variétés sont à l'état cultivé dans les jardins japonais.

Podocarpus neriifolia, R. Brown. — *Podocarpus neriifolia, Don*, in Lambert, Pinet., 2ᵉ édit., t. III, p. 122. — *Endl.* Syn. Conif., p. 215. — *Carrière*, Traité gén. Conif., 2ᵉ éd., p. 458. — *Goonsi* des habitants du Népaul.

Arbuste à écorce d'un gris-brunâtre, à branches éparses et étalées, parfois assurgentes. Feuilles alternes, longues de 0ᵐ,08 à 0ᵐ,15, larges de 0ᵐ,006 à 0ᵐ,010, d'un vert foncé en dessus, pâles en dessous. Fruits comestibles.

Sous notre climat, c'est une très-jolie plante de serre froide.

Originaire du Népaul.

Introduit en 1829.

Podocarpus macrophylla, Don. — *Taxus macrophylla, Banks*, In. Kœmpf, pl. 24. — *Maki fœtens, Kœmpf.* Amœn, exot. p. 780. — *Podocarpus macrophylla, Don*, In Lambert, Pinet., 2ᵉ édit., p. 123. — *Sieb. et Zucc.* Fl. Jap. Fam. nat. t. II, p. 108. — *Carrière*, Traité gén. Conif., 2ᵉ éd., p. 463. — Fon-Maki, Sin-Maki, des Japonais.

Arbre atteignant 12 à 15 m. de hauteur, à tronc droit, recouvert d'une écorce gris-cendré, légèrement rugueuse. Feuilles alternes, longues de 0^m,03 à 0^m,10, étalées, minces, coriaces, à nervure saillante sur les deux faces. Fruits ovoïdes, oblongs.

Dans son pays natal, son bois est très-estimé, à cause de sa longue durée et de l'avantage qu'il a de ne pas être attaqué par les insectes.

Originaire du Japon.

Introduit vers 1804.

Ne supporte pas l'hiver sous le climat de Paris.

Stachycarpus, ENDLICHER. — *Podocarpus andina*, *Pœpp*. — *Taxus spicata*, *Domb*. Mss. ex Mirb. in Mem. Mus, t. XIII. — *Podocarpus andina*, *Pœpp*. Mss. Endl. Syn. Conif., p. 219. — *Lindl.* et *Gord.* Journ. hort. soc. t. V, p. 224. — *Carrière*, Traité gén. Conif., 2ᵉ éd., p. 474.

Arbuste buissonneux atteignant à peine 6 à 7 m. de hauteur, à branches nombreuses, à bois dur. Feuilles rapprochées, alternes ou distiques, longues de 0^m,02 à 0^m,03, d'un vert très-foncé, pointues aux deux extrémités. Fruits sessiles, globuleux, gros comme une cerise.

Habite les vallées ombragées du Chili, près d'Antuco. Dans nos cultures, c'est une très-belle plante qui, malheureusement, gèle souvent sous notre climat.

Podocarpus spicata, R. BROWN. — *Dacrydium*

Taxifolium, Banks et *Soland.* Mss. — *Lambert*, Pinet., 2ᵉ édit., t. III, p. 119. — *Podocarpus spicata*, R. Brown in Horsfield, Plant. Jav. rar. p. 40. — *Endl.* Syn. Conif., p. 221. — *Lindl.* et *Gord.* Journ. Hort. Soc., t. 5, p. 225.

Arbre atteignant dans son pays natal plus de 60 m. de hauteur. Feuilles étalées, généralement distiques, longues de 0ᵐ,02 à 0ᵐ,03, recourbées sur les bords, d'un vert-foncé.

Dans les cultures, c'est un arbuste rabougri, à écorce roussâtre, à rameaux diffus, et dont l'aspect général n'a rien de remarquable. Il supporte assez bien quelques degrés de froid.

Originaire du nord de la Nouvelle-Zélande, où il fut découvert par le capitaine Cook, qui s'en servit pour faire de la bière aux matelots.

Podocarpus taxifolia, Humboldt et Bonpland. *Taxus montana, Willd.* Spec., t. IV, p. 587. — *Podocarpus taxifolia, Humb., Bonpl.* et *Kunth.* Nov. Gén. et Spec. t. II, pl. 97. — *Endl.* Syn. Conif., p. 219. — *Lindl.* et *Gord.* Journ. hort. soc., t. V, p. 224. — *Carrière*, Traité gén. Conif., 2ᵒ éd., p. 473. — *Podocarpus taxifolia communis, Kunth*, l. c.

Arbre de 20 m. de hauteur, à branches nombreuses, étalées, sinueuses-anguleuses. Feuilles distiques, très-rapprochées, falciformes, luisantes, d'un vert-tendre, blanchâtres en dessous.

Originaire du Pérou, où il habite entre Ono et Loxa à environ 2,000 mètres d'altitude.

Gèle sous notre climat.

Dacrycarpus. — ENDLICHER.

Podocarpus dacrydioides, ACHILLE RICHARD. — *Dacrydium thuioides, Banks* et *Soland.* Mss. — *Dacrydium excelsum, Don.* In. Lambert, Pinet., 2ᶜ édit., t. II.—*App. Cuningh,* In Ann. of nat. Hist., t. I, p. 213. — *Podocarpus dacrydioides, A. Rich.* In Dum d'Urv. Fl. N.-Zél. p. 358, § 39. — *Endl.* Syn. Conif, p. 223. — *Lindl.* et *Gord.* Journ. hort. soc., t. V, p. 225. — *Carrière,* Traité gén. Conif. 2ᵉ éd., p. 479. — Kaki-Katea des indigènes.

Arbre atteignant 50 à 60 m. de hauteur avec un tronc qui mesure plus de 6 m. en diamètre; d'un aspect sombre. Branches étalées, rarement dressées, longues, grêles, irrégulièrement distancées. Feuilles alternes, adnées à la base, étalées au sommet, aiguës, de couleur brunâtre, avec des reflets cuivrés. Fruits ovoïdes.

Habite les marais du nord de la Nouvelle-Zélande, où son bois sert à fabriquer des canots. Gèle sous notre climat.

II. Dacrydium, Solander.

Arbres élevés, très-rameux, à rameaux souvent pendants. Feuilles acéreuses, opposées en croix, décurrentes, portant des stomates sur les deux faces. Fleurs
terminales déliées. Bouton nu.

Dioïque. Chaton mâle terminal, isolé, ovoïde, menu,
ceint de bractées imbriquées à la base. Étamines sur
un axe; anthères biloculaires, dépassées par un connectif écailleux; loges apposées, extérieurement déhis-
centes.

Fleurs femelles isolées, latérales, vers le sommet des
rameaux, ou très rarement réunies en un épi terminal.
Écaille nue, en forme de cymbale, portant un ovule
sessile, disposé sur le milieu de l'écaille, renversé, à
tégument extérieur lâche, l'intérieur allongé au sommet
en un col court sortant de l'extérieur. Graine dressée
pendant la croissance, reposant sur une écaille ne
s'accroissant jamais, à tégument extérieur lâche,
charnu, plus court que le nucule, osseux, disciforme,
très-ouvert au sommet.

Habitent les Indes-Orientales, la Nouvelle-Zélande
et la Nouvelle-Calédonie.

Sous notre climat, les *Dacrydium*, malgré les grandes
dimensions que quelques-uns atteignent, ne peuvent

que servir à l'ornementation intérieure, ou dans le midi de la France, à la décoration des jardins.

Dacrydium cupressinum, Solander. — The Spruce-Fir or New-Zealand, *Cook* II. Voyage, t. I, p. 70, pl. 51. — *Dacrydium cupressinum, Soland.* ex Forst. Plant. esc. p. 80.—*Endl.* Syn. Conif., p. 225. — *Lindl.* et *Gord.* Journ. hort. soc., t. V, p. 225. — *Hook.* fils. Fl. of New-Zeal., p. 233.—*Carrière*, Traité gén. Conif., 2ᵉ éd., p. 486. — Rium ou Rimu des Néo-Zélandais.

Arbre de 30 à 40 m., à tronc droit et élancé, couvert d'une écorce rousse, puis d'un gris-cendré. Feuilles alternes, épaisses, raides, étalées, longues de 0ᵐ,005 environ, d'un vert-grisâtre.

Originaire du centre et du sud de la Nouvelle-Zélande, où il fut découvert par Solander, pendant le voyage du capitaine Cook. Habite les versants des montagnes jusqu'au bord de la mer.

Introduit en 1825.

Gèle sous notre climat.

Dacrydium elatum, Wallich. — *Juniperus rigida, Wall.* in Herb. Sieber. — *Juniperus elata, Roxb.* Fl. Ind. Or., t. III., p. 838. — *Dacrydium elatum, Wall.* Cat. n. 6045. — *Endl.* Syn. Conif. p. 226. — *Carrière*, Traité gén. Conif., 2ᵉ éd., p. 488. — Gambinur des Javanais.

Arbre très-rameux, à branches éparses, nombreuses, à ramules grêles, pendants. Feuilles alternes, étalées, très-rapprochées, aciculaires sur les rameaux et les ramules, longues de $0^m,008$ à $0^m,015$, lisses, d'un vert-clair. Fruits ovoïdes.

C'est la plus jolie espèce du genre, son port est des plus gracieux, surtout dans les individus provenant de semis, et son feuillage ne brunit pas comme celui des autres espèces. Pendant la belle saison, on peut l'employer à la décoration des pelouses où il est d'un effet pittoresque, mais il faut le rentrer pour l'hiver, en serre tempérée.

D. Tenuifolium, Carrière.

Se distingue de l'espèce par des feuilles plus ténues, non carénées en dessous.

Dacrydium Franklinii, HOOKER.— *Dacrydium Huonense, A. Cunningh.* Mss. — *Dacrydium Franklinii, Hook.*, fils, in Lond. Journ. of Bot., 2e série, t. IV, p. 152. — *Endl.* Syn. Conif., p. 227. — *Gord.*, Pinet., p. 75. — *Carrière*, Traité gén. Conif., 2e éd., p. 490. — Huon-Pine des colons anglais.

Arbre atteignant jusqu'à 30 ou 35 m. de hauteur, à cime conique et élancée. Branches étalées, presque horizontales. Rameaux couverts de ramules grêles et pendants. Feuilles petites, très-rapprochées, concaves en dessous, convexes et carénées en dessus. Fruits petits, disposés en épis terminaux.

Dans son pays, la Tasmanie, c'est un grand arbre de 30 à 35 m. de hauteur, que la qualité de son bois rend précieux aux habitants. L'exportation de ce bois donne lieu à un commerce d'une certaine importance, malgré les grandes difficultés de l'exploitation, et il est aussi fort estimé pour les constructions navales.

Originaire de la Tasmanie.

Il gèle sous le climat de Paris, mais passe l'hiver en pleine terre à Angers et dans le midi.

III. Saxe-Gothæa. — LINDLEY.

Dédié au prince Albert de Saxe-Cobourg-Gotha. « Fleurs monoïques. Les mâles : Anthères biloculaires, disposées en épis réfléchis au sommet. Fleurs femelles composées d'écailles imbriquées, acuminées, monospermes, libres au-dessous du milieu. Ovule renversé, à demi-caché dans la fossette de l'écaille, à tunique externe lâche, fendue sur la face ventrale, l'interne percée d'un petit trou, à nucelle spongieux, perforé au sommet. Fruit charnu, composé d'écailles mucronées, raides, entièrement connées ou libres au sommet, la plupart souvent avortées. Graines ou nucules subtriangulaires, accompagnées à la base par les restes fendillés de la membrane externe. » CARRIÈRE, *Traité gén. des Conif.*

La classification de ce genre n'est pas encore irrévocablement établie. Par son port, le *Saxe-Gothæa* se rapproche des *Taxus*, ses fleurs mâles sont celles d'un *Podocarpus*, ses graines sont celles d'un *Dacrydium.*

Sa culture est la même que celle de tous les Podocarpées en général, c'est-à-dire que, sous notre climat, il lui faut l'abri d'une serre ou d'une orangerie.

Saxe-Gothæa conspicua, LINDLEY. — *Saxe-Gothæa conspicua, Lindl.*, in Paxt. Flow. Gard., 1851-1852, p. 111. — *Carrière*, Traité gén. Conif., 2ᵉ éd., p. 481. — *Squamataxus Albertiana, J. E. Nelson*, Pinac., 168.

Arbre de taille moyenne, dont l'aspect général se rapproche beaucoup de celui de l'If, mais son feuillage, au lieu d'une verdure sombre, a une teinte d'un vert gai, nuancé de reflets blanchâtres. Feuilles alternes, coriaces, raides, linéaires, longues de 0ᵐ,01 à 0ᵐ,03 sur environ 0ᵐ,003 de largeur, convexes en dessus, parcourues par une nervure médiane saillante, marquées de 2 lignes glauques en dessous. Fruits ovoïdes, fragiles, d'un brun pâle.

Originaire des régions froides des Andes de la Patagonie où il fut découvert en 1848 par M. Lobb, à peu près dans les mêmes situations que le *Podocarpus nubigæna*, le *Fitz-Roya Patagonica* et le *Libocedrus tetragona*.

Ne peut passer l'hiver en plein air sous notre climat.

IV. Microcachrys. — HOOKER fils.

Monoïque. Chaton mâle terminal, ovoïde. Étamines imbriquées sur un axe; anthères biloculaires, à loges latérales subglobuleuses, pendantes d'un connectif squammiforme, s'ouvrant transversalement. Chaton femelle courbé ou pendant, à écailles lâchement imbriquées, étalées, ovales, en nacelle, concaves. Ovule solitaire à la base des écailles. Fruit subcylindrique, à peine plus épais que le rameau, composé d'écailles écartées semblables aux feuilles mais plus petites, très-étalées, aiguës au sommet, recourbées, concaves au milieu. Graine solitaire, dressée, entièrement nue, presque plus grande que l'écaille. Tégument scarieux, membraneux, hyalin.

Arbuste à rameaux tétragones, à feuilles opposées en croix, imbriquées, appliquées sur les ramules jeunes, en forme d'écailles rhomboïdo-ovales.

Microcachrys tetragona, HOOKER. — *Micro-cachrys tetragona, Hook. fils*, in Lond. Journ. of Bot., t. IV, p. 150. — *Carrière*, Man. des Pl., t. IV, p. 376;

Traité gén. Conif., 2ᵉ éd., p. 62.— *Gord.*, Pinet., p. 134.
— *Pherosphæra Hookeriana*, Mas. Arch. l. c.

Arbuste buissonneux, rampant. Feuilles persistantes, imbriquées, longues de $0^m,002$ à $0^m,003$, obtuses, ovales, convexes sur le dos. Ramules tétragones.

Habite les sommets des montages de la Tasmanie, où il est cependant assez rare.

ORDRE IV. — TAXINÉES.

Arbres ou arbrisseaux. Feuilles simples, alternes ou distiques, raides, ordinairement linéaires, persistantes ou caduques. Boutons composés d'un grand nombre d'écailles imbriquées. Dioïque.

Fleurs mâles en chatons nus ou écailleux à la base. Étamines insérées de tous côtés sur l'axe. Filet court prolongé en un connectif pelté..Anthères à 2, 4, 6 ou 8 loges s'ouvrant longitudinalement.

Fleurs femelles solitaires, nues ou sous des bractées. Ovule unique, dressé, sessile.

Fruit. Graine solitaire, entourée à sa base d'un disque charnu, cachant la plus grande partie du fruit et formant avec lui un drupe succulent, ou, comme dans le genre Torreya, n'étant entourée d'aucun disque, mais d'écailles raides, à peine développées.

Embryon disposé sur l'axe de l'albumen, à 2 cotylédons, à radicule disposée au sommet de la graine.

L'ordre des Taxinées se subdivise en 5 genres :

I. Phyllocladus. — Anthères biloculaires. Graines nuciformes, entourées à la base d'un disque charnu accompagné de bractées aiguës. Feuilles généralement avortées, squammiformes.

II. **Salisburia**. — Anthères biloculaires. Graines couvertes d'un disque charnu persistant. Feuilles caduques, à 2 lobes.

III. **Cephalotaxus**. — Anthères triloculaires. Graines drupacées, ovoïdes, allongées. Feuilles linéaires.

IV. **Torreya**. — Anthères à 4 loges. Graines ovoïdes entourées à la base d'écailles épaisses, imbriquées : pas de disque charnu.

V. **Taxus**. — Anthères à 8 loges. Graines subsphériques, entourées d'une enveloppe charnue en forme de coupe. Feuilles linéaires.

I. **Phyllocladus**. — L.-C. RICHARD.

Fleurs monoïques sur différents rameaux. Chatons mâles terminaux, cylindriques, entourés d'écailles à la base. Étamines insérées sur l'axe. Filet court prolongé en un connectif squammiforme. Anthères biloculaires, s'ouvrant longitudinalement et sur le côté. Fleurs femelles en chatons pauciflores, disposés en grappes terminales, réunies sur un rachis charnu. Écailles ovulifères alternes, naviculaires. Ovule unique, sessile, prolongé au sommet en un col court. Graine dressée, entourée à la base d'un disque en forme de coupe ; tégument osseux.

Arbres originaires de la Nouvelle-Zélande, qui offrent peu d'intérêt même au point de vue de l'ornementation.

Phyllocladus trichomanoides, Don. — *Phyllocladus trichomanoides*, Don. *in Lambert*, Pinet., 2e édit., t. II. — *Endl.* Syn. Conif., p. 235. — *Knight.* Syn. Conif., p. 49. — *Hooker*, Fl. of Nov.-Zeal., p. 235. — *Carrière*, Traité gén. Conif., 2e éd., p. 499. — Tanekaha des Néo-Zélandais.

Arbre de 20 à 25 m. de hauteur, à tronc droit recouvert d'une écorce grisâtre. Branches tuberculeuses, verticillées, étalées. Feuilles ou plutôt *ramilles foliiformes* (Carrière) sillonnées, cannelées à la base, d'un vert roux, ou brunes, se transformant peu à peu en branches, qui portent des fleurs et des fruits.

Le bois est si lourd qu'il ne flotte pas sur l'eau; l'écorce sert à fabriquer une teinture noire.

Habite les forêts de la Nouvelle-Zélande.

Gèle à Paris.

Phyllocladus rhomboidalis, L.-C. Richard. — *Podocarpus aspleniifolia*, *Labill.* Nov.-Holl. t. II, p. 71, pl. 221. — *Salisburia Billardierii*, L.-C. Rich. Mss. — *Phyllocladus rhomboïdalis*, L.-C. Rich. Conif., p. 130, pl. 3, § 2. — *Endl.* Syn. Conif., p. 235. — *Gord.*, Pinet., p. 141. — *Carrière*, Traité gén. Conif., 2e éd., p. 500.

Arbre de 15 à 18 m. de hauteur, à branches éparses, étalées, un peu anguleuses. Ramilles foliiformes rhomboïdales, à nervures nombreuses, saillantes. Fruits réunis par 2 ou 3, à demi-recouverts d'une sorte de cupule charnue. Graines solitaires, ovales, petites.

Habite les parties basses et humides de la terre de Van Diemen.

Introduit en 1825.

Gèle à Paris.

On cultive encore les *Phyllocladus hypophylla*, Hooker, et *Phyllocladus glauca*, Carrière ; mais ce sont aussi tous les deux des plantes délicates sous notre climat, et dont la beauté ne mérite pas les soins qu'il faut leur donner.

II. Salisburia. — Smith.

Dioïque.

Fleurs mâles en chatons coniques, recourbés, fasciculés. Étamines à filets courts, terminés par un connectif écailleux. Anthères à 2 loges s'ouvrant longitudinalement.

Fleurs femelles terminales, sur des pédoncules simples ou fasciculés. Fleurs en forme de coupe basse, formée du sommet dilaté du pédoncule, et constituant un calice presque globuleux entourant un ovaire. Ovule unique, sessile, percé au sommet. Fruit drupacé, ovale, à tégument extérieur charnu, l'intérieur osseux.

Grand arbre à feuilles caduques, simples, alternes, également lobées sur les 2 faces, à longs pétioles.

Habite la Chine et le Japon.

Salisburia adiantifolia, SMITH. — *Ginkgo biloba, Linné*. Mant. t. II, p. 313–314.—*Gouan.*, Descrip. Ginkgo Biloba, Montpellier, 1812. *Carrière*, Traité gén. Conif., 2ᵉ éd., p. 711.— *Salisburia adiantifolia, Smith*, in Linnœa Transact. p. 330.—*Rich*. Conif. 133, t. 3, f. 1.— *Loud*. Arbor., t. IV, p. 2094, f. 1992. — Encyclop. of trees, p. 945, f. 1757-1758. — *Sieb*. et *Zuc*. Fl. Jap., pl. 136. — *Endl*. Syn. Conif., p. 236. — Gink-Go des Chinois. — Arbre aux quarante écus, des Français.

Arbre atteignant 25 à 30 m. de hauteur, à tige droite et élancée, à cime conique, régulière. Branches alternes, presque horizontales. Feuilles caduques, alternes, ob-ovales, sinuées et échancrées de façon à former deux lobes, rétrécies en un long pétiole coriace, d'un vert clair jaunissant à l'automne. Chatons mâles sessiles, longs de $0^m,04$ environ, jaunâtres, apparaissant en même temps que les feuilles, en mai, et disposés sur le bois de l'année précédente. Fleurs femelles entourées d'une sorte de coupe. Fruit ovoïde, mesurant environ $0^m,02$ à $0^m,03$ de diamètre, renfermant une noix blanchâtre, à tissu ligneux, se brisant facilement.

L'origine du Ginkgo est encore inconnue, on le rencontre dans les jardins de la Chine et du Japon, ainsi qu'aux abords des temples et dans les cimetières, où l'on a pu constater qu'il atteignait jusqu'à 4,000 ans. Suivant Kœmpfer, on le cultivait dans son pays, non-seulement comme arbre d'ornement, mais aussi comme arbre fruitier, les habitants se montrant très-friands de ses fruits, dont ils assaisonnent presque tous leurs mets.

Son bois est jaunâtre, d'un grain fin, susceptible d'un beau poli, ayant beaucoup d'analogie avec celui de l'érable.

Dans nos cultures, c'est un bel arbre, très-ornemental, dont le feuillage clair fait un heureux contraste avec la verdure sombre des autres conifères. Sa croissance est très-rapide, surtout dans les terrains chauds et profonds, et il n'existe pas d'autre conifère reprenant aussi facilement lorsqu'on le déplante. Multiplication de boutures et de graines.

Habite la Chine et le Japon, d'où il fut introduit en 1754. Très-rustique.

VARIÉTÉS

S. laciniata. — *Ginkgo biloba laciniata* des horticulteurs.

Variété obtenue par M. Reynier, d'Avignon, en 1850 ;

se distingue de l'espèce par des feuilles plus grandes, divisées en plusieurs lobes laciniés.

S. pendula. — *Salisburia adiantifolia pendula*, Ch. Van Geert. Cat. 1862.

Se distingue par une tige inclinée et des branches pendantes d'un effet très-pittoresque.

S. panachée. — *Ginkgo biloba variegata* des horticulteurs.

Arbre moins vigoureux que l'espèce, à feuilles striées de jaune. Panachure peu constante.

III. Cephalotaxus. — Sieb. et Zucc.

Arbres ou arbrisseaux.

Dioïque.

Chatons mâles axillaires, disposés en capitules sphériques, pédonculés, écailleux. Étamines au nombre de 4 ou 6, insérées sur l'axe. Filets arrondis, connectif squammiforme portant 3 loges pendantes, s'ouvrant longitudinalement.

Fleurs femelles en chatons axillaires, agrégés. Écailles coriaces, généralement au nombre de 8. Ovules réunis par 2, sous chaque écaille, sessiles.

Fruits drupacés charnus, en petit nombre par suite d'avortement. Graine unique, dressée ; tégument extérieur lisse, osseux.

Arbres ou arbrisseaux originaires de la Chine et du Japon.

Cephalotaxus pedunculata, Sieb. et Zuc. — *Taxus Harringtonia, Forb.* Pinet. Wob. p. 217, pl. 68. — *Loudon*, Encyclop. of trees, p. 942, f. 1753-1754. — *Cephalotaxus pedunculata, Sieb. et Zucc*, Fl. ap. Fam. nat. t. II, p. 108.—*Endl.*, Syn. Conif., p. 238.—*Lindl. et Gord.* Journ. hort. soc., t. V, p. 226. — *Carrière*, Traité gén. Conif., 2ᵉ éd., p. 508. — *Cephalotaxus Haringtoni* de quelques jardiniers.—Inukaja des Japonais.

Arbre atteignant 7 à 8 m. de hauteur, formant une touffe compacte. Branches nombreuses, touffues. Feuilles distiques, plates, longues de 0ᵐ,03 à 0ᵐ,04, d'un vert foncé en dessus, luisantes en dessous et d'un glauque blanchâtre, à l'exception de la nervure médiane et des bords qui sont d'un vert brillant à très-courts pétioles. Fruit charnu de la grosseur et de la forme d'une olive. Graine ovoïde à coque tendre.

Dans nos climats, c'est une belle touffe parfaitement rustique, qu'on peut utilement employer dans les dessous de massifs.

Originaire du Japon.

Introduit en 1837.

C. fastigiata. — *Podocarpus koraiana* des horticulteurs.

Arbrisseau très-rameux, à branches dressées, presque

verticales. Feuilles très-rapprochées, sessiles, épaisses, alternes, longues de 0^m,03 à 0^m,05, d'un vert foncé, luisantes en dessus, glauques en dessous, ayant une nervure médiane saillante.

Habite la Corée. Rustique sous notre climat ; il a gelé en 1871-1872, mais il a repoussé du pied.

Cephalotaxus Fortunei, HOOKER. — *Cephalotaxus Fortunei, Hook.*, Bot. Mag., pl. 4449. — *Knight*, Syn. Conif., p. 51. — *Carrière*, Traité gén. Conif., 2º éd., p. 509. — *Cephalotaxus filiformis, Knight*, ex Gord. Pinet., l. c.

Arbre de 15 à 20 m. de hauteur, à branches étalées, horizontales. Feuilles alternes ou distiques, longues de 0^m,08 à 0^m,10, coriaces, luisantes, épaisses, sessiles ou à très-court pétiole, d'un vert foncé sur la face supérieure, glauques en dessous, terminées par un mucron. Fruits drupacés, longs de 0^m,02 à 0^m,03, arrondis aux extrémités, charnus, rougeâtres. Graines d'un roux brunâtre, longues de 0^m,020 à 0^m,025, à coque mince.

Originaire du Nord de la Chine où il fut découvert par M. Fortune. Habite aussi.le Japon.

Introduit en 1848. Très-rustique.

Cephalotaxus drupacea, SIEB. et ZUCC. — *Cephalotaxus Fortunei fœmina* et *C. coriacea* des horticulteurs. — *Cephalotaxus drupacea, Sieb.* et *Zucc.*, Fl. Jap. Nat., t. II, p. 108. — *Endl.*, Syn. Conif., p. 239. — *Knight*, Syn. Conif., p. 51. — *Carrière*, Traité gén. 2ᵉ édit., Conif., p. 510.

Arbre atteignant au plus 8 à 10 m. de hauteur dans son pays natal, d'une forme régulière, plutôt large que haut. Branches horizontales, étalées. Feuilles linéaires, aiguës, disposées latéralement le long des rameaux et régulièrement opposées, d'un vert sombre et luisant, parcourues sur la face inférieure par deux lignes blanchâtres. Fruits charnus, elliptiques, arrondis aux deux bouts, longs de 0ᵐ,025 environ sur 0ᵐ,018 à 0ᵐ,020. Graines ovales, à écorce mince, solide, d'un roux brunâtre.

Originaire de la Chine et du Japon.

Introduit en 1848. Très-rustique sous notre climat.

La culture des *Cephalotaxus* est pour ainsi dire la même que celle des Ifs. Ils prospèrent dans presque tous les terrains, excepté dans les sols trop exclusivement argileux. La multiplication se fait de semis, de greffes ou de boutures étouffées ; mais dans ce cas il faut avoir soin de prendre une tête, sans quoi on n'obtient que des plantes rabougries qui ne poussent jamais de tiges verticales.

IV. Torreya. — Arnott.

Dioïque.

Chatons mâles d'abord subglobuleux, puis s'allongeant peu à peu, solitaires. Rachis entièrement nu excepté à la base. Étamines insérées sur l'axe; filets courts prolongés en un connectif squammiforme, portant chacun une anthère à 4 loges. Fleurs femelles axillaires, ovoïdes, solitaires, géminées ou ternées. Ovule solitaire, dressé. Fruits drupacés, accompagnés d'écailles à la base. Graines dressées à tégument extérieur épais, charnu, coriace; l'interne membraneux. Embryon court, subcylindrique.

Sauf le *Torreya grandis*, arbrisseaux à feuilles simples, linéaires, raides, mucronées.

Originaires d'Amérique et d'Asie.

Torreya nucifera, Sieb. et Zucc. — *Taxus nucifera, Kæmpf.,* Amœn. exot., 814-815. — *Loisel.,* Nouv. Duhamel, t. I, p. 68.— *Torreya nucifera, Sieb.* et *Zucc.,* Fl. Jap., t. II. — *Endl.,* Syn. Conif., p. 240. — *Lindl.* et *Gord ,* Journ. hort. soc., t. V, p. 226.—*Carrière,* Traité gén. Conif., 2ᵉ éd., p. 312.

Petit arbre de 5 à 6 m. de hauteur, à branches nombreuses, courtes, verticillées, ayant l'aspect d'une colonne étroite et cylindrique. Feuilles opposées, distiques, un peu recourbées, linéaires, d'un vert sombre luisant en dessus, pâle en dessous, coriaces, raides, longues de 0^m,020 à 0^m,030. Fruits charnus, verdâtres, à noyau ovoïde contenant une amande mangeable.

Au Japon, on récolte ces graines qu'on sert sur les tables avec d'autres noix du pays, et on en retire une huile purgative avec laquelle on assaisonne les viandes.

Habite les îles Niphon et Sikkof, et est cultivé dans presque toute l'étendue du pays.

Introduit en 1818. Très-rustique.

Torreya taxifolia, ARNTT. — *Taxus Montana, Nutt.* — *Torreya taxifolia, Arntt.*, in Ann. of nat. Hist., t. I, p. 180. — *Loud.*, Encyclop. of trees, p. 944, f. 1755-1756. — *Endl.*, Syn. Conif., p. 241. — *Carrière*, Traité gén. Conif., 2e éd., p. 514. — *Gord.*, Pinet., p. 329. — Stinking Cédar, Floride.

Arbre atteignant 12 à 15 m. de hauteur, à branches nombreuses, étalées. Feuilles alternes ou distiques, longues de 0^m,020 à 0^m,030 sur 0^m,003 de largeur, raides, coriaces, convexes sur la face supérieure, un peu concaves en dessous. Fruit drupacé, ovoïde, arrondi au sommet, terminé par un apicule court, sensiblement atténué à la base, long de 0^m,025 environ sur 0^m,015 à 0^m,018 de large. Bois dense et serré, rougeâtre comme celui du *J. Virginiana.*

Lorsque les sujets sont vigoureux, c'est un bel arbre,

très-rustique et très-ornemental. Il répand, quand on le touche, une odeur forte et désagréable qui lui a valu dans son pays le nom de Stinking Cedar (Cèdre puant).

Habite les collines crayeuses de la Floride, sur la rive orientale des Appelaches.

Gèle pendant les hivers rigoureux.

Introduit en 1840.

Torreya myristica, HOOKER fils. — *Torreya myristica, Hook.* fils, Bot. Mag., 1854, p. 55. — *Carrière,* Traité gén. Conif., 2ᵉ éd., p. 515. —*Gord.,* Pinet., p. 327. — *Muscadier,* Calif.

Arbre de 10 à 12 m., très-ornemental, à écorce fendillée, d'un gris cendré. Branches verticillées, dressées. Feuilles distiques, longues de 0^m,05 environ, légèrement convexes en dessus, avec une nervure médiane saillante en dessous, entourée de 2 lignes blanchâtres. Fruits ovoïdes, drupacés, arrondis, verts, puis jaunâtres.

Habite les montagnes de la Sierra-Nevada en Californie.

Très-rustique et d'une croissance rapide dans les terrains frais.

Introduit en 1851.

Torreya grandis, FORTUNE. — *Torreya grandis, Fortune,* ex Gord., Pinet., p. 326.

Grand arbre à tige droite et élancée, à branches verticillées, étalées horizontalement. Feuilles longues de $0^m,02$ environ, distiques, opposées, légèrement convexes en dessus, sessiles ou à très-court pétiole, coriaces, terminées en une pointe très-aiguë, d'un vert vif, répandant quand on les froisse une odeur désagréable. Fruits drupacés, ovoïdes, longs de $0^m,02$ environ, lisses, d'un vert herbacé, puis devenant jaunâtres.

D'après la description qu'en donne M. Fortune, qui le découvrit dans le nord de la Chine, c'est un arbre atteignant de grandes dimensions et d'une parfaite élégance. Sous notre climat, sa croissance est lente, son feuillage jaunit, surtout lorsqu'il est exposé au soleil, et l'arbre se dénude facilement. De plus, nos hivers le fatiguent beaucoup, et les froids un peu rigoureux peuvent le faire périr.

Habite le nord de la Chine.

Introduit en 1858.

V. Taxus. — Tournefort.

Dioïque.

Chatons mâles axillaires, sur des bourgeons particuliers munis d'écailles. Étamines nombreuses, réunies par leur base en une colonne. Filets très-courts. An-

thères à 8 loges, à connectif aplati, s'ouvrant longitudinalement.

Fleurs femelles en chatons axillaires, uniflores, entourés d'écailles imbriquées. Disque annulaire, court.
Ovule unique, dressé, sessile.

Fruit drupacé, à disque charnu en forme de coupe
profonde enchâssant la graine. Graines dressées, à tégument osseux.

Arbrisseaux peu élevés, à feuilles planes, linéaires.

Originaire de l'Europe, de l'Asie et de l'Amérique du
Nord, l'If commun (Taxus baccata) est connu depuis la
plus haute antiquité, et se partageait, chez nos an-
cêtres, avec le Cyprès, l'ornementation des tombeaux.
Ses propriétés vénéneuses, qui lui ont valu son nom,
ne sont aujourd'hui un mystère pour personne, et les
nombreux cas d'empoisonnements produits par les
parties herbacées de l'If, sur les bestiaux qui en avaient
mangé, ont surabondamment convaincu les sceptiques
les plus incrédules.

Usages. — Le bois est très-joli et l'on pourrait, sans
aucun doute, en tirer grand profit si la croissance très-
lente de ces arbres n'en empêchait la culture au point
de vue de l'exploitation. Mais pour la décoration des
parcs et surtout des parterres français, les Ifs ont toujours été de puissants auxiliaires ; la facilité avec laquelle ils se taillent permettent de plier leur forme à

tous les besoins et à toutes les fantaisies du dessinateur.

Culture. — Il est peu d'arbres dont la culture soit aussi facile ; ils s'accommodent de tous les terrains, surtout des terres fortes et compactes, viennent à presque toutes les expositions, et se multiplient très-aisément de graines qu'on sème en automne aussitôt après leur maturité, ou, pour les variétés et les espèces rares, par greffes, sous cloches ou châssis, en placage, en fente ou en demi-fente.

Taxus baccata, Linné. — *Taxus*, *Plin.*, Hist. nat., t. XVI, p. 20, 33.—*Taxus baccata*, L. Spec., 1472, E. B., pl. 746. — *Rich.*, Conif. p. 19, pl. 2. — *Loud.*, Arbor., t. IV, p. 2066, f. 1981-1991. — Encyclop. of trees, p. 939. — *Endl.*, Syn. Conif., p. 242. — *Lindl.* et *Gord.*, Jour. hort. soc., t. V, p. 227. — *Carrière*, Traité gén. Conif, 2ᵉ éd., p. 516. — *Gord.*, Pinet., p. 310. — If commun.

Arbre de 10 à 12 m., formant une pyramide élargie, à branches éparses, étalées, à rameaux pendants. Écorce rougeâtre, fendillée. Bois jaune, très-dur et très-estimé en ébénisterie. Feuilles subdistiques, longues de 0ᵐ,02 à 0ᵐ,03, coriaces, épaisses, étroites, raides, à pointe émoussée, d'un vert foncé en dessus, plus pâle en dessous. Baie pulpeuse, en forme de coupe, rouge corail, opaque, mangeable. Graine osseuse, ovoïde, enchâssée dans la baie qu'elle dépasse un peu.

L'If est sans aucun doute l'arbre vert qui ait été le plus communément cultivé dans les jardins. Les vieux parcs en conservent encore des exemplaires à figures bizarres que nos pères s'ingéniaient à trouver. Aujourd'hui, heureusement, le bon goût a fait justice de cette mode dépravée, et les Ifs ne servent plus guère que dans les dessous de massifs, ou à cacher les murs; on peut aussi les employer comme brise-vents destinés à protéger les plantes délicates.

Habite communément presque toutes les parties de l'Europe et certaines régions de l'Asie. Très-rustique.

VARIÉTÉS

T. Dovastonii. — *Taxus pendula* des horticulteurs.
Arbre de 5 à 6 m., à branches verticillées, pendantes, ayant un aspect pleureur des plus pittoresques.
Habite le nord de la Chine et le Japon.
T. adpressa (Carrière). — *Taxus Sinensis tardiva,* Knight, Syn. Conif., p. 52. — *Taxus brevifolia* des horticulteurs.
Petit arbre touffu originaire du Japon.
T. fastigiata. — *Taxus hibernica, Hooker.*
Forme une colonne étroite à branches fastigiées.
T. fastigiata variegata.
Feuillage panaché; très-peu constant.

T. fructu luteo.

Fruits d'un blanc jaunâtre.

T. cuspidata.

Plante robuste, ne dépassant pas 6 ou 7 m. de hauteur. Feuilles linéaires, brusquement terminées en pointe. Verdure claire.

Originaire du Japon.

T. aurea. — Taxus baccata aurea.

Arbuste buissonneux à feuillage strié de jaune.

T. alba.

Panachure blanche.

T. erecta, Loud., Encyclop. of trees, p. 940.

Arbrisseau buissonneux à branches nombreuses, obliquement dressées.

T. horizontalis, Knight, Syn. Conif., p. 52. — *Taxus horizontalis* des horticulteurs.

Plante d'une croissance rapide, à branches disposées horizontalement. A été obtenue par M. Bertin père, horticulteur, à Versailles.

T. pyramidalis. — Taxus pyramidalis des horticulteurs.

Branches dressées, nombreuses, à feuillage sombre, formant une colonne compacte très-régulière et très-ornementale.

T. columnaris.

Branches nombreuses, courtes, dressées. Feuilles panachées de jaune. En forme de colonne.

Taxus Canadensis, Willdenow. — *Taxus baccata procumbens, Loud.,* Encyclop. of trees, p. 940. —*Taxus Canadensis, Willd.,* Sp., t. IV, p. 856.—*Loud.,* Encyclop. of trees, p. 942. — *Carrière,* Traité gén. Conif., 2ᵉ éd., p. 522. — *Taxus baccata minor, Michaux,* Bor. Amer., t. II, p. 245.

Arbuste buissonneux, extrêmement touffu, dépassant rarement 1 m. de hauteur. Feuilles linéaires, étalées, longues de 0ᵐ,018 à 0ᵐ,020 sur 0ᵐ,003 environ de largeur, d'un vert jaunâtre.

Habite l'Amérique septentrionale, au Canada et dans le Maryland, dans les régions rocheuses et abritées.

Très-rustique sous notre climat et d'une culture très-facile.

Introduit en 1800.

Variété panachée. — *Taxus Canadensis variegata.*

Variété à feuillage panaché de jaune pâle; très-cultivée et très-vigoureuse, quoiqu'un peu plus délicate que l'espèce.

Taxus Boursierii, Carrière. — *Taxus Lindleyana, Laws.,* ex Gord., Pinet., p. 316. — *Taxus baccata Americana, Dougl.,* ex Gord., l. c. — *Taxus Boursierii, Carrière,* Rev. hort., 1854, p. 228. — Traité gén. Conif., 2ᵉ éd., p. 523.

Arbre de 8 à 15 m. de hauteur, à rameaux grêles, recouverts d'une écorce jaunâtre. Feuilles distiques, étroites, falquées, longues de 0^m,015 à 0^m,818, à pétiole cylindrique, jaune, long de 0^m,002 environ ; parcourues en dessus par une nervure médiane étroite et saillante, glauques en dessous.

Habite en Californie, le long des cours d'eau, sous les futaies de *Tsuga Douglasii* et de *Pinus Lambertiana* où M. Boursier de la Rivière' le découvrit en 1854. Souffre souvent pendant l'hiver sous le climat de Paris, quoiqu'il ne gèle pas complètement.

ORDRE V. — GNÉTACÉES.

Fleurs unisexuelles, disposées en chatons involucrés par des écailles connées opposées ou décussées.

Fleurs mâles entourées d'un périanthe unifolié, transversalement fendu au sommet. Étamines variant en nombre de 1 à 16, solitaires ou soudées. Cellules des anthères séparées ou combinées, s'ouvrant au sommet par une espèce de pore.

Fleurs femelles composées de 2 écailles connées. Ovule dressé, sessile, perforé au sommet.

Fruit drupacé, parfois sec.

L'ordre des Gnétacées se divise en trois genres, ainsi déterminés par M. Carrière.

I. **Gnetum.** — Feuilles larges, ovales, penninervées. Chatons disposés en verticilles interrompus. Tiges ligneuses, arborescentes ou sarmenteuses.

II. **Ephedra.** — Feuilles très-étroitement linéaires, le plus souvent presque nulles ou réduites à des écailles. Tiges nombreuses, sarmenteuses ou cespiteuses, très-ramifiées, à ramifications articulées.

III. **Welwitschia.** — Feuilles binées, largement

linéaires, persistantes et indéfiniment accrescentes. Tige énormément grosse, presque nulle.

Ces trois genres, composés de plantes originaires des pays chauds, ne peuvent végéter chez nous que dans les serres chaudes, et encore, y sont-elles toujours malingres et chétives. Peu connues d'ailleurs, on ne les rencontre guère que dans les jardins botaniques, comme échantillons.

TABLE DES MATIÈRES

2º TRIBU. — ACTINOSTROBÉES.

3ᵉ TRIBU. — THUIOPSIDÉES.

4ᵉ TRIBU. — CUPRESSINÉES VRAIES.

5e TRIBU. — TAXODINÉES.

ORDRE II. — ABIÉTINÉES.

1re TRIBU. — CUNNINGHAMIÉES.

2e TRIBU. — ARAUCARIÉES.

3e TRIBU. — ABIÉTINÉES VRAIES.

Section A. — SAPINUS.

Section B. — PINUS.

ORDRE III. — PODOCARPÉES.

ORDRE IV. — TAXINÉES.

ORDRE V. — GNÉTACÉES.

TABLE PAR ORDRE ALPHABÉTIQUE

Larix microcarpa........ 260
    variétés............ 261
— Europea........... 261
    variétés 264
— Lyallii 264
— Kæmpferi 265
Libocedrus tetragona.... 66
— Chilensis.......... 67
— excelsa........... 68
— Doniana 68

M

Microcachrys tetragona.. 395

O

Octoclinis Macleyana.... 63

P

Pherosphæra Hookeriana 126
Phyllocladus trichoma-
    noïdes........... 399
— rhomboïdalis...... 399
Picea Menziezii 238
— alba.............. 238
    variétés 239
— rubra 240
    variétés............ 241
— nigra............. 241
    variétés............ 242
— Orientalis......... 243
— excelsa 245
    variétés............ 247
— obovata 250
— microsperma 251
— Morinda........... 252
— polita 253

Picea Alcokiana. 254
— Jezoensis.......... 255
— Californica........ 256
— Maximowiczii 256
— Japonica 256
— Engelmanni....... 257
Pinus parviflora......... 284
— Koralensis 285
— Cembra 286
    variétés........... 289
— Mandschurica 289
— Shasta 291
— Peuce............. 292
— excelsa........... 296
— strobus 297
    variétés 299
— Lambertiana 300
— monticola 304
— Ayacahuite........ 305
— strobiformis....... 306
— Veitchii.......... 306
— Loudoniana 307
— Loudoniana Don
    Pedri 307
— Hamata 308
— Leiophylla 308
— Hartwegii......... 309
— oocarpa 310
— oocarpoïdes 310
— Russiellana 311
— Devoniana 311
— macrophylla....... 312
— Apulcensis........ 313
— Montezumæ....... 313
— Lindleyana........ 314
— rudis............. 315
— Ehrenbergii 315
— occidentalis....... 315

Fontainebleau. — M. E. BOURGES, imp. breveté.

BIBLIOTHÈQUE DE L'HORTICULTEUR PRATICIEN

Arboriculture. — Manuel pratique renfermant ce que les meilleurs auteurs et les praticiens ont dit de mieux sur le *défoncement*, la *taille* et la *mise à fruit des arbres fruitiers*, par l'abbé RAOUL. In-18, orné de pl. — *Admis pour les Bibliothèques scolaires.* 2 fr.

Arbres fruitiers (*Conseils sur le choix, la culture et la taille des*), pouvant convenir aux provinces du nord, de l'est, de l'ouest et du centre de la France, par le comte DE LAMBERTYE. In-18, orné de 33 grav. — *Admis pour les Bibliothèques scolaires.* 1 fr.

Asperges (*Semis, plantation et culture des*), par BOSSIN. 3ᵉ édit. In-18, fig. 1 fr.

Bouturer, greffer, marcotter et semer (*Guide pour*) les plantes d'ornement, annuelles, vivaces, arbres et arbustes, etc., extrait en partie du JARDIN FLEURISTE, par Ch. LEMAIRE et LEQUIEN. 2ᵉ édit. In-18, orné de 35 fig. 1 fr.

Cactées. — Leur culture, suivie d'une description des principales espèces et variétés, par PALMER. 1 vol. in-18, orné de 33 fig. dans le texte. 2 fr.

Canna. — Histoire, culture et multiplication, suivi d'une monographie des espèces et des variétés principales, par CHATÉ. 1 vol. in-32, orné d'une fig. hors texte. 1 50

Champignons. — Culture des champignons, avec l'indication d'une nouvelle méthode pour en obtenir en tous lieux par l'emploi de la mousse, etc., par SALLE. 4ᵉ édit. 1 vol. in-18, orné de 20 fig. dans le texte. 1 fr.

Fleurs de pleine terre et de fenêtres. — Conseils sur leur culture pouvant convenir aux provinces du nord, de l'est, de l'ouest et du centre de la France, par le comte DE LAMBERTYE. 2ᵉ édit. 1 vol. in-18. — *Admis pour les Bibliothèques scolaires.* 1 fr.

Fraises. — Les Bonnes Fraises. Manière de les cultiver pour les avoir au maximum de beauté, par F. GLOEDE. 2ᵉ édit. 1 vol. in-18, orné de fig. 2 fr.

Fraisier. — Sa culture en pleine terre, suivie d'un choix des meilleures variétés à cultiver, par le comte DE LAMBERTYE. 1 vol. in-18. 1 fr.

Fuchsia (*Histoire et Culture du*), suivies de la description de 540 espèces et variétés, par F. PORCHER. 1 vol. in-18. 4ᵉ édition. 2 fr.

Géranium et Pélargonium. — Multiplication et culture, par MALET et VERLOT. 1 vol. in-32, orné de 10 grav. dans le texte. 1 25

Giroflées. — Culture et multiplication, suivies d'une description complète de divers modes d'essimplage, par CHATÉ. 1 vol. in-32, orné de 6 fig. hors texte. 1 25

Jardin fleuriste (*le*). — Instructions pour la culture des plantes annuelles, bisannuelles, vivaces ; fougères ; plantes à feuilles ornementales ; oignons à fleurs ; conifères ; arbrisseaux ; arbres et arbustes, par LEMAIRE, LEQUIEN, BOSSIN, BERNARDIN, CARRIÈRE, vicomte DU BUYSSON, PALMER, PORCHER, RIVIÈRE fils aîné, etc. ; revu et complété par A. RIVIÈRE, jardinier en chef du Luxembourg. 4ᵉ éd. 1 vol. in-18, orné de nombreuses fig. 3 50

Jardinage. — Eléments de jardinage pouvant convenir aux provinces du nord, de l'est, de l'ouest et du centre de la France, par le comte DE LAMBERTYE. in-18, fig. 1 fr.

Légumes. — Conseils sur les semis de graines, de légumes, pouvant convenir aux départements du nord, de l'est, du nord-ouest et du centre de la France, par le comte DE LAMBERTYE. 4ᵉ édit., augmentée de la *Culture des Fraisiers au village*. In-18. 1 fr. *Admis pour les Bibliothèques scolaires.*

Légumes et fleurs. — Conseils sur leur culture sous un, deux ou trois châssis, pendant les douze mois de l'année, pouvant convenir aux provinces du nord, de l'est, de l'ouest et du centre de la France, par le comte DE LAMBERTYE. In-18, orné de 6 fig. 50 c.

Melon. — Méthode simple et précise pour obtenir des melons d'une grosseur extraordinaire, d'une qualité et d'un goût exquis, par DUFOUR DE VILLEROSE. 4ᵉ édition. 1 vol. in-18, orné de 23 fig. 1 fr. *Admis pour les Bibliothèques scolaires.*

Melon, Concombre vert et long, Concombre cornichon, Courge à la moelle et Potiron vert d'Espagne. — Conseils sur leur culture à l'air libre, par le comte DE LAMBERTYE. 1 vol. in-18, orné de figures indicatives pour les tailles. 1 fr.

Plantes à feuilles ornementales en pleine terre : botanique et culture, par le comte DE LAMBERTYE. 2 vol. in-18 avec fig. 2 fr.

Plantes molles de pleine terre (*Culture des*), Pétunia, Géranium, Pensée, Verveine, Héliotrope, par le vicomte F. DU BUYSSON. 1 vol. in-18, fig. 1 fr.

Poirier et Pommier. — Semis, plantation et culture dans les champs et les vergers, suivi d'une notice sur la fabrication du cidre et sur les préparations alimentaires des poires et des pommes, par Ferdinand MAUDUIT. 1 vol. in-18, orné de 24 fig. 1 25 Couronné par la Société d'horticulture de la Seine-Inférieure.— *Admis pour les Bibliothèques scolaires.*

Rosier. — Taille et culture, par FORNEY, 2ᵉ édit. 1 vol. in-12, fig. 2 fr.

NOTA. — Le catalogue complet de la librairie est envoyé *franco* sur demande *affranchie.*

Evreux, Ch. HÉRISSEY, imp. — 979.